中国电力建设集团有限公司
中国水力发电工程学会施工专业委员会　主编
全国水利水电施工技术信息网

水电出版社
erpub.com.cn
·北京·

图书在版编目（CIP）数据

水利水电施工. 2019年. 第4辑 / 中国电力建设集团有限公司，中国水力发电工程学会施工专业委员会，全国水利水电施工技术信息网主编. -- 北京 : 中国水利水电出版社，2019.12
ISBN 978-7-5170-8297-2

Ⅰ. ①水… Ⅱ. ①中… ②中… ③全… Ⅲ. ①水利水电工程－工程施工－文集 Ⅳ. ①TV5-53

中国版本图书馆CIP数据核字(2019)第289201号

| 书　名 | 水利水电施工　2019年第4辑<br>SHUILI SHUIDIAN SHIGONG 2019 NIAN DI 4 JI |
|---|---|
| 作　者 | 中国电力建设集团有限公司<br>中国水力发电工程学会施工专业委员会　主编<br>全国水利水电施工技术信息网 |
| 出版发行 | 中国水利水电出版社<br>（北京市海淀区玉渊潭南路1号D座　100038）<br>网址：www.waterpub.com.cn<br>E-mail：sales@waterpub.com.cn<br>电话：（010）68367658（营销中心） |
| 经　售 | 北京科水图书销售中心（零售）<br>电话：（010）88383994、63202643、68545874<br>全国各地新华书店和相关出版物销售网点 |
| 排　版 | 中国水利水电出版社微机排版中心 |
| 印　刷 | 北京瑞斯通印务发展有限公司 |
| 规　格 | 210mm×285mm　16开本　11.25印张　433千字　4插页 |
| 版　次 | 2019年12月第1版　2019年12月第1次印刷 |
| 印　数 | 0001—2500册 |
| 定　价 | 36.00元 |

广东省深圳市抽水蓄能电站交通洞工程，由中国水利水电第十四工程局有限公司（以下简称水电十四局）承建

广东省梅州市五华县抽水蓄能电站输水发电系统土建工程 C3 标下库进出水口开挖支护工程，由水电十四局承建

广东省深圳市抽水蓄能电站Ⅱ标主变洞至厂房连接段装饰工程，由水电十四局承建

广东省梅州市五华县抽水蓄能电站输水发电系统土建工程 C3 标主变洞Ⅰ层支护工程，由水电十四局承建

福建省永泰县抽水蓄能电站 C2 标进厂交通洞标准化布置工程，由水电十四局承建

福建省永泰县抽水蓄能电站开关站标准化布置工程，由水电十四局承建

福建省永泰县抽水蓄能电站通风兼安全洞标准化布置工程，由水电十四局承建

福建省永泰县抽水蓄能电站主副厂房洞扩挖工程，由水电十四局承建

某核电厂排水隧洞工程 1# 排水隧洞盾构法隧道，该工程由水电十四局承建

某核电厂排水隧洞工程排水头部立管摆放，该工程由水电十四局承建

某核电厂排水隧洞工程盾构机刀盘吊装，该工程由水电十四局承建

广东省东莞市石马河流域综合治理工程，由水电十四局承建

广东省珠江三角洲水资源配置工程土建施工 C1 标工程，由水电十四局承建

广东省江门市五邑路扩建工程金星路跨线桥第四联现浇箱梁碗扣式满堂支架工程，由水电十四局承建

福建省国道 319 线漳州市段改线一期工程（厦漳同城大道）锦宅村特大桥，该工程由水电十四局承建

广东省江门市台山至开平快速路及龙山支线台城河特大桥 2# 块施工，该工程由水电十四局承建

福建省国道 319 线漳州段改线一期工程（厦漳同城大道）翁角路跨线桥，该工程由水电十四局承建

广东省江门市台山至开平快速路及龙山支线下洞大桥桥面调平层浇筑，该工程由水电十四局承建

广东省佛（山）清（远）从（化）高速公路北段工程二分部石牛岭隧道铺设防水板工程，由水电十四局承建

广东省江门市五邑路扩建工程东海路跨线桥左幅第三联现浇箱梁底模安装施工，该工程由水电十四局承建

广东省江门市五邑路扩建工程金星路跨线桥右幅第二联底腹板现浇施工，该工程由水电十四局承建

福建省沙县南平至龙岩铁路扩能改造工程第二标段端西隧道出口及2#路基工程，由水电十四局承建

福建省沙县南平至龙岩铁路扩能改造工程第二标段官庄特大桥工程，由水电十四局承建

福建省220kV东台至盖山线路电力隧道工程土建部分0#工作井顶板混凝土浇筑施工，该工程由水电十四局承建

某地下水封洞库储油洞罐工程，由水电十四局承建

浙江省杭州市大江东江东大道提升改造及管廊工程第三标段，该工程由水电十四局承建

浙江省义乌市商城大道隧道工程，由水电十四局承建

某地下水封洞库原油洞罐区地下结构工程，由水电十四局承建

本书封面、封底、插页照片均由中国水利水电第十四工程局有限公司华南事业部提供

# 《水利水电施工》编审委员会

# 前　言

《水利水电施工》是全国水利水电施工技术信息网的网刊，是全国水利水电施工行业内刊载水利水电工程施工前沿技术、创新科技成果、科技情报资讯和工程建设管理经验的综合性技术刊物。本刊以总结水利水电工程前沿施工技术、推广应用创新科技成果、促进科技情报交流、推动中国水电施工技术和品牌走向世界为宗旨。《水利水电施工》自2008年在北京公开出版发行以来，至2018年年底，已累计编撰发行66期（其中正刊44期，增刊和专辑22期）。刊载文章精彩纷呈，不乏上乘之作，深受行业内广大工程技术人员的欢迎和有关部门的认可。

为进一步提高《水利水电施工》刊物的质量，增强刊物的学术性、可读性、价值性，自2017年起，对刊物进行了版式调整，由杂志型调整为丛书型。调整后的刊物继承和保留了原刊物国际流行大16开本，每辑刊载精美彩页，内文黑白印刷的原貌。

本书为调整后的《水利水电施工》2019年第4辑（中国水利水电第十四工程局有限公司华南事业部专辑），全书共分6个栏目，分别为：地下工程、混凝土工程、地基与基础工程、机电与金属结构工程、路桥市政与火电工程、企业经营与项目管理，共刊载各类技术文章和管理文章37篇。

本书可供从事水利水电施工、设计以及有关建筑行业、金属结构制造行业的相关技术人员和企业管理人员学习、借鉴和参考。

**编者**

2019年10月

# 目　录

## 机电与金属结构工程



## 路桥市政与火电工程



## 企业经营与项目管理

# Contents

## Foundation and Ground Engineering



## Electromechanical and Metal Structure Engineering



## Road & Bridge Engineering, Municipal Engineering and Thermal Power Engineering

## Enterprise Operation and Project Management

# 海南琼中抽水蓄能电站斜井开挖施工技术

张任兵　耿绍龙/中国水利水电第十四工程局有限公司华南事业部

【摘　要】海南琼中抽水蓄能电站一、二级斜井地质条件差，两条斜井有多条断层贯穿，围岩破碎，节理发育，均不同程度有地下水，局部地下渗水集中涌出。如果采用常规施工方法完成导井后再通过人工从下至上进行一次反扩施工，存在较大安全隐患。因此决定采用反井钻机施工完成$\phi$2m导井后一次性从上至下全断面开挖成形，并且通过改善爆破参数和控制反井钻机施工精度来降低溜渣井堵塞和减小扒渣量，即省去溜渣导井形成后从下至上的一次反井法扩挖施工及提升系统拆除等施工环节，降低施工安全风险的同时，提高施工总体效率。

【关键词】长斜井　反导井　施工方法　安全装置

## 1　工程概况

### 1.1　工程特性

海南琼中抽水蓄能电站位于海南省琼中县境内，安装有3台单机容量200MW的可逆式水泵水轮发电机组，总容量600MW，为Ⅱ等大（2）型工程。枢纽建筑物主要由上水库、输水系统、发电厂房及下水库等4部分组成。

引水隧洞一级斜井长247.958m，二级斜井长227.118m，均由上弯段、直线段、下弯段组成，直线段倾角均为55°。一级斜井直线段长192.461m，上弯段长为27.299m、下弯段长为28.198m；二级斜井直线段长170.122m，上弯段长为28.198m、下弯段长为28.798m，斜井开挖断面为圆形断面，开挖洞径均为$\phi$9.6m。

### 1.2　地质条件

海南琼中抽水蓄能电站一级斜井大部分为Ⅱ～Ⅲ（1）类围岩，局部断层贯穿，围岩破碎。二级斜井Ⅱ～Ⅲ（1）类围岩长65m，占二级斜井总长的28.6%；Ⅲ（2）类围岩长110m，占二级斜井总长的48.4%；Ⅳ类围岩长52.118m，占二级斜井总长的23%。两条斜井多条断层和岩脉穿过，围岩破碎，节理发育，均不同程度有地下水，局部地下渗水集中，整体地质条件较差。

## 2　提升系统布置方案

斜井提升系统主要包括井口平台、提升设备等部分。

### 2.1　井口平台

井口平台根据《钢结构设计规范》（GB 50017—2003），结合以往施工经验自行设计、加工。井口平台由工字钢做骨架，上面满铺钢板。平台下用36根6寸钢管做支撑立柱，立柱底部与基础混凝土预埋钢板焊接，平台周边安装防护栏杆。井口平台布置详见图1。

### 2.2　提升设备

斜井直线段开挖、支护施工所需小型设备和材料的运送，采用提升设备牵引运输小车来完成。扩挖施工所需作业平台，亦由提升设备牵引下放至掌子面。

根据《建筑卷扬机》（GB/T 1955—2008）的相关规定，并参照类似工程的成功经验，提升设备选用符合《煤矿用JTP型提升绞车安全检验规范》（AQ 1033—2007）的单绳缠绕式绞车。

绞车采用新购的12.5t和15t无级变速绞车，绞车的参数和技术要求见表1。[1]

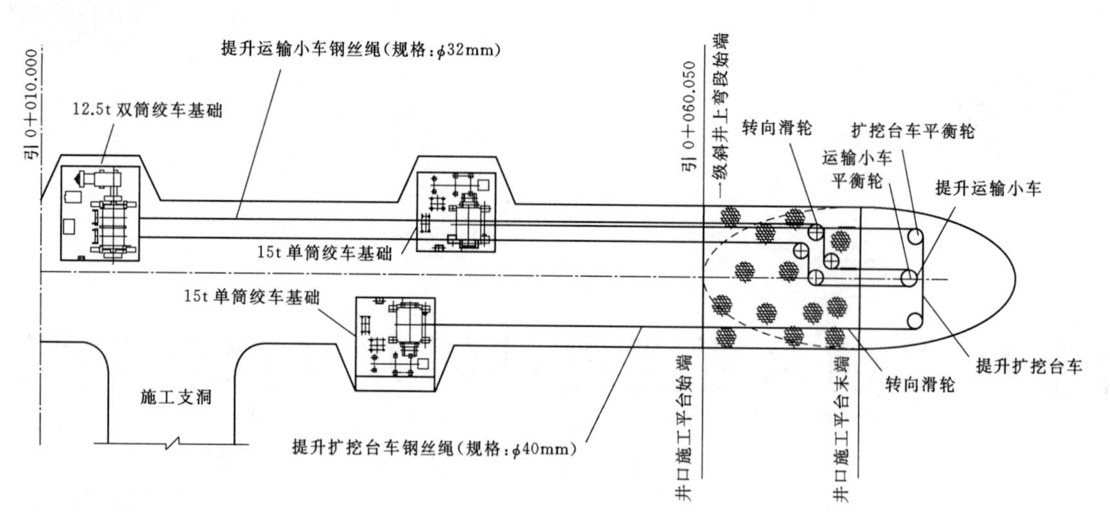


图1　斜井提升系统与绞车安装扩挖布置图

表1　　　　绞车的参数和技术要求表

| 项　目 | 参数 | 参数 | 备注 |
|---|---|---|---|
| 15t单筒绞车<br>JTP1.6×1.5P | 最大牵引力 | 150kN | |
| | 最大行驶速度 | 0.75m/s | |
| | 钢丝绳直径 | 40mm | |
| | 容绳量 | 344m | 双层 |
| 12.5t双筒绞车<br>2JTP1.6×1.2P | 最大牵引力 | 125kN | |
| | 最大行驶速度 | 0.80m/s | |
| | 钢丝绳直径 | 32mm | |
| | 容绳量 | 343m | 三层 |
| 技术要求 | 设计制造厂家生产的提升机必须符合国家规程、规范要求；绞车为可调速（无级变速），工作级别为重级；厂家在配备电器设备时要充分考虑海南地区湿度大、洞内空气污染大等特点；绞车出绳方向为下出绳；要求设计有专用的起吊吊点。要求绞车配有两套制动系统：两级盘式制动器；要求绞车配有限位器、超速器、限载装置、排绳器；电气控制要求配有过载保护、过流保护、通信信号、紧急安全开关，所有电器必须为防水型产品；有两套操作柜：一套为单动柜，一套为联动柜；操作柜与绞车安装位置之间要求可移动25m | | |

## 2.3　提升系统布置

（1）总体布置。每条斜井布置3台无级变速单绳缠绕式绞车作为提升设备。其中2台15t单筒绞车分别布置在平洞两侧，牵引扩挖平台作为开挖人员作业、摆放机具和堆放少量材料的施工平台。另外1台12.5t双筒绞车布置在平洞右侧，牵引运输小车搭载操作人员、材料至扩挖平台进行施工。

（2）平台运输轨道布置。扩挖台车及运输小车采用同一轨道运行，在安装扩挖台车前首先要进行轨道安装。轨道使用P38钢轨，轨距4.5m。轨道使用锚杆固定、安装。轨道随着掌子面的开挖向下延伸。斜井直线段又分固定轨道及活动轨道两种，固定轨道安装在距掌子面至少30m以外，活动轨道在每排炮爆破后安装。

（3）安全装置。按照《水电水利工程施工通用安全技术规程》（DL/T 5370—2007）第9.2.3条第二款及《水电水利工程斜井竖井施工规范》（DL/T 5407—2009）第12.0.5条的规定，本方案提升系统设置以下安全装置：

1）限位保护装置。运输小车在井口平台设置限位器，机械和光电限位器各一组。限位器信号线采用五芯线，下限位器信号线沿斜井一侧人员上、下楼梯布置并固定牢固。

2）牵引失效保护装置。牵引钢丝绳在靠近扩挖平台/运输小车动滑轮的地方，分别在动滑轮两侧的钢丝绳上各布置一根安全绳，安全绳一端和牵引钢丝绳用U形卡连接，另一端固定在运输小车车体底盘上。安全绳要留有一定的裕量，安全绳裕量要能够保证运输小车动滑轮对调整两侧的钢丝绳不产生任何影响。当发生断绳时，未断绳一侧的安全绳将被拉紧，从而达到制动的要求。

3）信号联络系统。扩挖平台/运输小车上安装有电铃，同时绞车操作工和扩挖平台/运输小车上的指挥人员可通过手持对讲机进行联系。

4）紧急安全开关。在运输小车、绞车上均设置紧急安全开关，在紧急情况下，可通过开关直接将绞车断电制动，停止运行。

5）过速保护装置、超载保护装置及供电控制柜。生产厂家在绞车上安装有过速保护装置、超载保护装置及供电控制柜，使绞车在超过规定速度、超载或电路系统漏电、短路、过电流、欠电压等异常情况时，自动将钢丝绳锁紧，使提升系统停止运作。

## 3 施工程序

斜井总体开挖顺序：先进行上、下弯段开挖及扩挖，然后进行直线段开挖。斜井上、下弯段开挖采用手风钻钻孔爆破施工，斜井直线段开挖采用反井钻机施工$\phi$2.0m的导井，再用手风钻以正井法扩挖至设计断面。斜井导井开挖见图2；斜井提升系统与扩挖布置见图3。

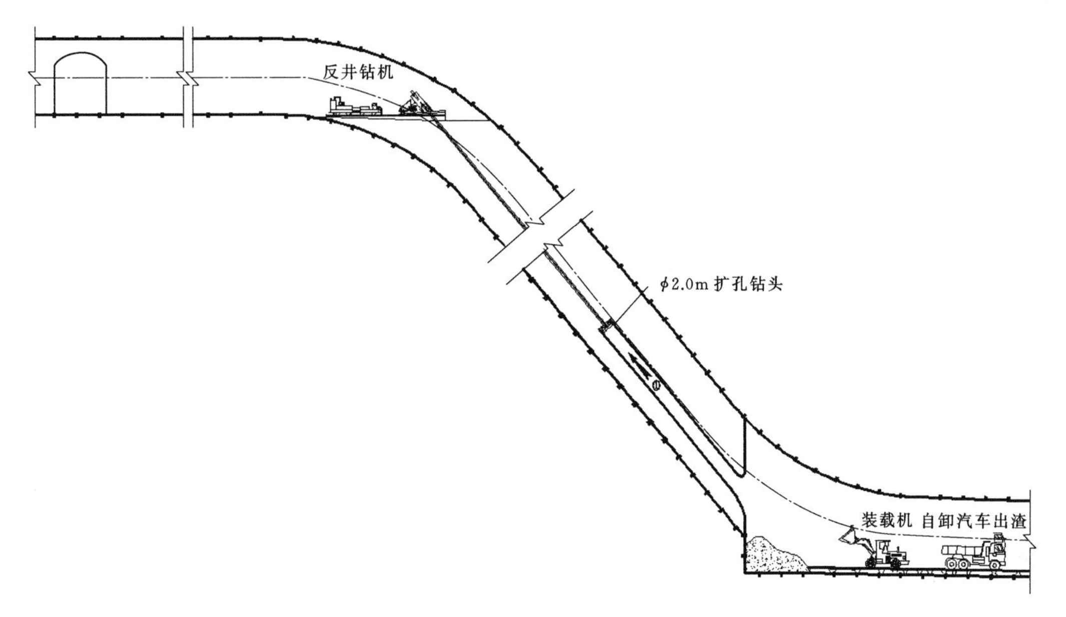


图2 斜井导井开挖示意图

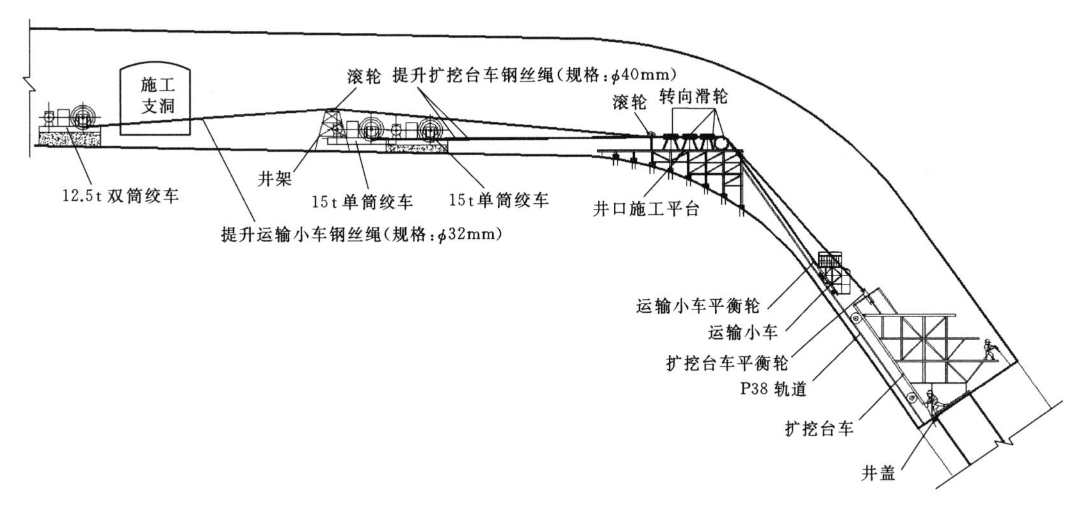


图3 斜井提升系统与扩挖布置图

## 4 施工方法

### 4.1 反井钻机导井施工

本次反井施工采用LM－250型反井钻，反井钻施工分为先导孔施工、扩孔施工两个步骤，反井钻机施工工艺流程见图4。

(1) 先导孔施工。根据测量定位，先浇筑钻机施工平台基础，基础浇筑完成后，安装反井钻机底座，并安装地脚螺栓，然后浇筑二期混凝土固定。待钻机基础和预留孔槽二期混凝土达到设计强度的70%后，安装转盘吊和翻转架，再调平钻机。先导孔施工时，用高压泵将水压入孔内，作为排渣及冷却钻头用水，导孔内钻出的岩粉进入沉渣池，沉淀后人工挖至堆放位置。导井的位置直接关系到扒渣量的大小，导井位置的合理确定将有效加快斜井开挖速度。为确保先导孔的钻孔精度，控制先导孔偏斜率，反井钻施钻时应遵循以下原则：

1) 施工过程中往往受钻机安装精度、钻压、钻进速度、地质情况、钻进深度等因素影响，反井钻机在贯

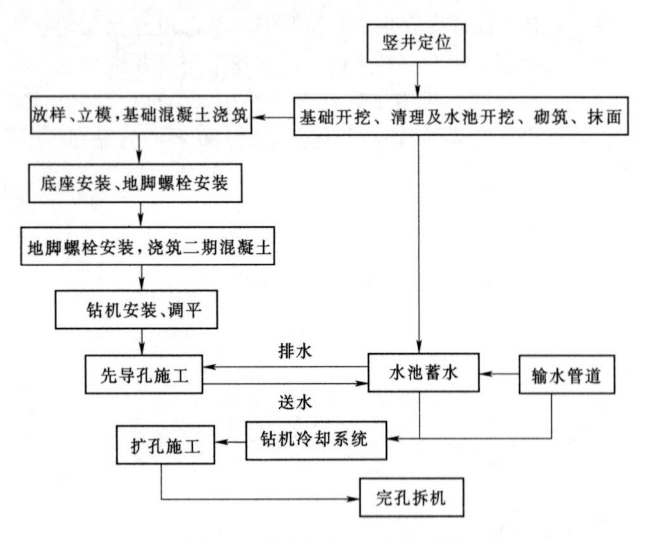


图4　反井钻机施工工艺流程图

通斜井后底部钻头往往会偏离设计钻进轴线位置，如果偏向斜井顶拱位置，会导致斜井开挖至井底时掘进速度放缓，扒渣量大幅提升。因此，施工过程中应根据地质条件合理控制反井钻机掘进速度，及时安装稳定钻杆，将导井施工的偏差降到最小。

2）为减小后续开挖施工时的扒渣量，先导孔在靠近开挖线底部、距斜井中心 1.0m 位置开孔，开孔角度为 54.5°。

3）开孔钻具组：先接 6 根稳定钻杆，随后接 3 根普通钻杆，接 1 根稳定钻杆，再放 3 根普通钻杆，1 根稳定钻杆，共使用稳定钻杆 8 根。[2]

4）先导孔开孔时的钻孔速度控制在 0.5～0.8m/h，推进力为 20～150kN；转速为 12～18r/min；正常钻孔过程中为 1.0～1.5m/h，推进力为 250～270kN，转速为 15～20r/min，回转扭矩 5～15kN·m。

5）钻孔倾斜度测量：开孔钻具组钻进 1～2m 校核一次开孔倾角（用全站仪测量），第一次换钻头或钻进 100m 左右测斜一次；钻孔过程中视实际情况决定是否增加测量次数。

6）导孔在距离孔底约有 5～8m 时，为防止石块坠落伤人，在下平洞入口位置设置围栏，禁止人员进入。

（2）扩孔钻进。

1）$\phi$2.0m 扩孔钻头连接。导孔钻透后，将扩孔钻头和导孔钻头拆卸工具运到下口。通过对讲机或电话上下联系，配合拆下导孔钻头，接上扩孔钻头。

2）在扩孔钻头还未全部进入钻孔时，为防止钻头剧烈晃动而损坏刀具，应使用低钻压、低转速，待钻头全部钻进时，方可加压钻进。

3）卸钻杆。钻杆上升过程中，待第二根钻杆上卡位升至卡座上方约 20cm，卡住第二根钻杆的上卡位，下降动力水龙头，使下卡进入卡座内，反转动力水龙头一圈，固定第二根钻杆，即可进行扩孔钻进。正常扩孔施工钻孔速度为 0.5～0.7m/h，钻压为 800～1200kN，转速为 7～8r/min，回转扭矩 50～60kN·m。

在卸钻杆过程中，钻杆接头无法松动时，使用辅助卸扣辅助动力水龙头反转。如果使用辅助卸扣装置也不能松动接头时，则在待松动的接头四周用氧焊烘烤，边烘烤边反转动力水龙头直至松动为止。如果使用氧焊烘烤还是不能松动接头时，则在第一根钻杆的下边缘用钢锯锯除 2～3mm，再反转动力水龙头松动接头。

（3）完孔。当钻头钻至距基础 2.5m 时，要降低钻压慢速钻进，并且要认真观察基础周围是否有异常现象。如果基础四周出现裂缝，则停止钻进，停机，小心将钻头固定。在确保安全时小心拆除钻机。最后用风镐挖掉松动基岩，取出钻头。

（4）拆机。钻机正常结束施工后，将扩孔钻头卡固在钢轨上，拆掉钻机的前后斜拉杆和各种油管，将主机从钻架上拆掉，将钻架主机车和一些辅助设备拆下。将扩孔钻头吊牢，将轨道拆掉，再将钻头提出孔外。[3]

## 4.2　斜井石方扩挖

（1）井口开挖。反井钻机拆除后，即进行斜井上弯段剩余部分和直线段前 30m 范围的扩挖。扩挖采用手风钻。出渣采用自卸车出渣和导井溜渣相结合的办法。扩挖过程中，在斜井左侧岩壁安装钢制楼梯，作为人员上、下斜井的通道。[4]

挖完后，安装临时轨道，将制作好的运输小车、扩挖台车沿轨道放入斜井中，用锚杆固定牢靠，再在上弯段安装井口固定平台。

（2）直线段扩挖。

1）井口平台安装完成后，安装在平洞的绞车引出的钢丝绳，穿过井口平台上的滑轮组，分别与运输小车、扩挖台车连接牵引其上下移动。扩挖平台从上往下移至掌子面，开始钻孔作业前，绞车将牵引钢丝绳锁紧，然后，另用钢丝绳将扩挖平台与固定轨道的锚杆系牢，作为绞车断绳保护装置。另将扩挖平台上的井盖放下，盖住 $\phi$2.0m 导井，防止人员落入井中。全部安全措施完成后，作业人员方可开始施工。

2）溜渣井直径较小，如果布孔间距太大，造成爆破后石渣块径较大，容易堵塞溜渣井。布孔间距太小，打孔时间过长，炸药及起爆器材使用量大，不利于成本控制。开挖进尺的大小决定了每循环爆破后的石渣量，进尺过大，爆破后大量的石渣会在瞬间将溜渣井井口堵塞，给施工带来较大的安全隐患。通过生产性试验及现场实际施工总结，适合斜井 $\phi$2.0m 溜渣孔全断面开挖施工的布孔参数设定为每排炮进尺不大于 2m，周边孔间距为 50cm，主爆孔间距为 80cm，排距 60～70cm，间、排距允许最大偏差不超过 5cm。直线段扩挖采用手风钻造孔，$\phi$32mm 岩石乳化炸药爆破开挖。炮孔方向平行于导孔轴线，扩挖后达到设计断面尺寸。爆破设计详见图5。为防止导井堵塞，斜井下弯段集渣场在溜渣结束后，尽快组织出渣。

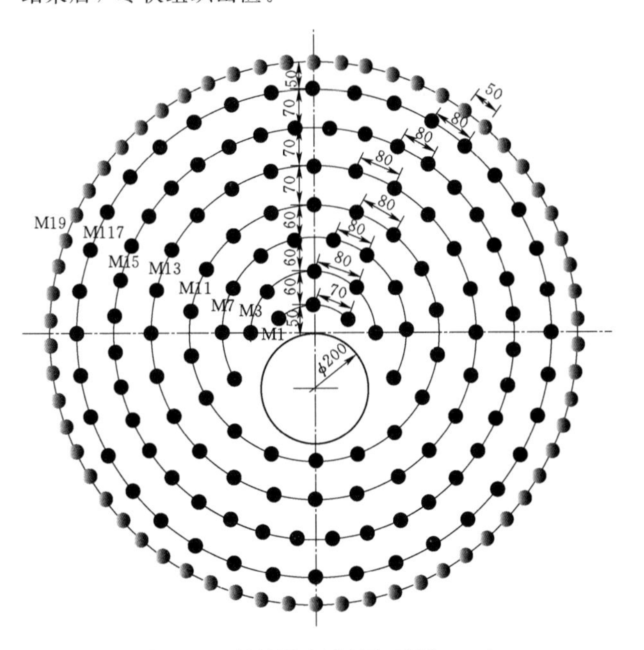


图5　斜井扩挖爆破设计图（单位：cm）

### 4.3　相关控制要求

（1）测量放线。洞内导线控制网和施工测量放样的仪器均采用全站仪，由测量专业人员实施。扩挖每排炮后进行斜井中心线、设计规格线检查，并根据爆破设计参数点布孔。开挖断面检查在喷混凝土前进行，检查间距5m。定期进行导线点检查、复测，确保测量控制精度。同时，随斜井开挖、支护进度，每隔10m在两侧洞壁设一明显的桩号标志，并做好保护。

（2）钻孔作业。由熟练钻工严格按照测量定出的开挖轮廓线进行钻孔，各钻工分区、分部位定人定位施钻。每排炮由值班技术员按“平、直、齐”的要求进行检查，做到炮孔的孔底落在爆破规定的同一个垂直断面上；为了减少超挖，周边孔的外偏角控制在设备所能达到的最小角度。周边孔应在断面轮廓线上开孔，其他炮孔孔位偏差不得大于5cm。扩挖轮廓线均采用光面爆破。光面爆破是控制洞室开挖规格的重要手段，其质量的好坏将直接决定洞室开挖规格的优劣，因此严格控制钻孔精度是保证开挖质量的前提。

（3）装药爆破。装药前用高压风冲扫炮孔，炮孔经检查合格后，方可进行装药爆破；炮孔的装药、堵塞和起爆网路的联线应由经考核合格并持有爆破员作业资格证的炮工严格按批准的钻爆设计进行施工，并严格遵守爆破安全操作规程。

光爆孔将小药卷捆绑于竹片上间隔装药。崩落孔和其他爆破孔装药要密实，堵塞良好，按照爆破设计图进行装药，用非电雷管联结起爆网络，最后由炮工和值班技术员复核检查，确认无误，撤离人员和设备，炮工负责引爆。

光面爆破须达到以下要求：

1）钻孔孔口位置、角度和孔深应符合爆破设计的要求。

2）除不良地质段外，炮眼残孔率应在80%以上。

3）相邻两孔间的岩面平整，孔壁没有明显的爆震裂隙。

4）相邻两茬炮之间台阶的错台不应大于15cm。

## 5　结语

海南琼中抽水蓄能电站一、二级斜井采用$\phi$2m反导井一次扩挖施工方法较常规采用两次扩挖的施工方法，省去一次扩挖施工时提升系统布置、一次扩挖施工及提升系统拆除等施工环节，降低施工安全风险的同时，节省一次扩挖施工时间，提高斜井开挖总体施工效率。一级斜井开挖支护计划节点完成时间为2016年6月30日，实际完成时间为2016年5月25日，节省工期36d；二级斜井开挖支护计划节点完成时间为2016年2月20日，实际完成时间为2016年1月20日，节省工期31d。

实践证明，斜井采用$\phi$2.0m反导井一次扩挖施工方法，可减少斜井开挖环节，加快施工进度，确保电站发电目标，降低施工成本的同时，保证业主按期发电。另外，通过改善爆破参数，控制反井钻机施工进度和位置，降低了斜井溜渣孔堵塞率，获得良好社会效益。

## 参考文献

［1］　倪俊杰．浅析斜井绞车提升系统安全技术设计［J］．水利水电施工，2017（2）：33．

［2］　李坚，刘友旭，刘玉兵．浅谈深蓄抽水蓄能电站引水斜井开挖及支护工程施工技术［J］．水利水电施工，2017（2）．

［3］　金治华，王艳军，李志红．反井钻机在竖井或斜井开挖工程中的应用［J］．山西建筑，2010（11）：354．

［4］　李伟，关志华．抽水蓄能电站输水系统斜井开挖施工安全管理［J］．黑龙江水利科技，2008（6）：72．

# 隧道塌方处治施工技术研究

崔　龙　李海静/中国水利水电第十四工程局有限公司华南事业部

【摘　要】在隧道施工过程中，塌方是较为常见的事故之一。依托某隧道工程，研究制定超前大管棚注浆、超前钢花管注浆、径向钢花管注浆、掌子面封闭注浆、钢拱架、钢筋网片、喷射混凝土等相组合的初期支护方案，在取得成效的基础上提出了有针对性的塌方处治措施。该塌方处治经验可为类似隧道工程塌方处治提供借鉴和参考。

【关键词】隧道　塌方　处治

## 1　概述

某隧道工程“YK0＋780 隧道”采用双连拱暗挖形式，为双向六车道连拱隧道，全长 167m。隧道全部为全风化～中风化的花岗岩，岩体破碎，基岩面变化大，无规律可循，隧道围岩为Ⅴ级。

2017 年 2 月 23 日，“YK0＋780 隧道”右洞侧壁导坑 YK0＋807.6～YK0＋825.5 桩号段在做下一循环开挖施工准备时突发冒顶事故，塌腔呈倒锥体，上口纵向长度为 17.89m，横向宽度为 15.76m，下口纵向长度为 6.32m，横向宽度为 5.86m，塌方量约 $2630m^3$。

## 2　前期处治情况说明

右洞侧壁导坑从 YK0＋840 桩号开始，对塌方体进行了反压回填，并在反压体表面挂网喷混凝土进行封闭，确保塌方体和洞口边坡的稳定。反压设计详见图 1。

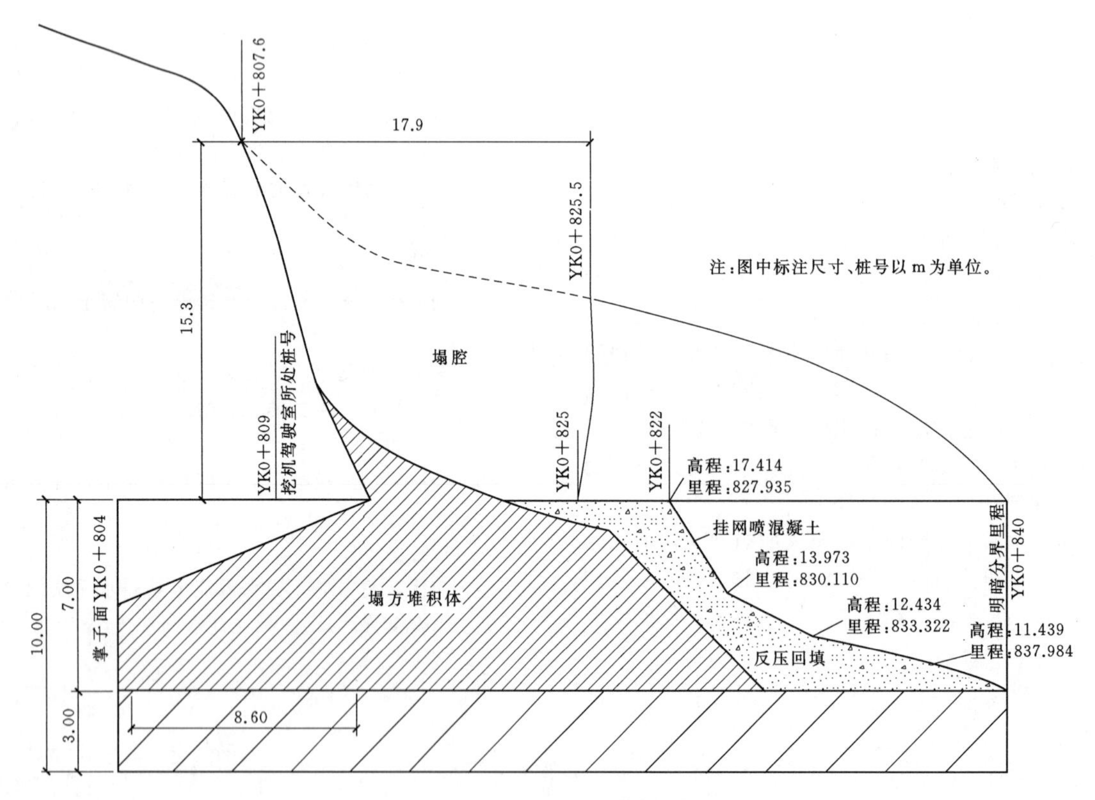


图 1　塌方体洞内反压回填纵断面图

2017 年 3 月 13 日至 2018 年 4 月 5 日对塌坑（塌坑顶部桩号为 YK0＋825.5～YK0＋807.6）进行了回填，回填材料选用强度等级为 C1.0 的轻质泡沫混凝土，回填方量 2630$m^3$。因地势和轻质泡沫混凝土的良好流动性等，同时考虑后期坡面的复原，塌坑位置以台阶的形式向上逐层填筑，故现塌坑回填表面为台阶形。

## 3 处治方案

### 3.1 施工总工序图

隧道右洞塌方段桩号 YK0＋790～YK0＋840 施工总工序见图 2。

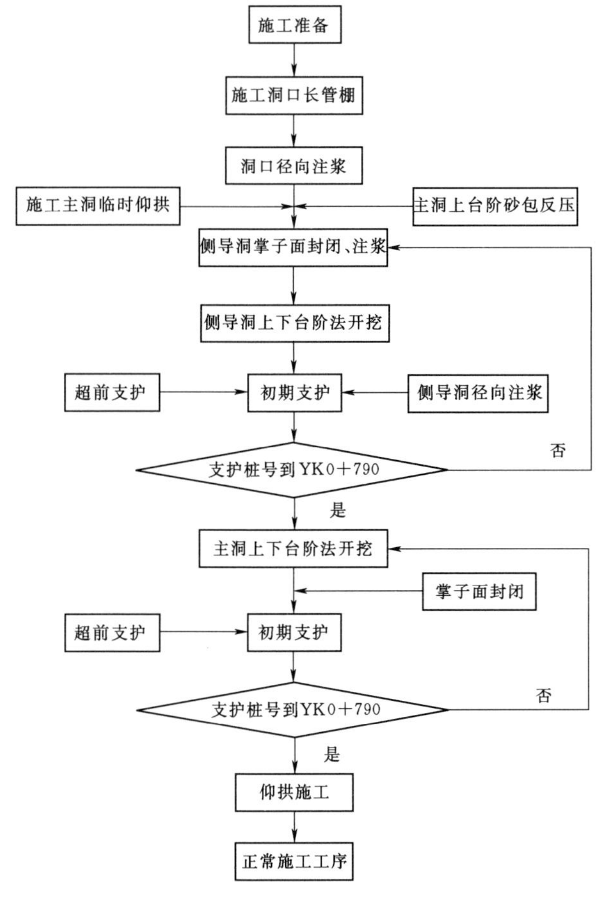


图 2　桩号 YK0＋790～YK0＋840 施工总工序图

### 3.2 总体施工方案

“K0＋780 隧道”塌方前采用新奥法原理组织施工，实施掘进、喷锚混凝土支护、衬砌等三条作业线。施工中采用“先封闭、短进尺、多循环、初期支护及时封闭且紧跟掌子面”的原则进行施工，加强了围岩的监控量测，拱顶下沉、地表沉降、周边位移等数据均在可控范围内。

隧道发生塌方后，考虑现场塌方情况、应急处治情况、开挖断面尺寸、地质情况、工程量及工期要求等因素，隧道右洞塌方段 YK0＋790～YK0＋840 段总体施工顺序为：先在塌坑周边 1.0m 外设置挡水围堰（码放土袋），对现浇泡沫轻质混凝土与塌坑周边相接位置用砂浆抹面封闭，同时对 YK0＋790～YK0＋840 段上部山体排水系统进行修复，并对洞顶山体表面裂缝进行排查，对裂缝进行灌浆、抹面封闭，最后进行 YK0＋790～YK0＋840 段塌方处治施工。

#### 3.2.1 洞口长管棚施工

长管棚里程：YK0＋800～YK0＋840；管棚长度 42m，采用 $\phi108\times6$mm 热轧无缝钢管，中对中间距 40cm（加工长度为 42m，导向墙长度为 2m）。管棚施作平台形成后，采用钢筋格栅作为导向架，在原管棚护拱上方打设 M20 膨胀螺栓，将钢筋格栅与膨胀螺栓焊接连接，以固定导向架。设置 3 榀导向钢架，每榀导向钢架间距 1m。导向钢架对 $\phi127\times5$mm 导向管进行固定，导向管长度为 2m，导向管仰角为 1°～2°。管棚钢管（$\phi108$）前端呈尖锥状，钢花管上钻注浆孔，孔径 10mm，孔间距 15cm，呈梅花形布置，钢管尾部（孔口段）2.0m 不钻花孔，作为止浆墙。钢管之间通过 $\phi95$ 钢管进行连接。钢管内增加 3 根 $\phi22$ 钢筋制作的钢筋笼，加强管棚刚度。管棚注浆采用水泥单液浆，水灰比为 1∶1。

#### 3.2.2 YK0＋840～YK0＋825 段径向注浆

注浆管采用长 5m 的 $\phi42\times4$mm 热轧无缝钢花管按环向 1.0m、径向 0.5m 步距进行径向施工，钢花管注浆采用水泥单液，水灰比 1∶1，注浆终压 1.0～2.0MPa。

#### 3.2.3 主洞临时仰拱施作、主洞上台阶砂包反压

砂包用的砂均装满至其最大容量 80%左右，按照上、下内外错缝、搭接 1/3 砂包宽度，分层砌筑，踩实。每个砂包扎口均须绑紧，扎口一律背向内侧放置。

#### 3.2.4 侧导洞施工（按上下台阶法开挖）

YK0＋840～YK0＋825 段采用“先封闭、短进尺、多循环、初期支护及时封闭且紧跟掌子面”的方式进行施工，施工工序（不含二衬）如下：掌子面注浆封闭、开挖、初期支护（钢拱架、钢筋网、径向注浆、喷射混凝土）、临时仰拱。

YK0＋825～YK0＋790 段采取“短进尺、多循环”的方式进行施工，施工工序（不含二衬）如下：施作超前支护、开挖、初期支护（钢拱架、钢筋网、径向注浆、喷射混凝土）、临时仰拱，根据步距对侧壁导坑下台阶进行施工，侧壁导坑下台阶开挖至 YK0＋790 并封闭成环；初期支护及时施作、闭合成环且跟紧掌子面（临时仰拱应在上台阶开挖后及时封闭）。

因坍塌段为松散堆积体，为防止隧道开挖过程中继续垮塌影响山体稳定性及保证隧道施工的安全，隧道开挖前采用超前预注浆加固[1]土体并封闭掌子面。

YK0＋831～YK0＋825 段采用注浆进行掌子面封闭，先施工 0.5m 厚挂网喷混凝土作为止浆墙，待止浆

墙达到强度后，进行钻孔注浆，注浆管长度为6m；后续注浆段预留2m已注段作为止浆墙，即4m一循环。在注浆前应对注浆仪表、压力表等进行检定。掌子面注浆管立面布置见图3。

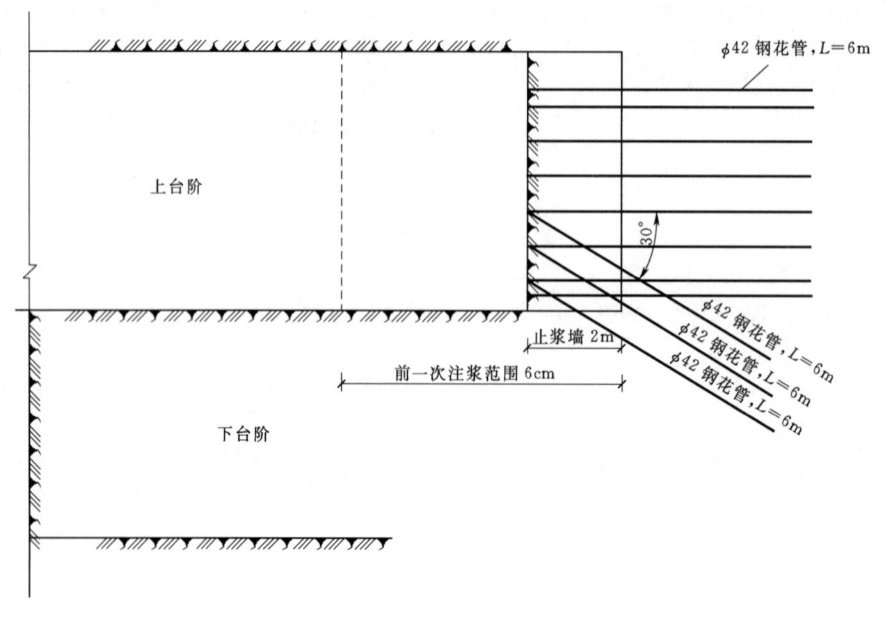


图3　掌子面注浆管立面布置图

掌子面孔间距为80cm×80cm，交错布置，其中1～15孔外插角30°，方向水平向下；16～21孔外插角10°，偏移方向为侧壁导坑靠主洞一侧。

隧道侧导洞封闭掌子面注浆加固时采用如下参数：

(1) 注浆管为$\phi$42无缝钢管，壁厚4mm，钢管孔口段2m范围不设注浆孔，其余范围设置注浆孔，注浆孔孔径8mm，间距15cm，交错布置。

(2) 浆液参数：采用水泥单液浆，水灰比可采用1∶0.5～1∶1。注浆前应进行注浆试验，以确定合适的注浆参数，注浆参数以现场试验为准。

(3) 注浆压力小于1.5MPa。注浆压力达到最高设计压力并保持10min以上时可以结束注浆。注浆过程中发现串浆、漏浆等异常情况时，可采用降低注浆压力或改变注浆凝胶时间等措施。

(4) 注浆顺序：先外圈后内圈、由下向上、跳孔间隔注浆。掌子面加固到足够的强度后进行开挖。

(5) 注浆效果：掌子面注浆封闭后，开挖支护时工作面基本无渗漏水且不易发生坍塌，封闭止水效果较好。

在YK0+790～YK0+840段施工时一直严格控制侧导洞上台阶开挖、初支每循环进尺为0.5m，侧壁导坑下台阶开挖、初支每循环进尺不大于1m。

**3.2.5　主洞施工（上下台阶法）**

侧洞掌子面开挖至YK0+790并封闭成环后，进行主洞施工。先喷射C20混凝土进行主洞掌子面封闭，施工过程中短进尺、多循环，及时施工超前支护[2]（YK0+825～YK0+790）、开挖、初期支护（钢拱架、径向注浆、钢筋网、喷射混凝土），根据设计步距对主洞下台阶进行施工。

施工时严格遵循了“少扰动、强支护、早封闭、衬砌紧跟”的原则；从隧道出口往进口方向、按上下台阶法及预留核心土法采用挖机和破碎锤进行开挖，人工进行修角、修面，装载机、自卸车出渣。

在YK0+790～YK0+840段施工时，一直严格控制主洞上台阶开挖、初支为每循环进尺0.5m，主洞下台阶开挖控制每循环进尺不大于2m。主洞下台阶施工完成后紧跟着施做仰拱。调整步距至正常施工工序，按原图纸继续施工。二次初砌应在开挖完成后依据监测结果及时施作。

**3.2.6　施工效果**

按照上述方法进行本隧道塌方处治段施工过程中未出现二次事故，证明上述方法在本工程施工中是可行的。

## 4　监控量测

### 4.1　监控量测要求

隧道为连拱隧道，其衬砌按新奥法原理采用复合式衬砌，初期支护采用喷锚支护，二次衬砌为模筑混凝土衬砌，衬砌采用曲墙式衬砌。施工中进行监控量测，并根据测量资料分析结果，及时调整支护参数和措施。

#### 4.1.1 量测项目

（1）洞内外观察。

（2）水平收敛量测。

（3）拱顶下沉量测。

（4）注浆导管抗拔力测试。

（5）浅埋地段地表下沉量测。

#### 4.1.2 断面布置

在开挖、初支完成后及时进行了测点布置，并在每次开挖后24h或下一循环开挖前测读初次数据，且根据现场实际需要进行了选测项目的监测。周边位移、拱顶下沉测点设置如下：在YK0+790～YK0+825每2m一个断面，YK0+825～YK0+840每5m一个断面，每个断面为4对测点、4个监测点。地表下沉布设按间距6m，每个断面15个测点，钢架应力计布设在YK0+825、YK0+815、YK0+805断面，每个断面设置5对应力计。

#### 4.1.3 监控频率

水平收敛（拱脚附近）速度大于0.2m/d，或拱顶下沉速度大于0.1mm/d时，量测间隔时间为2次/d。

水平收敛（拱脚附近）速度小于等于0.2m/d，且拱顶下沉速度小于等于0.1mm/d时，量测间隔时间为1次/d。

根据本隧道施工经验，隧道监控量测是贯穿隧道施工全过程的一个至关重要的环节，监控量测可达到下列目的：

（1）掌握围岩和支护的动态信息并及时反馈，指导施工作业。

（2）通过对围岩和支护的变形、应力量测，为修改设计提供依据。

（3）加大提前发现隧道变形异常的可能性，提高隧道施工的安全性。

### 4.2 量测实施、数据整理及判别

#### 4.2.1 量测实施

隧道施工现场成立了专门量测小组，负责日常量测、数据处理和仪器保养维修工作，并及时将量测信息反馈给项目部和设计单位。量测小组负责完成埋设测点并保证各预埋测点牢固可靠，不得任意撤换和破坏。

严格按量测方案认真组织现场实施，并与其他施工环节紧密配合，不得中断工作。

每次量测后，及时进行数据整理和分析，并绘制量测数据动态曲线和距离开挖面距离图；绘制地表下沉值沿隧道纵向和横向变化量和变化速率曲线。

#### 4.2.2 量测数据整理、分析

当位移—时间曲线[3]趋于平缓时，进行数据处理或回归分析，能推算可能出现的位移最大值和变化速度，掌握位移变化的规律。

当位移—时间曲线出现反弯点时，表明围岩和支护已呈不稳定状态，此时密切监视围岩动态、及时分析原因，提出对策和建议，并及时反馈给有关单位，采取有效措施加强支护，必要时暂停开挖。

#### 4.2.3 围岩稳定性综合判别

根据量测结果，按下列指标能够进行围岩稳定性的综合判别。

（1）实测位移值不大于隧道的极限位移，并按表1进行施工。本隧道施工时将隧道设计的预留变形量作为极限位移，而根据监测结果不断修正设计变形量。

**表1　位移管理等级表**

| 管理等级 | 管理位移/mm | 施工状态 |
|---|---|---|
| Ⅲ | $U<(U_0/3)$ | 可正常施工 |
| Ⅱ | $(U_0/3)\leqslant U\leqslant(2U_0/3)$ | 加强支护 |
| Ⅰ | $U>(2U_0/3)$ | 采取特殊措施 |

**注**　$U$为实测位移值；$U_0$为设计极限位移值。

（2）根据位移速率判断：速率大于5.1mm/d时，围岩处于急剧变形状态，加强初期支护；速率在0.2～5.0mm/d时，加强观测，做好加固的准备；速率小于0.2mm/d时，围岩达到基本稳定。

（3）根据位移速率变化趋势判断：当围岩位移速率不断下降时，围岩处于稳定状态；当围岩位移速率变化保持不变时，围岩尚不稳定，加强支护；当围岩位移速率变化上升时，围岩处于危险状态，必须立即停止掘进，采取应急措施。

（4）本隧道施工符合相关规范给出的参考标准：初期支护承受的应力、应变、压力实测值与允许值之比大于或等于0.8时，围岩不稳定，须加强初期支护；初期支护承受的应力、应变、压力实测值与允许值之比小于0.8时，围岩处于稳定状态。

## 5 结语

本文主要分析了隧道塌方的处治方法和措施，通过分析和论证的方式，详细阐述了隧道塌方的处治施工工法和施工手段，对类似隧道塌方的处理和防治具有一定的参考意义和价值。

## 参考文献

[1] 李成强．老挝南欧江六级电站导流洞大规模塌方处理施工技术［J］．陕西水利，2015（1）．

[2] 钟立峰．京新高速公路韩集段金盆弯隧道施工组织设计［J］．内蒙古公路与运输，2011（3）．

[3] 彭曙光．复杂环境下特浅埋暗挖地下隧道信息化施工监测分析［J］．工程勘察，2010（10）．

# 强风化花岗岩浅埋地层大跨度隧道施工围岩变形控制研究

王　琪　王相森/中国水利水电第十四工程局有限公司华南事业部

【摘　要】本文依托某隧道实际工程，通过分析现场测试试验数据，结合隧道施工过程中相关的地层位移规律，主要研究隧道在强风化花岗岩浅埋地层条件下施工时地层位移发展的一般规律和特征。同时通过数值计算，旨在印证和进一步探究强风化花岗岩浅埋地层隧道施工的地层位移规律和变形机理，为同类施工提供可靠理论支持。

【关键词】强风化花岗岩　浅埋地层　大跨度隧道　围岩变形　控制研究

## 1　引言

隧道的变形问题是复杂的，也是隧道工程研究的基本问题之一。目前对于隧道变形的专项研究，国内外现有的研究方式方法林林总总，成果也是颇为丰富。[1]本文针对某铁路隧道的特殊复杂地形条件，主要考虑该隧道的强风化花岗岩浅埋地层条件，通过现场监控量测和仿真数值模拟，对施工过程中隧道围岩变形的一般特征进行初步探讨和研究。[2]

## 2　工程概况

某铁路隧道位于三明市沙县境内，隧道最大埋深约77m，最小埋深约5m。隧道接邻205国道，交通便利。隧道线路起讫里程DK44＋660～DK47＋201，全长为2541m，设计铁路等级Ⅰ级，双线，时速200km/h，正线线间距4.4m。隧道洞身段为剥蚀低山及山间谷地，山体坡度约30°～55°，谷地呈狭长带状展布，植被发育，辟为林地。根据该隧道地质情况、隧道工程岩性以及地质构造，主要分布有Ⅱ级、Ⅲ级、Ⅳ级、Ⅴ级四个围岩等级，且主要存在断层破碎带、接触带及地下水发育等不良地质现象。

## 3　研究方法

强风化花岗岩浅埋地层大跨度隧道施工围岩变形控制研究方法包括现场监控量测和仿真数值模拟。

### 3.1　现场监测分析

在现场监控量测工作中，隧道变形监测项目主要包括拱顶沉降、净空收敛、地表沉降，研究选取了具有代表性断面对隧道围岩稳定性进行分析。[3]

#### 3.1.1　拱顶沉降

根据上述监测方法对现场数据进行收集整理后，统计该隧道强风化花岗岩地层浅埋段（里程DK47＋102～DK46＋952）的洞内监测数据，各断面拱顶测点累计沉降值见表1，时程曲线图见图1。

表1　隧道洞内典型断面拱顶测点累计沉降统计表

| 测点桩号 | 围岩级别 | 观测天数/d | 收敛时间/d | 累计沉降值/mm |
|---|---|---|---|---|
| DK47＋102 | Ⅴ | 49 | 35 | －50.88 |
| DK47＋012 | Ⅴ | 47 | 26 | －104.95 |
| DK47＋052 | Ⅴ | 47 | 30 | －211.90 |
| DK46＋972 | Ⅴ | 46 | 35 | －158.03 |
| DK46＋967 | Ⅴ | 50 | 34 | －133.82 |

通过对隧道50d左右的观察，最大拱顶累计沉降值为－211.90mm（断面DK47＋052）；从各测点时程曲线可以看出，各测点30d左右趋于稳定；从断面DK47＋102～断面DK46＋967可以看出，隧道累计拱顶沉降从50.88mm上升到211.90mm，后又下降到133.82mm，在这个过程中，由于隧道浅埋复杂条件的存在，当隧道从深埋进入到浅埋时，隧道的施工对围岩的扰动较大，

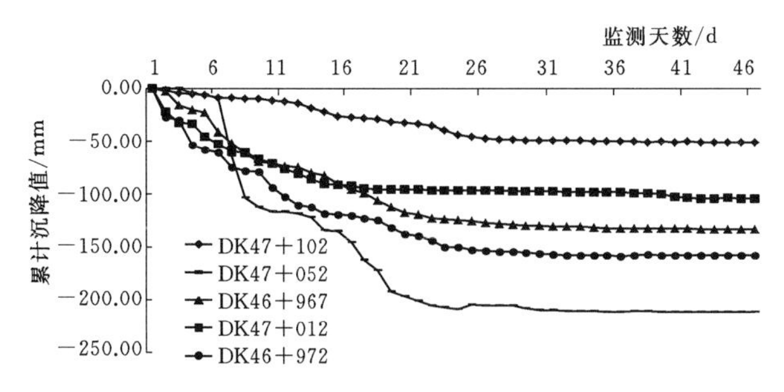


图1　隧道洞内典型断面拱顶测点累计沉降时程曲线图

造成拱顶沉降值超过100mm。在施工过程中，对隧道实施加强支护，最后变形趋于稳定。[4]

### 3.1.2　周边位移

在对隧道拱顶变形进行监测的同时，还需要对隧道周边位移进行实时观测。同样基于前文所述的量测标准及方法，对隧道强风化花岗岩地层浅埋段（里程DK47+102～DK46+972）洞内的周边位移进行数据整理和分析，各典型断面周边位移测点累计收敛值见表2，时程曲线图见图2。

表2　　隧道典型断面周边位移测点累计收敛统计表

| 测点桩号 | 围岩级别 | 观测天数/d | 收敛时间/d | 累计收敛值/mm |
|---|---|---|---|---|
| DK47+102 | Ⅴ | 35 | 26 | −33.53 |
| DK47+052 | Ⅴ | 32 | 27 | −96.61 |
| DK47+012 | Ⅴ | 39 | 30 | −66.37 |
| DK46+967 | Ⅴ | 33 | 29 | −116.03 |
| DK46+972 | Ⅴ | 35 | 30 | −127.50 |

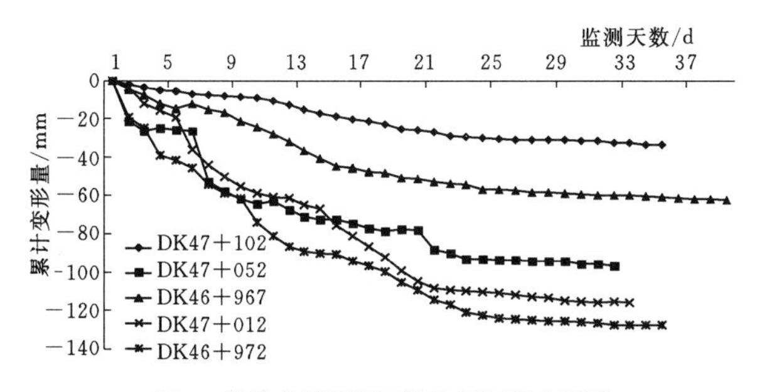


图2　隧道典型断面周边位移时程曲线图

结合表2和图2中的数据和曲线发展情况，各断面的周边位移以及同一断面各测点的测点位移因隧道开挖对围岩扰动而造成的变形发展规律基本一致，即出现了“急剧变形→缓慢变形→趋于稳定”的位移发展“三部曲”现象，大约30d之后围岩变形相对稳定下来，此时的变形量约占总的最终变形量的85%。这也表明隧道的及时封闭成环对隧道安全施工具有重要作用。[5]

### 3.1.3　地表沉降

隧道地表沉降的观测断面桩号需要与洞内观测断面桩号相一致。隧道地表沉降能有效地反映隧道变形情况，为隧道施工提供可靠依据。地表典型断面累计沉降统计表和累计沉降值如表3、图3所示。

表3　　隧道地表典型断面累计沉降统计表　　单位：mm

| 测点编号 | 测点桩号 | | | | |
|---|---|---|---|---|---|
| | DK47+097 | DK47+067 | DK47+062 | DK47+032 | DK47+007 |
| DB-01 | −18.69 | −116.69 | −101.04 | −22.26 | −18.69 |
| DB-02 | −25.61 | −240.25 | −168.67 | −43.79 | −20.15 |
| DB-03 | −45.22 | −267.03 | −159.06 | −78.22 | −38.98 |
| DB-04 | −30.81 | −220.89 | −134.54 | −54.65 | −35.16 |
| DB-05 | −20.64 | −165.84 | −100.83 | −39.85 | −29.88 |

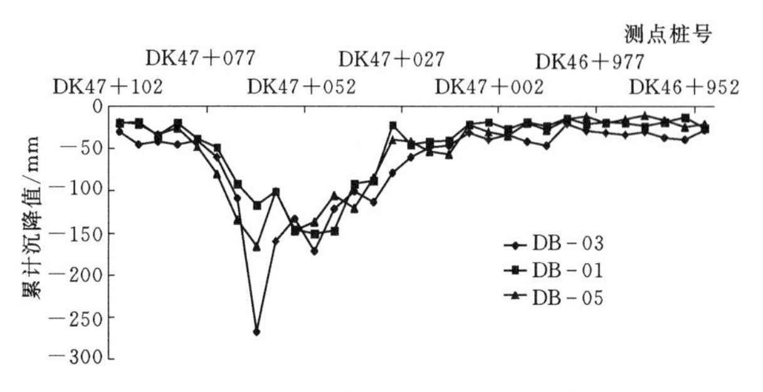


图3　隧道地表典型断面累计沉降纵向分布曲线图

通过典型断面累计沉降统计表可以看出，隧道地表累计沉降值主要在18.69～267.03mm之间进行变化，变化幅度较大，在断面DK47+067和断面DK47+062观测点的累计沉降值都超过100mm。观测数据客观反映了：当隧道掘进至浅埋复杂地质段，沉降值逐渐变大；侧面反映浅埋复杂条件隧道掘进过程中，施工对围岩造成较大扰动。从隧道断面各测点沉降数据可以看出，越靠近隧道中轴线，所对应点的地表沉降值越大。断面变形曲线类似于抛物线变化。在施工过程中对隧道拱顶位置采取了相应加强支护措施，以控制地表沉降变形。

## 3.2　数值模拟工况分析

本文数值模型在参考相关规范的围岩力学参数建议值后，结合隧道的钻探资料以及地勘报告，因隧道浅埋复杂条件段主要分布粉质黏土（局部分布碎石土）、γ花岗岩及石英砂岩，故选取莫尔-库伦模型作为本构模型进行了研究分析。模型主要参数见表4。

数值分析模型依据隧道浅埋复杂地质段的实际情况而建立。根据设计及地勘资料，隧道浅埋复杂地质段上覆土层埋深最高60m，最低5m。隧道断面设计为单洞双线过车断面，其开挖宽度最大1384cm，开挖高度最大1163cm。

表 4　数值模型岩土体及支护相关参数

| 岩土体名称 | 岩石重度/(kN/m³) | 弹性模量/(10⁴MPa) | 泊松比 | 内聚力/MPa | 计算摩擦角/(°) |
|---|---|---|---|---|---|
| 粉质黏土 | 15 | 0.005 | 0.36 | 0.03 | 16 |
| γ花岗岩 | 17 | 0.08 | 0.35 | 0.14 | 20 |
| 石英砂岩 | 19 | 0.11 | 0.32 | 0.20 | 24 |
| 初期支护 | 21 | 2.25 | 0.24 | 1.80 | 36 |

数值模型的计算过程针对实际隧道开挖和支护过程导致的地层变形和扰动，但忽略二次衬砌支护对地层变形影响。即对模拟隧道按照三台阶临时仰拱法的施工工序进行开挖计算，首先对隧道开挖部分进行初期支护后，再进行下一步的开挖和支护，如此循环计算直至开挖完成。[6]

在对围岩位移的分析中，选取隧道在开挖过程中产生的竖向位移（$Z$ 轴方向）和水平位移（$Y$ 轴方向）为主要分析对象。

### 3.2.1　竖向位移（$Z$ 轴方向）

根据截取隧道模拟开挖完成后与开挖掌子面不同距离典型断面的竖向位移图，推断出隧道在不同位置所产生的累计竖向位移是不一致的。结合隧道开挖累计竖向位移图的曲线趋势表现（见图 4），隧道拱顶竖向位移开始增加，在距离开挖掌子面 20m 位置达到最大值－13.10mm。随着隧道纵深的增加，其拱顶竖向位移逐渐减少。

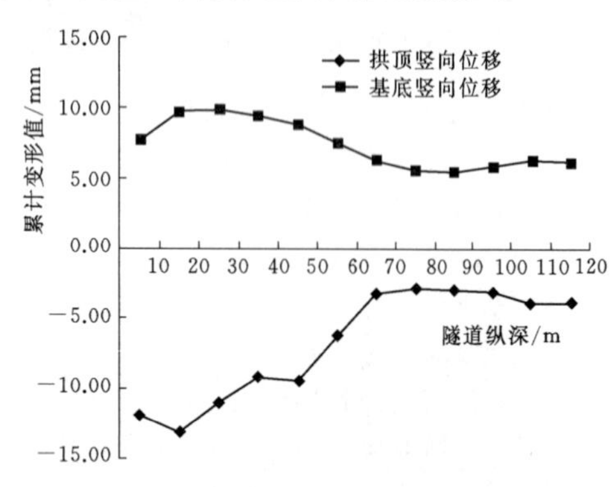


图 4　隧道开挖累计竖向位移图

上文分析了隧道开挖完成后的竖向位移变化情况，对于动态施工下竖向位移的变化无疑也是隧道工程施工中一个重要的问题。截取隧道开挖完成后与开挖掌子面不同距离典型断面位移发展情况进行了对比分析（见图 5），不同断面的竖向位移发展趋势基本一致，总体趋势与前文所述的“急剧变形→缓慢变形→趋于稳定”基本吻合，且各断面的基本稳定状态都开始于距离开挖面约 30m 以外，符合现行隧道现场施工“Ⅴ级围岩不大于 35m 的安全步距”的强制性要求。[7]

### 3.2.2　水平位移（$Y$ 轴方向）

类似于竖向位移的分析，同样截取隧道模拟开挖完成后与掌子面不同距离典型断面的水平位移图，推断出

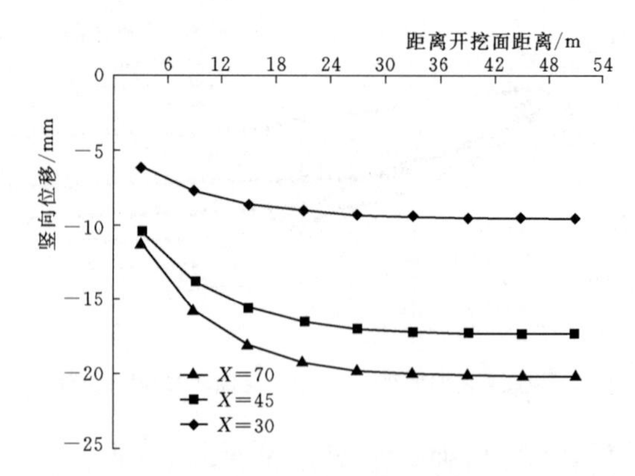


图 5　典型断面竖向位移发展情况图

隧道的水平位移主要集中于左右两侧拱腰位置，且在隧道纵向上与隧道产生的竖向位移有着较为类似的发展趋势，表明强风化花岗岩浅埋地层较为明显地影响了隧道的水平向位移。同时，结合水平位移随隧道纵深发展曲线图（见图 6），水平位移幅值在－2.88～－7.22mm 范围内波动，表明隧道在实际施工中发生了较大的水平向的变形。在隧道开挖后对侧墙采取了相应加强支护和加固措施，以控制隧道侧向变形。[8]

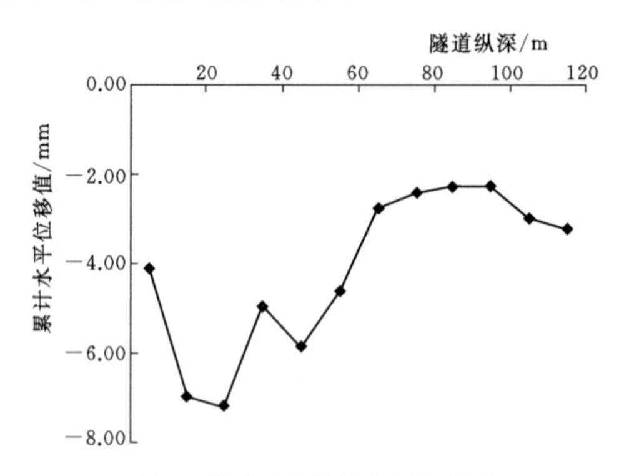


图 6　隧道开挖累计水平位移图

对于隧道围岩水平位移的发展情况，本文主要选取隧道开挖完成后距离掌子面 30m 位置作为典型断面进行研究，且引入该断面处的拱顶竖向位移作为比较以方便分析（见图 7）。首先，模拟分析结果显示 $X=30$m 断面的水平位移值在距离掌子面 25m 左右时开始收敛，这比竖向位移收敛稳定的时间稍短，说明了隧道开挖对地层竖向的卸载效应较水平方向明显。[9] 其次，两者的发

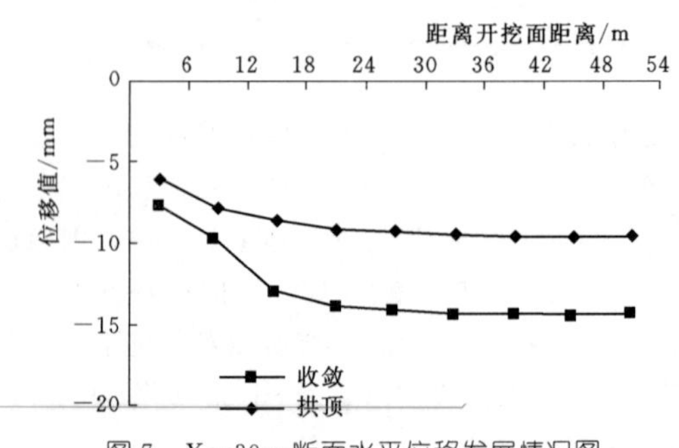


图 7　$X=30$m 断面水平位移发展情况图

展趋势基本一致，表明开挖隧道时对侧墙施作支护的必要性。最后，模拟结果显示拱顶的竖向总位移值一般大于总的水平位移值，与现场试验数据基本吻合，也进一步证实了前文总结的隧道围岩位移的发展规律。

## 4 结语

结合现场测试数据以及数值计算结果，大跨度隧道在浅埋地段的Ⅴ级围岩施工中容易发生较大的竖向位移和水平位移，同时隧道拱部、底部以及拱脚处容易发生应力集中现象。在此类情况下应及时采取相应的安全加固措施以控制隧道的变形。首先，严格控制开挖循环进尺和台阶长度，保证隧道施工安全步距，及时将开挖区段封闭成环，围岩变形速率会大幅降低，从而确保隧道工程的施工安全。[10]其次，在隧道开挖后及时对侧墙进行支护和加固，必要时加强隧道的锁脚锚杆，以控制隧道侧向位移。再次，严格控制隧道施工现场的量测工作，保证围岩实时变形情况的真实采集和及时反馈。

## 参考文献

［1］ 洪开荣．我国隧道及地下工程发展现状与展望［J］．隧道建设，2015，35（2）：95－107.

［2］ 黄宏伟．城市隧道与地下工程的发展与展望［J］．地下空间，2001，21（4）：311－317.

［3］ 周朋．深埋隧道软弱围岩稳定性研究及其加固效果分析［D］．北京：北京交通大学，2013.

［4］ 黄兴华．软弱围岩条件下的浅埋隧道施工研究［D］．长沙：湖南大学，2009.

［5］ 马涛．浅埋隧道塌方处治方法研究［J］．岩石力学与工程学报，2006，25（z2）：3976－3981.

［6］ 陶志平，周德培．滑坡地段隧道变形的地质力学模型及工程防治措施［J］．铁道工程学报，2006，（1）：61－66.

［7］ 吴梦军，陈彰贵，许锡宾，等．公路隧道围岩稳定性研究现状与展望［J］．重庆交通学院学报，2003，22（2）：24－28.

［8］ 黄宏伟，刘怀恒．地下工程围岩稳定性分析模糊专家系统初探［C］//中国岩石力学与工程学会数值计算与模型实验专委会．岩土力学数值方法的工程应用——第二届全国岩石力学数值计算与模型实验学术研讨会论文集．上海：1990：981－986.

［9］ 林银飞，郑颖人．弹塑性有限厚条法及工程应用［J］．工程力学，1997，14（2）：110－115.

［10］ 朱素平，周楚良．地下圆形隧道围岩稳定性的粘弹性力学分析［J］．同济大学学报，1994，22（3）：329－333.

# 某地下水封石洞油库开挖方法初探

陈经纬　卞　梁/中国水利水电第十四工程局有限公司华南事业部

【摘　要】本文结合某地下水封石洞油库地下结构工程主洞室开挖方法实例，介绍了大跨径高边墙隧洞多种开挖方法，通过比选推荐出主洞室各层适用的开挖方法。结合施工通道布置，实现“平面多工序、立面多层次”的立体施工条件，在保证主洞室安全开挖的情况下提高质量和加快进度。

【关键词】水封　洞库　大跨径　高边墙　开挖方法

## 1　工程概况

某石油储备地下水封石洞油库工程主洞室群由10条主洞室组成，每条主洞室设计长度均为923m，设计洞跨20m，洞高30m，截面形状为直墙圆拱形，属于大跨径高边墙洞库。其主洞室洞壁与相邻施工巷道洞壁之间设计净间距为40m，两个相邻主洞室之间设计净间距为80m。主洞室底板高程－110.00m，拱顶高程－80.00m。

主洞室范围内主要为微风化～未风化片麻状花岗岩，裂隙较发育～不发育，岩体完整，围岩稳定性好。局部煌斑岩脉集中发育，岩脉侵入处岩体破碎，以Ⅱ、Ⅲ级围岩为主。

大跨径高边墙水封石洞油库净空尺寸一般较大（如洞库高×宽：30m×20m），而钻爆和喷护设备施工高度约10m，因此必须进行分层开挖和支护，下层开挖必须在上层支护完成后方可进行，以保证施工安全和围岩稳定；且由于石洞油库达标投产验收主要指标涌水量要求非常高，各层渗漏水必须经灌浆处理合格后方可开挖下层，[1]避免下层开挖后堵水难度增加。因此，在施工过程中一条主洞内不同洞段出现“平面多工序、立面多层次”的集开挖、支护和灌浆同时作业的情况。

## 2　开挖方法比选

选择开挖方法需要考虑的最主要因素是洞内地质条件。在一般情况下，巷道宜采用全断面法，在浅埋段和不良地质段宜选用环形开挖预留核心土法和台阶法。储库由于断面过大，开挖宜分多层开挖。顶层开挖一般选用全断面法，当围岩较差或爆破减震要求高时，可选用中导洞法，一般情况下无须采用中隔壁、双侧壁导坑法等特殊开挖方法。[1]

主洞室爆破宜采用光面爆破，也可采用预留光爆层爆破。采用光面爆破的目的是减少超欠挖和减轻对围岩的扰动，使开挖面尽可能符合设计轮廓线，有利于充分发挥围岩的自承能力，有利于提高喷锚质量。由于洞库中各巷道、储库等洞室近距离相邻布置，以及对应地面及附近的构筑物情况的不同，爆破作业时还要采用减震技术来控制爆破振动。[1]

在兼顾质量和进度的情况下，储库主洞的多层开挖可采用光面、预裂、梯段爆破等地下暗挖方式；根据造孔机械和钻孔方向的不同，适用于地下水封石洞油库的开挖方法，通常有人工手风钻水平孔开挖、潜孔钻垂直孔开挖及液压多臂台车水平孔开挖三种，其优缺点对比见表1。

表1　不同开挖方法优缺点对比表

| 序号 | 开挖方法 | 优　点 | 缺　点 | 适用部位 |
|---|---|---|---|---|
| 1 | 人工手风钻水平孔开挖 | 1. 最大单响药量小，爆破利于对洞室围岩保护；<br>2. 造孔质量容易控制，开挖成型质量高，平整度好；<br>3. 爆破效率高，循环进尺较大，通过增加钻工人数来缩短循环时间，可多开作业面，转场快；<br>4. 作业机动灵活，不受狭小空间影响 | 1. 作业人员多，施工组织管理难度大，机械化程度低；<br>2. 排炮循环次数多，劳动强度密集；<br>3. 施工作业环境要求高，通风、排烟、抽水、照明等设施拆装频繁，人工配合作业多 | 洞库各层、端墙、直墙和保护层、导洞或半幅开挖的部位 |

续表

| 序号 | 开挖方法 | 优　点 | 缺　点 | 适用部位 |
|---|---|---|---|---|
| 2 | 潜孔钻垂直孔开挖 | 1. 钻孔与出渣可平行作业，循环时间短，施工进度快；<br>2. 可实现大方量规模化开挖，经济效益高，机械化程度高；<br>3. 投入施工人员少；管理风险小 | 1. 装药量大，飞石多，爆破裂隙多，对洞室围岩保护不利；<br>2. 石渣粒径大，需二次解炮，作业面要求宽阔；<br>3. 钻孔质量不易控制，爆破漏斗明显，开挖平整度差 | 洞库中间层中槽部位开挖、有保护层的底层开挖 |
| 3 | 液压多臂台车水平孔开挖 | 1. 投入施工人员少，管理风险小，机械化程度高；<br>2. 作业无需供风设备、施工台架 | 1. 作业场地大，钻孔与出渣不能平行作业，循环时间长，进度慢；<br>2. 钻孔质量不易控制，开挖平整度较差。<br>3. 投入大，施工成本高 | 洞库中间层中槽部位开挖，开挖高度较高，人工无法到达的欠挖部位开挖 |

从表1可以看出，人工手风钻水平孔开挖在地下石洞油库开挖施工中优点多，适用于各层开挖，在施工中优先采用，应用最广泛；潜孔钻垂直孔开挖进度快，但开挖质量较差，在中间层或有保护层的底层中部拉槽中辅助采用；液压多臂台车水平孔开挖作业要求场地大，施工成本高，质量不易控制，进度慢，仅在中间层或人工无法到达的作业面，或工期不紧且设备充足的情况下采用。

## 3 开挖方法

适用于地下石洞油库开挖方法选定后需要考虑施工通道布置、分层高度划分、钻爆设备配置等内容。一般开挖工艺流程如图1所示。

图1　开挖工艺流程图

### 3.1　运输通道和分层布置

石洞油库开挖运输巷道和分层高度有密切关系，分层高度决定层数，层数决定施工连接巷道的数量和位置。如某地下石洞油库洞高30m，开挖高度通常按7～10m为一层，即可分为3层或4层来开挖，分3层开挖的分层高度为10m一层，采用潜孔钻开挖较合理；分4层开挖的高度可分为Ⅰ层8.5m，Ⅱ层7.5m，Ⅲ层7.5m，Ⅳ层6.5m，采用人工手风钻开挖较合理。运输连接巷道应与分层数相对应，即分3层开挖的主洞设置3条运输连接巷道，分4层开挖的设置4条运输连接巷道。运输连接巷道设置和分层开挖示意如图2所示。

洞库开挖出渣为重车上坡，《水工建筑物地下工程开挖施工技术规范》[3]要求无轨运输道路纵坡宜小于9%，道路局部纵坡不宜大于14%，最大纵坡限长140m，因此上、下层运输巷道之间的距离不小于140m。

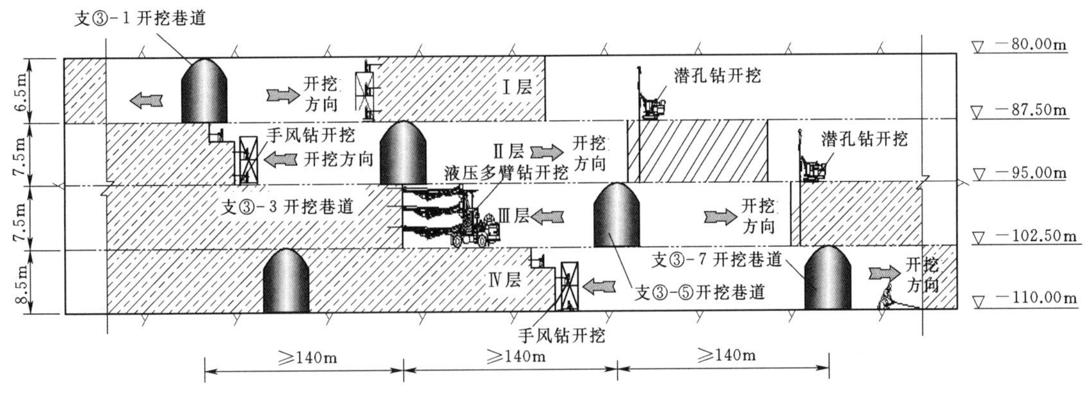


图2　运输连接巷道设置和分层开挖示意图

由于底层底板注浆堵水和底板混凝土是洞库封洞前的主要施工项目，其清底、地质排查、钻孔、注浆、浇筑混凝土、养护、待凝各工序相互交错，质量要求高、工期紧，一条连接巷道会导致窝工，如底板混凝土浇筑完成后在待凝等强期间施工通道会切断，影响施工进度。Ⅳ层设置两个连接巷道，当出现异常情况时（如涌水、塌方等）也可作为紧急疏散救援通道，防止意外发生。

## 3.2 施工方法选择

### 3.2.1 顶层开挖方法选择

顶层轮廓线一般为圆拱形，成型质量要求高，开挖轮廓线限差小，应以人工手风钻开挖为主，多臂钻开挖为辅助，不适用潜孔钻开挖。因为手风钻人工开挖造孔（水平孔）质量易于控制；多臂钻造孔因操作人员离孔口较远，孔向不易控制，影响开挖质量；潜孔钻因没有垂直空间无法造孔。同时，为了保证开挖质量，减少单次总装药量和单响药量，保护洞库围岩稳定性，建议采用左右分幅错距开挖或中导洞超前两侧扩挖跟进的两种方法，方法示意见图3、图4。

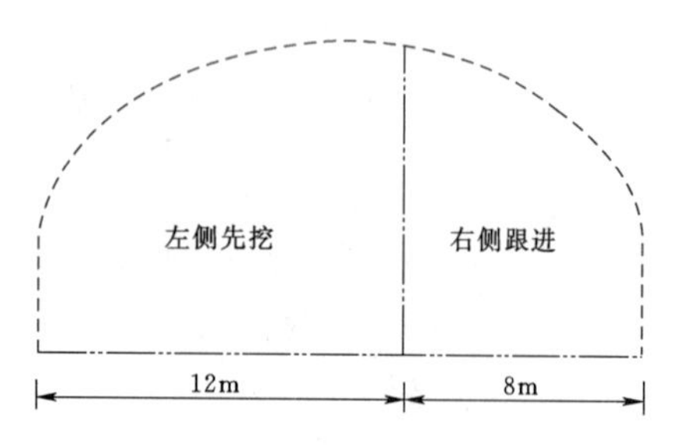


图3 左右分幅开挖示意图

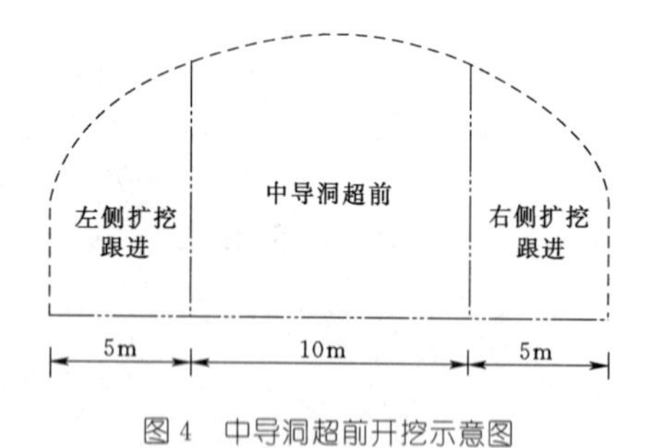


图4 中导洞超前开挖示意图

### 3.2.2 中层开挖方法选择

中层开挖三种方法都可采用，由于开挖层顶底面均为过程分层线，开挖质量控制重点在侧墙，因此侧墙保护层开挖造孔特别关键。通常采用手风钻中间错台开挖和潜孔钻中槽开挖两种方法，因多臂钻造孔经济效益低，故在特殊情况下（如偏高、辅助设施多）酌情使用。综合对比分析，中层开挖人工手风钻开挖最优，潜孔钻机械开挖次之，多臂钻开挖因经济效益稍差不推荐采用，三种开挖方法可根据施工资源实际配置情况进行合理调配，方法示意见图5、图6。

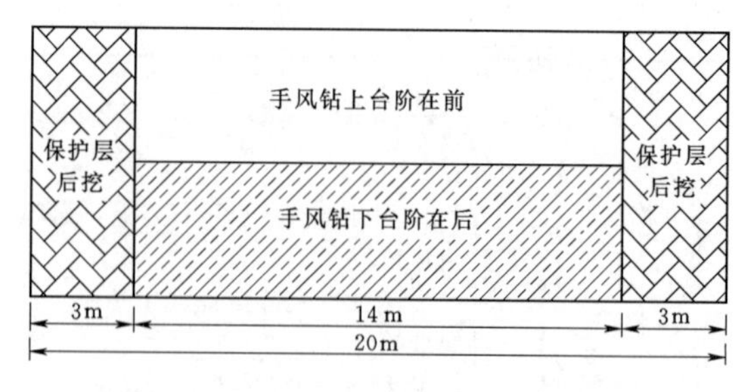


图5 手风钻中间错台开挖示意图

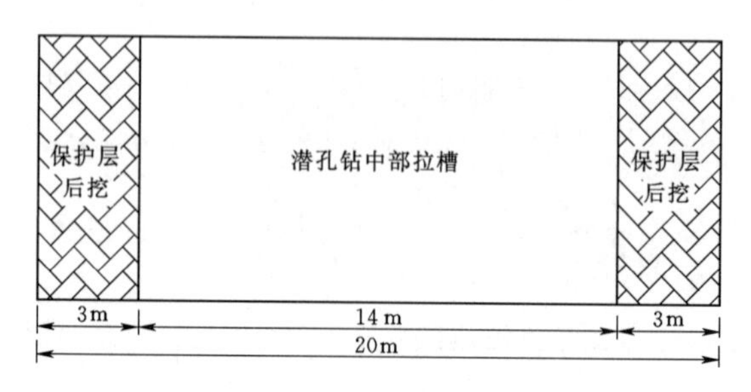


图6 潜孔钻中槽开挖示意图

### 3.2.3 底层开挖方法选择

主洞底层一般要浇筑底板混凝土封底，作为混凝土建基面，底板开挖质量要求高，且石洞油库底层还要进行灌浆堵水，在堵水达标的情况下方可封底。因此底板开挖平整度、超欠挖、爆破残孔率等质量指标要求高，而开挖炮孔造孔质量尤为关键。手风钻造水平孔是最佳方法，其小孔、密孔开挖有利于对底板保护，防止再生爆破裂隙，并在开挖过程中严格控制好水平周边眼的外插角，且尽量使用短进尺，避免深孔外插值过大引起超挖大。在有底部保护层的情况下也可采用潜孔钻垂直炮孔开挖，但必须留足保护层厚度（一般为2～2.5m）并控制好保护层的开挖质量。底层开挖不宜使用多臂台车造孔。方法示意见图7。

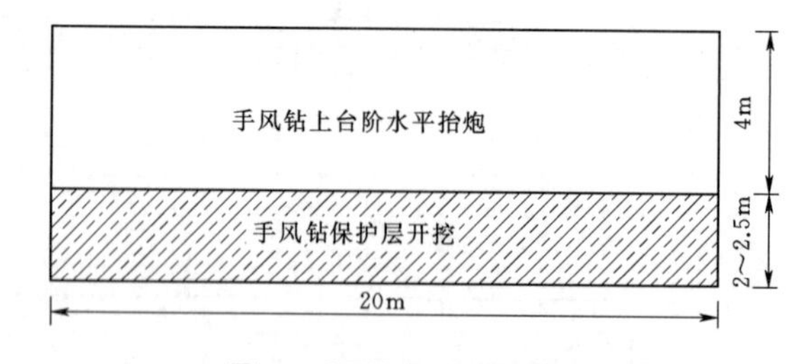


图7 手风钻底板开挖示意图

综上所述，手风钻造孔作业人员近距离作业，孔向、孔位容易调控，成孔质量高，且孔浅、孔小、孔密，单孔装药量少，爆破裂隙少，对围岩破坏最小，开挖面平整，是主洞顶层、底层和中层保护层开挖的最佳施工方法，适用范围最广。潜孔钻和多臂钻开挖，虽然机械化程序高，但开挖质量不易控制，仅在主洞中层的中部拉槽等非开挖轮廓面和人工不易到达的作业面采用。

### 3.3 施工通道拓展

#### 3.3.1 各层可采用延长支巷道、增加连接巷道方式创造多个作业面

《地下水封石洞油库设计规范》[2]要求石洞油库达标投产的涌水量为主洞容量的1/10000，即100万$m^3$容量的洞库每天主洞总涌水量不大于$100m^3$，以保证水封和洞室稳定，并减小洞库运营成本。因此主洞涌水量控制必须从顶层堵水开始，主洞每层开挖完成后，需进行支护和灌浆堵水作业，验收合格后方可开挖下一层。特别是顶层堵水转Ⅱ层开挖时，水幕孔充水带压排查和检验灌浆效果，工序繁杂。为了加快施工进度，提前开挖验收合格洞段，可通过延长支巷道、增加连接巷道等方法创造多个作业面，避免因停工待检出现短时窝工，同时可增加洞库容积。

#### 3.3.2 各层采用升坡或降坡方式创造多个作业面

石洞油库每层开挖完成后，必须进行支护和灌浆堵水作业，验收合格后方可开挖一下层。为了加快施工进度，提前开挖验收合格洞段，也可通过上层运输巷道降坡和下层运输巷道升坡的方式进行开挖作业，避免因停工待检出现短时窝工。

#### 3.3.3 中层采用半幅开挖预留上层支护或灌浆作业面

为了加快开挖施工进度，实现“平面多工序、立面多层次”的立体施工，在上层开挖支护和灌浆堵水完成一定长度后，下层开挖可紧跟上层进行，但不能挖断上层开挖、支护、灌浆施工通道，故采用下层半幅先挖的方式进行，一般情况先挖12m，预留8m宽作为上层施工通道。

## 4 施工注意事项

### 4.1 底层不宜采用垂直孔一炮到底

在主洞底层开挖过程中，为了加快施工进度，采用过潜孔钻垂直孔不留保护层一炮到底的开挖方法。但根据开挖出露的质量看，由于孔距较大（一般为2～2.5m），爆后出现的“爆破漏斗”较深，开挖平整度极差，凹凸不平，高差达1～2m，出现大面积超欠挖，开挖质量难于保证，局部还需进行欠挖处理，对进度加快作用不大。而爆后产生的爆破裂隙会造成新的出水通道，且影响后期洞底渗水点排查，对洞库底板灌浆堵水不利，不推荐采用该方法。

底层预留保护层的水平孔开挖，能避免底板开挖平整度差引起混凝土厚度不均，防止局部出现应力集中破坏现象，减少后期混凝土底板浇筑完成后高压补灌堵水产生的损坏。

### 4.2 潜孔钻中槽开挖一次装药量不宜过大

石洞油库大跨径高边墙主洞需分层开挖，潜孔钻中槽开挖由于不受作业面长度影响，造孔可连续作业，极易超孔装药。爆破作业前需通过爆破试验检测质点振动速度，[3]装药时按爆破设计的孔数和排数进行，严格控制最大单响装药量（建议不超过150kg）和总装药量（建议不超过700kg），使质点振动速度（参照水工隧洞要求不大于8cm/s）满足爆破振动安全允许标准值的要求，[4]避免爆破振动过大对高边墙及顶拱的破坏，防止洞壁滑塌。

## 5 结语

为保证开挖进度，底层宜设置两个运输通道，以便加快施工进度，也解决后期底板灌浆和底板清底、混凝土浇筑相互干扰问题，同时也为突发事件提供一个安全逃生通道。[5]

高边墙开挖前，上层未支护下层不宜开挖，对地质围岩较差的部位要加强支护，特别注意涌水量大、围岩节理发育的部位。尽量采用浅孔、密孔、小药量的钻爆方式。

鉴于石洞油库边墙高和跨径大，开挖完成后必须及早支护和堵水，《地下水封石洞油库施工及验收规范》[1]要求Ⅲ～Ⅳ级围岩开挖安全步距为60m，Ⅴ级围岩支护紧跟开挖面，施工过程应严格执行，且须按要求进行监控量测，以防围岩失稳引起塌方。

### 参考文献


[1] GB 50996—2014 地下水封石洞油库施工及验收规范［S］. 北京：中国计划出版社，2014.

[2] GB 50455—2008 地下水封石洞油库设计规范［S］. 北京：中国计划出版社，2009.

[3] DL/T 5099—2011 水工建筑物地下工程开挖施工技术规范［S］. 北京：中国电力出版社，2011.

[4] GB 6722—2014 爆破安全规程［S］. 北京：中国标准出版社，2015.

[5] TB 10304—2009 J 947—2009 铁路隧道工程施工安全技术规程［S］. 北京：中国铁道出版社，2009.

# 高速铁路900t预应力混凝土简支箱梁施工技术

赵绍鹏/中国水利水电第十四工程局有限公司华南事业部

【摘　要】高速铁路预应力混凝土箱梁以其刚度大、稳定性好、耐久性强、成本低、可工厂化提前生产和节省工期的特点，成为主要的桥梁构件。本文结合京沪高速铁路曲阜制梁场实践，对预制箱梁在制作过程中的关键施工技术进行了探讨。

【关键词】高速铁路　预应力混凝土　简支箱梁　施工技术

## 1　引言

京沪高速铁路是目前世界上一次建成线路最长、标准最高的高速铁路，也是新中国成立以来一次投资规模最大的铁路建设项目。线路纵贯北京、天津、上海三个直辖市和河北、山东、安徽、江苏四省，正线全长1318km。曲阜制梁场位于三标段DK525+500处，梁场总占地面积186.47亩，共需生产箱梁636孔，其中32m跨583孔，24m跨53孔。在箱梁预制生产过程中，采用了工序卡控制度，从第一道工序（外模打磨）开始，至最后一道工序（移梁）结束，对每一道工序都进行严格的时间卡控，每个台座生产1片箱梁平均耗时96h（约4d），梁场共设10个制梁台座，最高月制梁强度达到了75孔，在同类梁场中月制梁强度达到了先进水平。

工序时间卡控，不仅能有效提升箱梁生产进度，而且能保证每道工序有专人负责管控，工序的过程质量能得到有效控制，对项目总体进度和质量控制十分有利。

本文对预制箱梁从模板加工安装、原材料质量控制、钢筋加工安装、混凝土浇筑、预应力施工、箱梁移位与存放、静载试验和预应力孔道摩阻试验等关键施工工序进行论述。[1]

## 2　施工工序

预应力混凝土简支箱梁一般的预制施工工序控制为：钢筋加工→底腹板、顶板钢筋绑扎→模板清理、校核→底腹板钢筋吊装→内模吊装→顶板钢筋吊装→端模安装→梁面各类预埋件安装、复核、验收→混凝土浇筑→混凝土自然养护（或蒸汽养护）→预张拉→初张拉→移梁→终张拉→真空辅助压浆→封锚→防水涂料施工→出厂检验、出厂→箱梁架设。

## 3　梁场认证

箱梁一般都采用工厂化集中预制，箱梁作为一种工业产品，正式生产之前必须取得全国工业产品生产许可证办公室的生产许可，企业除了具有必备的生产设施、设备工装、测量、试验检测设备和生产工艺细则之外，人员配置也必须高度标准化。这是由箱梁生产具有工厂化和工业产品的特点所决定的。每道工序的人员配置必须标准化且必须相对固定不得随意调换，并在施工过程中加强对作业人员的技术、质量培训，加强对工装设备的管理，总结推广先进、科学的施工工艺方法，才能从根本上从人的因素、物的因素和施工工艺、工法的角度确保每一道工序的施工质量，从而确保箱梁预制的整体质量。

## 4 原材料质量控制

预制梁所用的水泥、骨料、掺合料、外加剂、拌和水、钢筋、钢绞线、钢配件材料、防水材料以及锚具、夹具等所有原材料必须有合格证明书和复验报告单，进场时要进行全面检验或抽验，质量要求和检验频次符合《客运专线预应力混凝土预制梁暂行技术条件》号和《客运专线高性能混凝土暂行技术条件》的要求。

## 5 钢筋工程

箱梁的钢筋在厂房内集中加工制作，在专用钢筋绑扎胎具上绑扎成钢筋骨架，通过专用龙门吊和吊具安放于模板之内，钢筋工序控制要点如下。

### 5.1 钢筋绑扎胎具制作

钢筋绑扎胎具主要是控制钢筋的位置和间距、腹板箍筋的倾斜度、垂直度。底腹板、顶板钢筋绑扎胎具均采用型钢制作胎架，在胎架上按设计间距用∠63角钢割成的U形槽控制钢筋间距。箱梁底腹板钢筋绑扎胎具详见图1，顶板钢筋绑扎胎具详见图2。

### 5.2 预应力孔道定位网片加工制作

箱梁不论采用橡胶抽拔管成孔，还是采用金属波纹管成孔，定位网片的加工制作和安装质量是确保预应力孔道成孔顺直、减小孔道摩阻、减少预应力损失的关键因素，定位网片的制作必须在专用模具上按设计要求加工成型。定位网片的加工制作如图3所示。

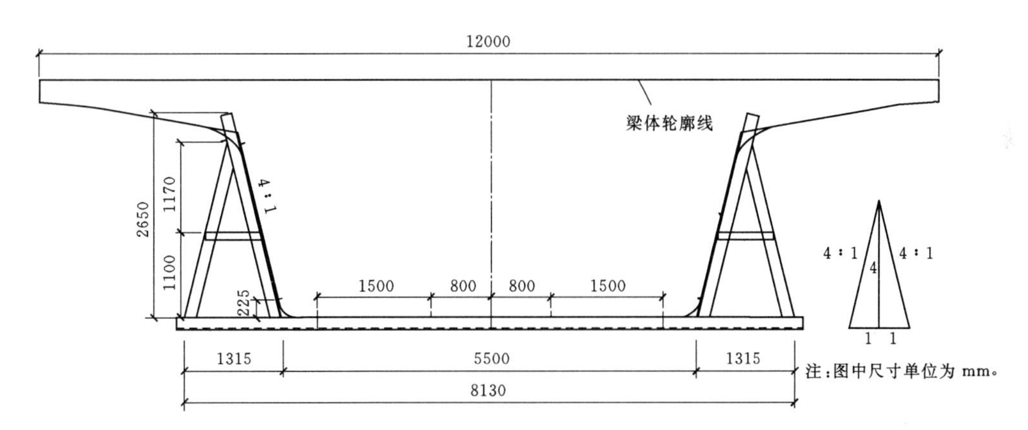


图1 箱梁底腹板钢筋绑扎胎具图

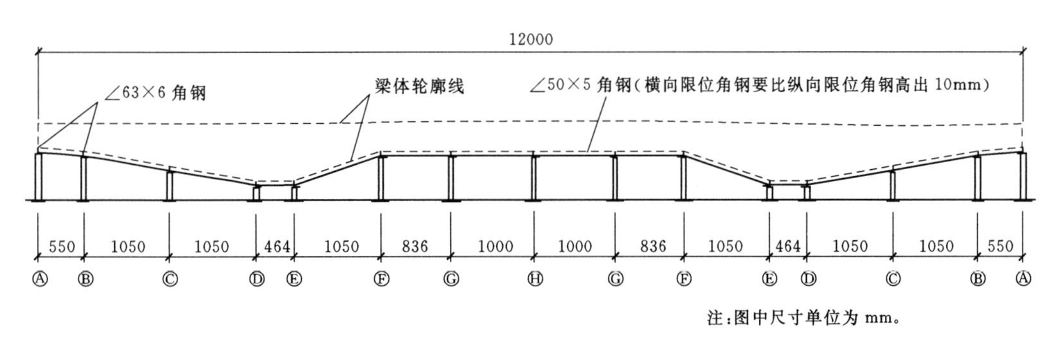


图2 箱梁顶板钢筋绑扎胎具图

## 6 模板工程

箱梁模板系统是确保箱梁成型后各部位尺寸符合设计要求的关键工程，梁体质量在很大程度上依存于模板系统，模板的质量直接关系到梁体外形尺寸的准确性、箱梁的线形、梁体外观质量及制梁的工作效率。钢模板的设计制造要有足够的强度、刚度及稳定性，确保梁体各部位尺寸正确。模板安装允许偏差见表1。

在进行模板设计时，还需考虑施加预应力时梁体的弹性压缩及混凝土的徐变、收缩影响，避免梁长缩短。拼装模板时需设置预留压缩量，同时为减少预施应力产生的拱度变化幅度，在跨中处预设反拱，由跨中向两端按二次曲线布置。底模反拱按二次抛物线计算，分别见表2、表3。

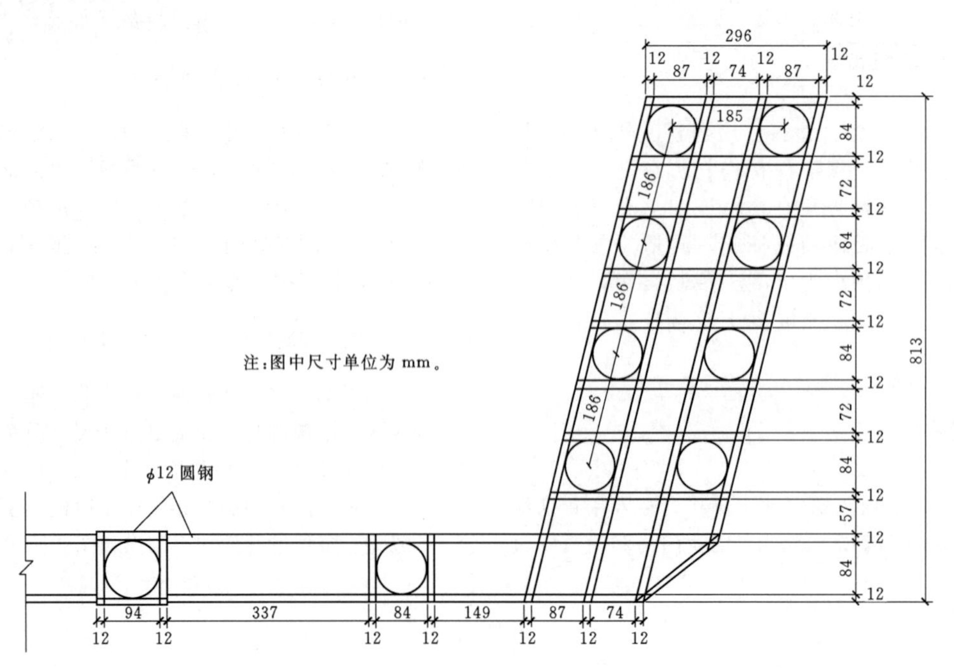


图 3　箱梁预应力孔道定位网片加工制作图

表 1　模板安装允许偏差

| 序号 | 项　目 | 允许偏差 /mm |
|---|---|---|
| 1 | 模板总长 | ±10 |
| 2 | 底模板宽 | +5，0 |
| 3 | 上口左右对角线差 | ±10 |
| 4 | 下口左右对角线差 | ±10 |
| 5 | 底模板中心线与设计位置偏差 | ≤2 |
| 6 | 桥面板中心线与设计位置偏差 | ≤10 |
| 7 | 腹板中心与设计位置偏差 | ≤10 |
| 8 | 模型高度偏差 | ±5 |
| 9 | 模板倾斜度偏差 | ≤3‰ |
| 10 | 侧模、底模不平整度 | ≤2mm/m |
| 11 | 桥面宽度偏差 | ±10 |
| 12 | 腹板厚度偏差 | +10，0 |
| 13 | 底板厚度偏差 | +10，0 |
| 14 | 顶板厚度偏差 | +10，0 |
| 15 | 端模锚垫板中心与设计中心偏差 | ≤3 |
| 16 | 端模板预应力孔道位置偏差 | ≤3 |
| 17 | 模型外观 | 无锈、平整、光滑 |

表 2　31.5m 梁底模反拱计算表

| 跨中位置 $x$ /m | 0.0 | 2.8 | 5.80 | 8.8 | 11.8 | 14.8 | 16.3 |
|---|---|---|---|---|---|---|---|
| $y$/mm | 0.00 | 3.22 | 6.66 | 10.11 | 13.55 | 17.00 | 17.00 |

表 3　23.5m 梁底模反拱计算表

| 跨中位置 $x$ /m | 0 | 1.8 | 3.5 | 4.8 | 6.3 | 7.8 | 9.3 | 10.8 | 12.3 |
|---|---|---|---|---|---|---|---|---|---|
| $y$/mm | 0 | 1.08 | 1.99 | 2.89 | 3.80 | 4.70 | 5.60 | 6.50 | 6.50 |

## 7　混凝土工程

### 7.1　高性能混凝土配合比设计原则

混凝土配合比的设计采用优化设计原则，除满足规定的强度等级、弹性模量、最大水胶比、最大胶凝材料用量、含气量、初凝时间、工作度等技术要求外，同时要满足抗渗性、抗氯离子渗透性能、抗碱-骨料反应、抗冻性、抗裂性、抗钢筋锈蚀、坍落度、泌水率、电通量、耐磨性及胶凝材料抗硫酸盐侵蚀性具体参数指标要求。[2]高性能混凝土的配制运用正交试验法进行配合比的优化设计试验，从多种配合比中选出能满足设计要求的最佳配合比。曲阜制梁场所采用的高性能混凝土配合比如下：

胶凝材料（水泥、粉煤灰、矿粉）：砂：碎石：水：减水剂＝1：1.24：2.21：0.29：0.0105，水胶比 0.29，减水剂采用聚羧酸高性能减水剂。每立方米各种材料用量见表 4。

表4　　每立方米各种材料用量　单位：kg/m³

| 材料 | 水泥 | 粉煤灰 | 矿粉 | 砂 | 碎石 | 水 | 外加剂 |
|---|---|---|---|---|---|---|---|
| 用量 | 298 | 99 | 99 | 616 | 1094 | 144 | 5.21 |

曲阜制梁场采用上述配合比生产的混凝土，其各项指标均满足要求，且具有良好的施工性能。在施工过程中，对于梁体混凝土要高度重视收缩、徐变特性的管控，通过优化混凝土的配合比，尽量减小混凝土的收缩徐变终极值。

### 7.2 混凝土浇筑

混凝土采用卧轴式强制搅拌机进行拌制，采用电子计量系统自动计量原材料。搅拌时，先向搅拌机投入粗骨料和细骨料，搅拌均匀后，再投入水泥、矿物掺合料、水和外加剂。总搅拌时间不小于150s，混凝土入模时的模板温度5～35℃，混凝土入模温度5～30℃。

#### 7.2.1 灌注工艺

（1）混凝土的浇筑采用连续浇筑、一次成型，浇筑时间不宜超过6h，当混凝土浇筑时间超过6h，总浇筑时间不得超过混凝土的初凝时间。同时不同的施工阶段要求试验室做混凝土凝结时间随环境温度变化的相关试验。

（2）箱梁梁体混凝土灌注时采用斜向分段、水平分层，按照先底板、再腹板、后顶板的浇筑顺序进行，各工序紧跟、整体推进、连续浇筑、一次成型方式浇筑混凝土，其工艺斜度为30°～45°之间，大小根据混凝土坍落度而定，水平分层厚度不得大于30cm，先后两层混凝土的间隔时间不得超过1h。

（3）梁体灌注由两台布料机置于梁体同侧1/4、3/4跨处，每台布料机负责箱梁一侧的混凝土摊铺，要求箱梁两侧对称均衡布料，防止两边混凝土面高低悬殊，造成内模偏移等其他后果。

#### 7.2.2 混凝土养护

为保证已浇筑的混凝土在规定龄期内达到设计强度，并防止产生收缩裂缝，必须做好养护工作。养护期间加强混凝土的湿度和温度控制，尽量减少混凝土表面的暴露时间，及时对混凝土包裹严实，确保裹覆层不透水，防止表面水分蒸发。梁体混凝土养护分为自然养护、蒸汽养护两种。

（1）自然养护。自然养护采用覆盖浇水的方法，在平均气温高于5℃的自然条件下，用土工布对混凝土表面加以覆盖并浇水，使混凝土在一定的时间内保持水泥水化作用所需要的适当温度和湿度条件。

当箱梁混凝土灌注完毕，在顶板顶部覆盖土工布，初凝后，对桥面进行洒水养护。洒水次数以混凝土表面保持湿润状态为度。白天以1～2h一次，晚上4h一次。混凝土终凝后的持续保湿养护时间按表5执行。

表5　混凝土终凝后的持续保湿养护时间表

| 大气潮湿（RH≥50%）无风、无阳光直晒 | | 大气干燥（RH<50%）有风，或阳光直晒 | |
|---|---|---|---|
| 日平均气温/℃ | 潮湿养护期限/d | 日平均气温/℃ | 潮湿养护期限/d |
| $5\leq T<10$ | 14 | $5\leq T<10$ | 21 |
| $10\leq T<20$ | 10 | $10\leq T<20$ | 14 |
| $20\leq T$ | 7 | $20\leq T$ | 10 |

（2）蒸汽养护。蒸汽养护采用养护棚封闭、蒸汽锅炉供热的养护方法，梁体混凝土灌注完毕后，立即覆盖养护罩。蒸汽养护时，梁体芯部混凝土的最高温度不超过65℃，采用自动化温控系统进行温度监测。由一台计算机控制四套设备，完成所有制梁的自动化温度数据采集、保存、分析。梁体混凝土蒸养分为四阶段：

1）静停：混凝土灌注完毕后静停4h。在冬季，当环境温度低于5℃时，灌注完毕后进行低温预养，预养温度为5～10℃。

2）升温：升温速度每小时不超过10℃；测温频率为1次/0.5h。

3）恒温：30～48h，恒温养护期间蒸汽温度不超过45℃，梁体芯部混凝土温度不超过60℃，个别最大不超过65℃。

4）降温：降温速度不大于10℃/h，从恒温温度降至与自然的气温相差不大于15℃，测温频率为1次/0.5h。

混凝土从开始升温到降温结束整个过程中，梁体两端与跨中和箱梁内、外侧之间相对温差不大于15℃。梁体蒸养结束后，根据气候条件进行洒水或自然养护，洒水养生时间不少于14d后转入自然养生。供热及自动温控系统见图4。

## 8 张拉、压浆、封锚

### 8.1 预应力张拉施工程序

预应力混凝土梁徐变上拱的控制是为了保证高速铁路线路的高平顺性、旅客的高舒适度及高速列车的行车安全而要求的，预应力张拉为箱梁质量控制的特殊工序，严格控制预应力张拉时间以及二期恒载施加期限，是保证将无砟轨道预应力箱梁残余徐变上拱度值控制于限值之内的关键。[3]张拉施工程序见图5。

预制箱梁的张拉分三次进行：

第一次为预张拉，主要是为防止梁体出现早期裂缝，在梁体混凝土强度达到设计强度的60%（30MPa）时拆除端模、松开内模，在混凝土强度达到33.5MPa（据试验室报告单），即可按设计要求进行预张拉。

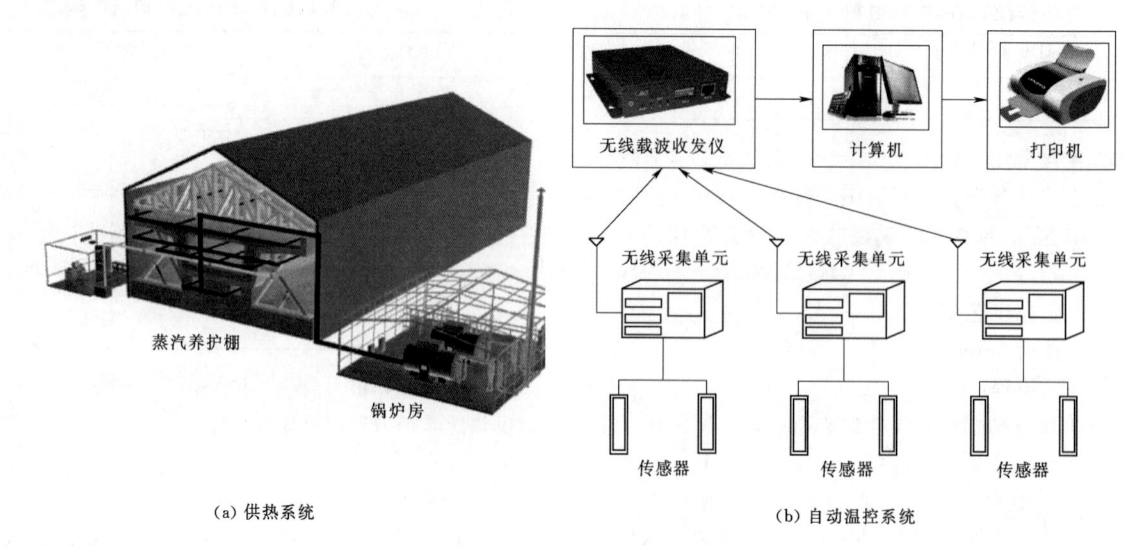


(a) 供热系统

(b) 自动温控系统

图 4 箱梁养护供热及自动温控系统

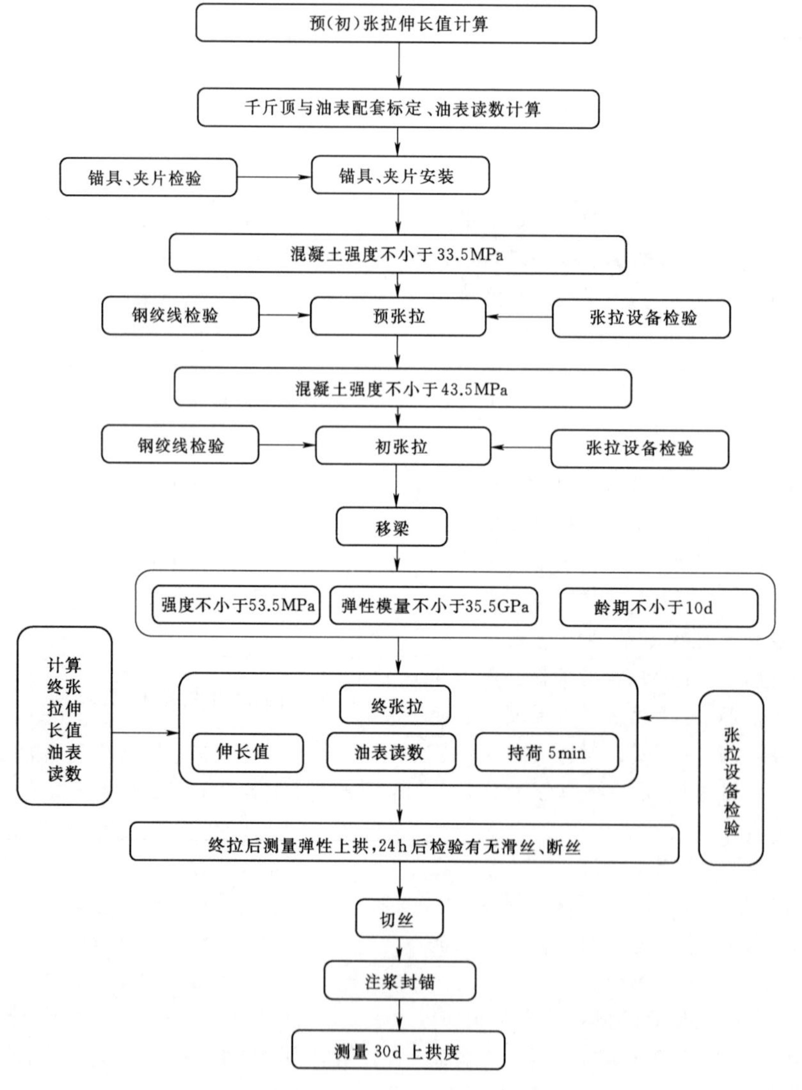


图 5 预应力张拉施工程序图

第二次为初张拉，在梁体混凝土强度达到设计强度的80%+3.5MPa（43.5MPa）时进行，初张拉后梁体方可吊移出制梁台位。

第三次为终张拉，该工序在存梁台座上进行，在梁体混凝土强度达到53.5MPa及弹性模量达到35.5GPa，且龄期不少于10d后进行。

### 8.2 预应力张拉

预（初）张拉工艺流程：0→$0.2\sigma_{com}$→预（初）张拉控制应力（持荷5min）→回油至0→锚固。

终张拉工艺流程：0→$0.2\sigma_{com}$→$\sigma_{com}$（持荷5min）保持压力→回油到0→锚固→测工作锚夹片外露量，计算钢绞线回缩量，作滑断丝观测标记。

### 8.3 孔道压浆

孔道压浆采用真空灌浆工艺，真空灌浆的原理是在孔道的一端采用真空泵对孔道进行抽真空，使之产生－0.06～－0.08MPa的真空度，然后用压浆台车将优化后的水泥浆从孔道的另一端灌入，直至充满整条孔道，并加以0.5～0.6MPa的正压力，以提高预应力孔道灌浆的饱满度和密实度。

### 8.4 封锚

在封锚之前先进行锚穴凿毛，要充分均匀，凿毛面积不小于90%。封锚混凝土的坍落度按30～50mm进行控制，封锚混凝土的养护与梁体混凝土相同，养护方法采用表面用塑料薄膜覆盖密封自养。在初凝后的12h之内必须加强养护，充分保持混凝土湿润，防止封锚混凝土与梁体之间产生裂纹。封锚混凝土养护结束后，在梁端底板和腹板的表面涂1.5mm厚的聚氨酯防水涂料。

## 9 预应力摩阻测试

预应力摩阻损失是后张预应力混凝土梁预应力损失的主要部分之一，对它的准确估计将关系到有效预应力是否能满足箱梁使用要求，影响着梁体的预拱变形，在某些情况下将影响着桥梁的整体外观等。预应力摩阻测试包括锚口摩阻、管道摩阻、喇叭口摩阻三部分。[4]

工程中对预应力管道摩阻损失采用摩阻系数$\mu$和管道偏差系数$k$来表征。虽然设计规范给出了一些建议的取值范围，但基于对实际工程质量保证和施工控制的需要，以及在不同工程中其管道摩阻系数差别较大的事实，在预应力张拉前，需要对同一工地、同一施工条件下的管道摩阻系数进行实际测定，从而为张拉时张拉力、伸长量以及预拱度等的控制提供依据。

摩阻测试的主要目的：一是可以检验设计所取计算参数是否正确，防止计算预应力损失偏小，给结构带来安全隐患；二是为施工提供可靠依据，以便更准确地确定张拉控制应力和力筋伸长量；三是可检验管道及张拉工艺的施工质量；四是通过大量现场测试，在统计的基础上，为规范的修改提供科学依据。

### 9.1 管道摩阻损失测试

#### 9.1.1 测试方法

管道摩阻测试方法以主被动千斤顶法为主，其测试原理如图6所示。采用固定端和张拉端交替张拉的方式进行，即完成一端张拉后进行另一端的张拉测试，重复进行3次，每束力筋共进行6次张拉测试，取其平均结果。测试试验过程中应均匀连续地张拉预应力筋；不宜中途停止，防止预应力筋回缩引起的误差，传感器以及千斤顶安装时应确保其中轴线与预应力筋的中轴线重合。力传感器直接作用在工具锚或千斤顶与梁体之间，各种压缩变形等影响因素在张拉中予以及时补偿，测试的时间历程比较短，避免了收缩与徐变等问题，因而两端力的差值即为管道的摩阻损失。

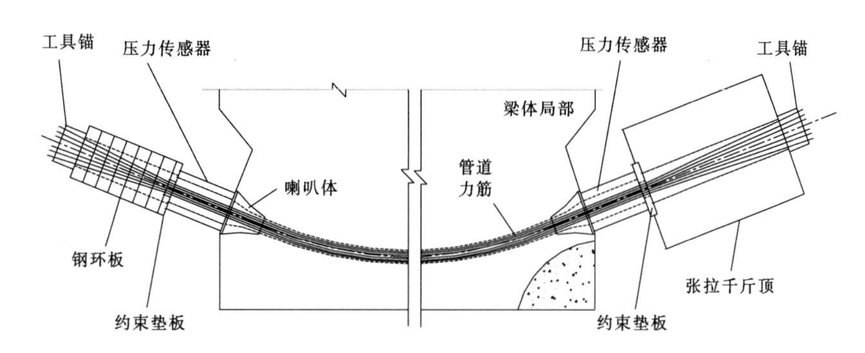


图6 管道摩阻测试原理图

#### 9.1.2 数据处理方法

（1）二元线性回归法计算$\mu$、$k$值。分级测试预应力束张拉过程中主动端与被动端的荷载，并通过线性回归确定管道被动端和主动端荷载的比值，然后利用二元线性回归的方法确定预应力管道的$k$、$\mu$值。

计算公式为：

$$\begin{cases}\mu\sum_{i=1}^{n}\theta_i^2+k\sum_{i=1}^{n}\theta_i l_i=\sum_{i=1}^{n}\xi_i\theta_i\\ \mu\sum_{i=1}^{n}\theta_i l_i+k\sum_{i=1}^{n}l_i^2=\sum_{i=1}^{n}\xi_i l_i\end{cases}$$

$$\theta_i=\sqrt{\theta_H^2+\theta_V^2}$$

式中 $\xi_i$——第 $i$ 个管道对应的值 $\xi_i=-\ln(P_2/P_1)$，$P_1$、$P_2$ 分别为主动端与被动端传感器压力；

$l_i$——第 $i$ 个管道对应力筋的水平投影长度(m)；

$\theta_i$——第 $i$ 个管道对应力筋的空间曲线包角(rad)，曲线包角的实用计算以综合法的计算精度较好；

$\theta_H$——空间曲线在水平面内投影的切线角之和；

$\theta_V$——空间曲线在圆柱面内展开的竖向切线角之和；

$n$——实际测试的管道数目，且不同线形的力筋数目不小于 2；

$\mu$——钢筋与管道壁间的摩擦系数；

$k$——管道每米局部偏差对摩擦的影响系数。

二元线性回归法是建立在数理统计基础上的计算方法，如果原始数据离散性大，则计算结果不稳定，任意增加或减少几组数据会造成结果的较大变动，反之则可证明原始数据的稳定性，只有原始数据稳定可靠的情况下方可采用此法。

(2) 固定 $\mu$ 值算 $k$ 值。由于梁两端孔道位置均被端模板固定，弯起的角度一般不会出现较大的波动，整个孔道摩阻系数的变化主要取决于孔道位置偏差；$\mu$ 值是材料固有性质，可确定一固定的 $\mu$ 值，计算 $k$。$\mu$ 值的确定有两种方法，一是直接取规范规定值，二是测出 $\mu$ 值。$\mu$ 值的测试可委托有关机构进行。

## 9.2 锚口及喇叭口摩阻损失测试

### 9.2.1 测试方法

由于张拉过程中预应力筋不可避免地与喇叭口和锚口接触并发生相对滑动，必然产生摩擦阻力。规范中有的给出了参考值，如锚口摩阻给出的参考值为 5%，但要求有条件者测试；而喇叭口摩阻则没有对应的参考数值，设计采用的喇叭口和锚口摩阻损失之和为张拉控制应力的 6%，故此需要进行现场实测。

测试方法如下：在地面上制作一个尺寸大约为 4.0m×0.8m×0.8m 的混凝土长方体，预留有与力筋管道相同的直线孔道，两端预埋了喇叭口，采用多组锚头和钢绞线反复测试摩阻损失。锚口摩阻损失测试采用工作状态的锚头（必须安装夹片），然后通过其前后的压力传感器测得其数值，测试原理见图 7。用两端传感器测出锚具和锚垫板前后拉力差值即为锚具的锚口摩阻和锚垫板摩阻损失之和，以张拉力的百分率计。每种规格锚具选取三套进行试验，每套锚具共计张拉 2 次。

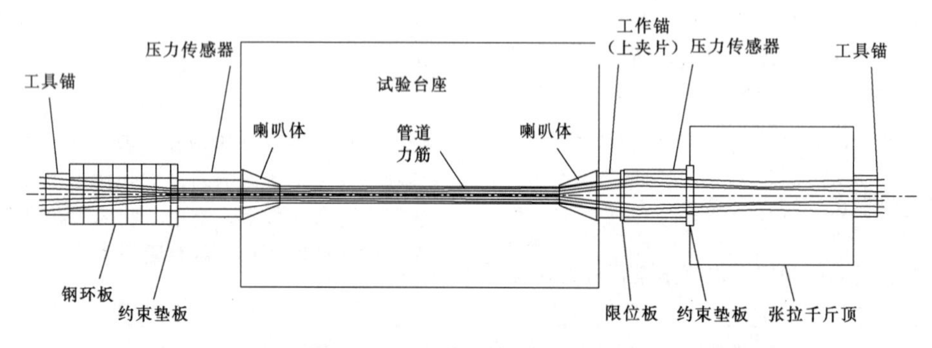


图 7 喇叭口和锚口损失测试原理图

### 9.2.2 测试步骤

锚口和锚垫板摩阻损失试验具体测试步骤如下：

(1) 两端同时充油，油表读数值均保持 4MPa，然后将甲端封闭作为被动端，乙端作为主动端，张拉至控制吨位。设乙端压力传感器读数为 $P_1$ 时，甲端压力传感器的相应读数为 $P_2$，则锚口和锚垫板摩阻损失为：

$$\Delta P=P_1-P_2$$

以张拉力的百分率表示的锚口和锚垫板摩阻损失为：

$$\eta=\frac{\Delta P}{P_1}\times 100\%$$

(2) 乙端封闭，甲端张拉，同样按上述方法进行三次，取平均值。

(3) 两次的 $\Delta P$ 和 $\eta$ 平均值，再予以平均，即为测定值。

## 9.3 测试结果

曲阜制梁场在进行规模化生产前，为确保预应力体系的有效实施，对锚口摩阻、管道摩阻、喇叭口摩阻进行了 3 组实际测试，测试结果见表 6。

曲阜制梁场采用了橡胶抽芯管成孔，第 1 孔实测 $k$ 值比规范大（规范要求：$k=0.55$，$\mu=0.0015$），说明管道定位稍有偏差，在施工过程中，加强了对预应力孔道的精确定位，达到了良好的效果。

表6　　摩阻测试成果表

| 试验组 | 实测值 | | 平均值 | |
|---|---|---|---|---|
| | $\mu$ | $k$ | $\mu$ | $k$ |
| 第1组 | 0.5498 | 0.001528 | 0.5495 | 0.001507 |
| 第2组 | 0.5490 | 0.001495 | | |
| 第3组 | 0.5496 | 0.001498 | | |

## 10　静载试验

根据《预应力混凝土铁路桥简支梁静载弯曲试验方法及评定标准》（TB/T 2092—2003）的规定，简支梁在首孔生产时，正常生产后原材料、工艺有较大变化可能影响产品性能时，有质量缺陷、交库技术资料不全或对资料发生怀疑时，正常生产条件下每批60孔应进行静载弯曲试验。简支梁静载试验在梁体终张拉30d后进行。当梁体终张拉后未达到30d，须经箱梁原设计单位计算确定静载试验相关参数，以使试验时外加荷载在跨中最下层预应力钢绞线中所产生的最大应力不超过弹性模量极限。[5]

### 10.1　加载方法

试验梁加载分两个循环进行，当在第二个循环中不能判断是否已出现受力裂缝时，要进行受力裂缝验证加载。验证加载从第二加载循环至静活载级后开始。以加载系数 $K$ 表示加载等级，加载系数 $K$ 是加载试验中梁体跨中承受的弯矩与设计弯矩之比。预应力梁各循环的加载等级如下：

第一加载循环：初始状态→基数级（静停3min）→0.6（静停3min）→0.8（静停3min）→静活载级（静停3min）→1.0（静停20min）→静活载级（静停1min）→0.6（静停1min）→基数级（静停1min）→初始状态（静停10min）。

第二加载循环：初始状态→基数级（静停3min）→0.6（静停3min）→0.8（静停3min）→静活载级（静停3min）→1.0（静停5min）→1.05（静停5min）→1.10（静停5min）→1.15（静停5min）→1.20（静停20min）→1.10（静停1min）→静活载级（静停1min）→0.6（静停1min）→基数级（静停1min）→初始状态。

当在第二加载循环中不能判断是否已出现受力裂缝时，要进行受力裂缝验证加载。验证加载从第二加载循环卸载至静活载级后开始。

验证加载：静活载级（静停5min）→1.0（静停5min）→1.05（静停5min）→1.10（静停5min）→1.15（静停5min）→1.20（静停5min）→1.10（静停1min）→静活载级（静停1min）→0.6（静停1min）→基数级（静停1min）→初始状态。

### 10.2　控制要点

（1）各千斤顶要同速、同步达到同一荷载值；加载速度不超过3kN/s。

（2）每级加载后均要仔细检查梁体下缘和梁底有无裂缝出现。如出现裂缝或初始裂缝延伸，用红铅笔标注，并注明荷载等级，量测裂缝宽度。

（3）每级加载后均测量梁体跨中和各支座的位移变化。

（4）对每级加载下的实测挠度值要仔细复核，发现异常立即查明原因。

### 10.3　评定标准

#### 10.3.1　梁体刚度判断

（1）梁体刚度合格的评定方法。实测静活载挠度值（$f_{实测}$）为静活载级下实测挠度值减去基数级下实测挠度值。

实测静活载挠度值合格评定标准：$f_{实测} \leqslant 1.05(f_{设计}/\Psi)$。等效荷载加载挠度修正系数 $\Psi$ 见表7和表8。

表7　　31.5m梁静载加载图

| 名称 | 加载图示 | 中-活载修正系数 $\Psi$ | ZK活载修正系数 $\Psi$ |
|---|---|---|---|
| 五集中力四分点等效荷载 | 2P 2P 2P 2P 2P；L/4=7.75 4 4 4 4 L/4=7.75 | 1.0409 | 0.9987 |

表8　　23.5m梁静载加载图

| 名称 | 加载图示 | 中-活载修正系数 $\Psi$ | ZK活载修正系数 $\Psi$ |
|---|---|---|---|
| 五集中力六分点等效荷载 | 2P 2P 2P 2P 2P；L/4=3.75 4 4 4 4 L/4=3.75 | 1.0227 | 1.0140 |

（2）全预应力梁抗裂合格的评定。在 $K=1.20$ 加载等级下持荷20min，梁体下缘底面未发现受力裂缝或下缘侧面（包括倒角、圆弧过渡段）的受力裂缝未延伸至梁底边，评定全预应力梁合格。

#### 10.3.2　梁体抗裂判断

（1）当在某加载等级下（最大加载等级除外）的持荷时间内，梁体下缘底面发现受力裂缝或下缘侧面受力裂缝延伸至梁底边，按加载程序规定加至后一级荷载后，受力裂缝延长或在上述部位又发现新的受力裂缝，即评定在该加载等级与前一级加载等级的平均加载等级为抗裂等级，全预应力梁抗裂不合格。

（2）当在某加载等级加载至后一级加载等级的过程中，梁体下缘底面发现受力裂缝或下缘侧面受力裂缝延伸至梁底边，按加载程序规定加至后一级加载等级后，受力裂缝延长或在上述部位又发现新的受力裂缝，即评定该加载等级为抗裂等级，全预应力梁抗裂不合格。

（3）当在最大加载等级的持荷时间内，梁体下缘底面发现受力裂缝或下缘侧面受力裂缝延伸至梁底边，在持荷 20min 后，对全预应力梁分级卸载至静活载级，按加载程序规定重新加载至最大加载等级。重新加载至最大加载等级过程中裂缝张开，即评定该加载等级为抗裂等级，全预应力梁抗裂不合格。

**10.3.3　梁体静载弯曲试验是否合格判断**

对全预应力混凝土梁，梁体竖向刚度和抗裂合格，评定该梁静载弯曲试验合格，否则为不合格。对曲阜制梁场生产的第 1 孔 31.5m 曲线梁（梁号：QF31.5-001）按《预应力混凝土铁路桥简支梁静载弯曲试验方法及评定标准》（TB/T 2092—2003）进行了静载抗裂试验，结果表明，第二循环静载挠跨比为 1/7208，满足设计 1.05×1/5115 的要求，在 1.2 倍设计荷载下持荷 20min，梁体未发现任何受力裂纹，静载试验合格。

## 11　箱梁的移位与存放

将箱梁从制梁台座移到存梁台座，既可采取顶推滑移，也可采取吊机提梁移位，但不论采用何种移梁方式，箱梁的移位难度均比普通预制梁的移位难度大。当采用顶推滑移法时，要求确保滑道的强度、刚度及平顺度，以防止移梁的过程中由于梁体受力不均，造成梁体开裂。当采用吊机提梁移位时，要确保吊机的提升能力、稳定性，吊机走道的强度等方面满足要求。存梁台座要有足够的强度。存梁时保证每支点实际反力与四个支点的反力平均值相差不超过±10%，且四个支点间的相对高差不大于 2mm。

## 12　结束语

铁路工程施工中，简支箱梁的预制工作是铁路工程建设施工的关键，是创造工程质量、进度和效益的主导因素。曲阜制梁场在施工过程中严控原材料质量，重视高性能混凝土配合比的控制和研究，加强预应力关键工序的全过程控制，对每个制梁台座均采用工序时间卡控制度，既保证了预制箱梁的生产质量，又加快了预制箱梁的生产进度，创造了良好的经济价值和工期效益，可为今后高速铁路项目的箱梁预制施工提供参考。

### 参考文献

[1] 王敏丰，董祥峰．铁路客运专线预制箱梁的施工工艺［J］．四川建筑，2008（3）：176-178.

[2] 吴刚，孙树．高铁客运专线高性能混凝土配合比设计及施工常见问题的解决措施［J］．江苏建筑，2008（2）：62-64.

[3] 姜家斌．高速铁路双线箱梁数控张拉技术应用研究［J］．黑龙江交通科技，2013（4）：73-74.

[4] 汪斌．预应力钢筋混凝土箱梁桥预应力摩阻损失测试［J］．工程与建设，2008（5）：687-688.

[5] 李圣荣．梁体静载弯曲抗裂试验［J］．西部探矿工程，2006（127）：207-208.

# 混凝土现浇箱梁预应力张拉创新技术应用

刘芳明　王　琪　李　坚/中国水利水电第十四工程局有限公司华南事业部

【摘　要】为了解决公路桥梁在预应力钢筋张拉过程中可能出现的混凝土开裂、张拉应力损失、钢绞线断丝、施工工艺复杂等问题，在厦漳公路现浇梁段预应力张拉施工中，对波纹管定位器、锚具和张拉预留槽模板等方面进行了技术创新改进。本文论述了与其相关的施工关键技术和工艺。可为类似工程的施工提供借鉴。

【关键词】公路预应力桥梁　波纹管定位　张拉锚具　张拉预留槽模板　创新改进

## 1　前言

厦漳同城大道台投段项目包含两个标段，线路全长7.192km，其中三座大桥（翁角路跨线桥、锦宅村特大桥第7～14联、流传特大桥）以及匝道桥（P1～P6匝道桥、SA匝道桥、XB匝道桥）均为现浇梁，现浇梁多达53联172跨，预应力混凝土钢绞线张拉部位分布较广，工程量大，对施工质量要求较高。

文中针对预应力混凝土梁施工中传统的波纹管定位、锚具进出口形状和现浇梁预留张拉槽模板进行了创新改造，提高了波纹管定位的精度，降低了工程成本；改造了锚具的进出口形状，解决了穿束速度慢、施工安全性差、锚具钢绞线安装易出现钢绞线断丝现象；将现浇梁的横向预应力张拉预留槽改造成钢模板，提高了施工质量，降低了成本。

## 2　关键技术创新与应用

为了有效控制预应力钢筋的张拉效果，在实际施工中，对传统的张拉技术进行了创新改进，形成了波纹管U形定位器、双向喇叭口锚具等专利。

### 2.1　波纹管U形定位器

桥梁上部结构荷载主要依靠预应力承担，因此现浇梁内的钢绞线波纹管定位显得尤为重要。目前比较常见的波纹管定位器为“井”字形，这种定位器主要由四根具有一定强度的钢筋连接，将预应力筋用波纹管固定于“井”字形内，这样的定位器虽然定位也能准确，但在实际操作时施工工序较复杂，施工时间较长，施工成本较高，且焊接点较多，焊接施工过程中产生的焊渣极有可能会损坏波纹管，需对波纹管进行修复，否则混凝土成分将会流入波纹管内，使其堵塞，导致钢绞线穿束、张拉困难，影响钢绞线施工质量。

为节约材料的使用，减少焊点，保证预应力波纹管的安装质量，设计了一种结构简单的波纹管U形定位器，这种定位器由一根横向钢筋和一根U形钢筋组合而成，先将横向钢筋两端与混凝土结构钢筋连接，波纹管安放于横向钢筋上后，再将U形钢筋的端头与横向钢筋连接成一个整体，波纹管定位于U形定位器内。这种由两根结构简单的钢筋组合而成的波纹管定位器，不仅定位准确，而且施工耗时短，材料消耗量少，成本低，接近波纹管位置的焊点仅1～2个，且都位于波纹管底部，可降低波纹管破坏的概率，这种结构简单可靠的装置，提高了钢绞线的施工质量，详见图1。

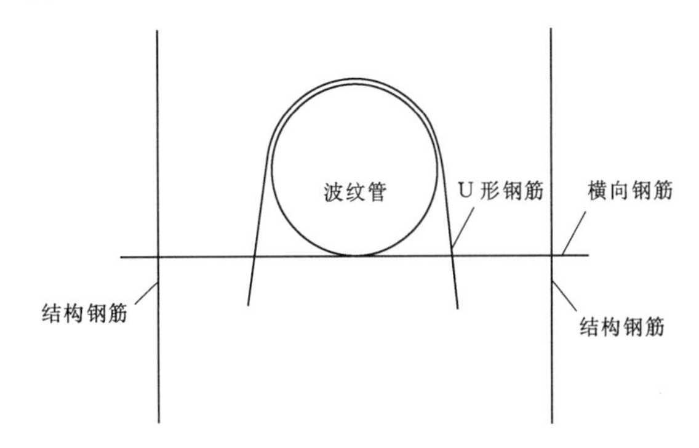


图1　波纹管U形定位器示意图

通过波纹管U形定位器的运用，相比传统“井”字形定位器，节约近一半的钢材。通过实测数据，U形定位器将波纹管管道坐标定位偏差（梁高和梁宽方向）可控制在7mm以内，长度方向控制在20mm以内，同时保证同排和上下层管道间距满足设计要求，部分测点实测数据见表1。

**表 1　后张预应力管道安装实测偏差**

| 测点 | 管道坐标偏差/mm | | |
|---|---|---|---|
| | 梁高方向（±10） | 梁宽方向（±10） | 梁长方向（±30） |
| 1 | 3 | 4 | 10 |
| 2 | 7 | 5 | 8 |
| 3 | 4 | 2 | 12 |
| 4 | 6 | 1 | 16 |
| 5 | 2 | 6 | 19 |
| 6 | 5 | 5 | 14 |
| 7 | 6 | 1 | 16 |
| 8 | 5 | 4 | 20 |
| 9 | 7 | 5 | 14 |
| 10 | 4 | 6 | 17 |
| 11 | 2 | 7 | 5 |
| 12 | 4 | 4 | 8 |

注　括号中的数值表示规范要求的允许偏差。

## 2.2　双向喇叭口锚具

在前期进行预应力张拉施工过程中，进行钢绞线穿束时，穿束速度较慢，穿束困难，且张拉时发现钢绞线存在断丝现象，分析原因可能是预应力锚具洞口较小，进出口有棱角，穿束和张拉时预应力钢筋与锚具锚口之间有摩擦，传统锚具如图 2 所示。

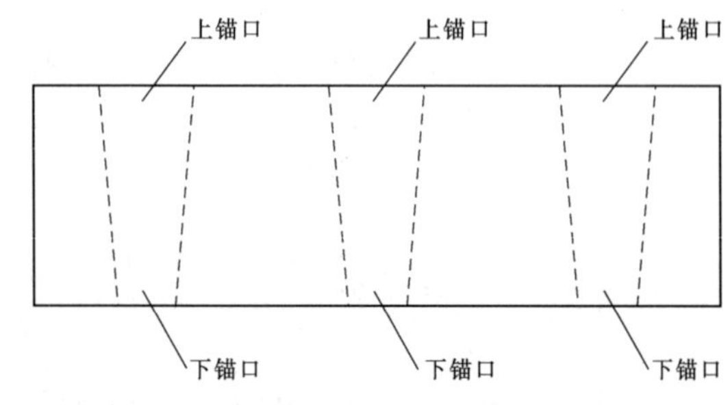


图 2　传统锚具剖面图

为提高预应力施工质量，对原有锚具进行优化，将锚具的两端开口开成双向喇叭口，双向喇叭口锚具如图 3 所示。它可使传统锚具的两个棱角成为弧形，外洞口加大，从而降低钢绞线与锚具棱角的摩擦，减小断丝可能性，双向喇叭口具有以下优点：

(1) 传统锚具钢绞线安装复杂、危险；改进型双向喇叭口锚具，安装容易、方便，避免安装过程中应力损失，降低施工风险，确保施工质量。

(2) 传统锚具钢绞线安装易出现钢绞线断丝现象；改进型双向喇叭口锚具，克服了钢绞线容易断丝的情况，施工更加安全，提高施工质量。

(3) 传统锚具钢绞线安装复杂，施工周期长，效率低；改进型双向喇叭口锚可使安装效率提高 10%以上，可加快工程进度。

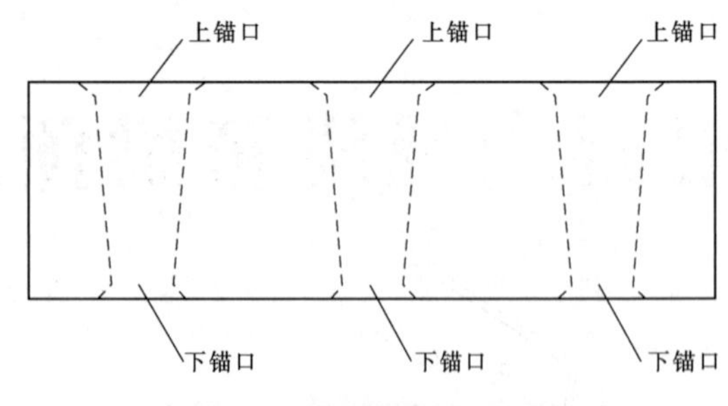


图 3　双向喇叭口锚具剖面图

工程以三跨现浇箱梁直线段的纵向腹板钢束及纵向顶板束为例，进行锚具引起的预应力损失试验，试验结果如表 2 所示。可以看出，在采用双向喇叭口锚具后，锚具引起的预应力损失效率降低百分比有所提高。

**表 2　锚具引起的预应力损失比较**

| 钢束类型 | 跨侧位置 | 张拉阶段预加力/MPa | 锚固阶段损失值/MPa | | 锚具损失效率降低百分比 (B−A/B) /% |
|---|---|---|---|---|---|
| | | | 双向喇叭口锚具预应力损失值 A | 普通锚具预应力损失值 B | |
| 纵向腹板束 | 中跨侧 | 1372.86 | 6.59 | 7.28 | 9.48 |
| | 边跨侧 | 1382.16 | 5.79 | 6.44 | 10.09 |
| 纵向顶板束 | 中跨侧 | 1380.17 | 6.43 | 7.15 | 10.07 |
| | 边跨侧 | 1400.51 | 5.68 | 6.35 | 10.55 |

## 2.3　横向预应力张拉槽钢模

在现浇箱顶板横向预应力钢绞线施工时，由于钢绞线需要张拉，因此在翼板边混凝土浇筑时，需预留张拉槽，将翼板边浇筑成锯齿状，待张拉完成后再封锚。目前比较常用的是采用木模，使用木模技术可行，单次使用成本投入相对钢模较低；但对于现浇梁数量较多，使用木模不利于周转，质量保证率较差，且木模无法保证浇筑面平整光滑，影响钢绞线的张拉，木模在使用时安装进度较慢，预留孔易破坏。

为解决上述施工中存在的问题，设计了一种现浇梁横向预应力张拉槽钢模，张拉槽钢模如图 4 所示。它主要由底模、内模、边模等组成。底模为凸形钢板，在钢板上打两个小孔，用铁钉将其固定在现浇梁翼板边缘方木上；内模为门型钢板，在钢板上预留钢绞线穿束孔，其大小与横向波纹管近似，对应锚垫板打螺栓孔，用于螺栓固定锚垫板；边模共两块，为长方形钢板；在钢板上方预留螺栓孔，用于相邻两个张拉槽钢模螺栓连接。现浇梁横预应力张拉槽钢模刚度大，不易变形，方便钢绞线固定与张拉，便于后续封锚工作。张拉槽钢模与传统施工所用模板相比较，具有以下优点：

(1) 钢材结构刚度大，不易变形，浇筑面光滑平整。

(2) 方便钢绞线的张拉与千斤顶的安放，安全性高。

(3) 周转次数多，安装速度快，拆模容易，施工成本低。

(4) 浇筑完成的张拉槽有薄层的底部混凝土，后续封锚时只需立侧模，方便封锚。

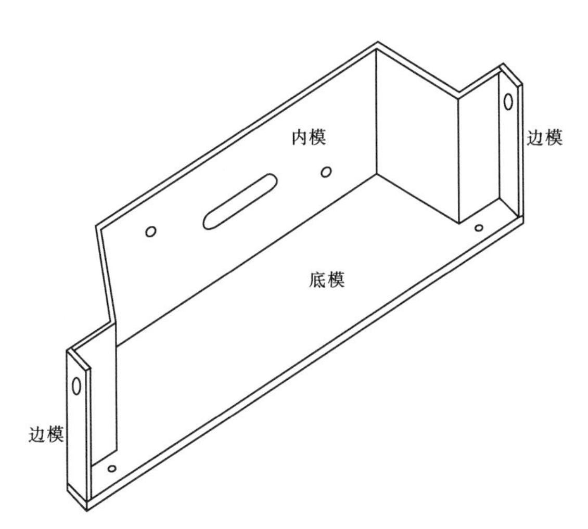

图4 横向预应力张拉槽钢模

## 3 张拉施工工艺

### 3.1 张拉的要求

混凝土立方体实测强度达到设计强度等级的90%，且梁体养护不小于7d，方可张拉预应力钢绞线。张拉前首先到相关计量部门对千斤顶、油压表进行检定和校准，并出具相关报告。对构件端部预埋件、混凝土等作全面检查和清理。安装锚具、千斤顶时，严格做到千斤顶、限位板、锚具撑脚吻合无误，保证孔道、锚具、千斤顶的轴线同心。

张拉钢束要求均匀、对称，按照“先横束，后纵束”“先腹板，后底板，再顶板”，同一断面左右对称张拉的原则进行张拉。张拉时应采取张拉力与伸长量的双控标准，即以应力控制为主，伸长量作为校验，实际伸长值与理论伸长值之差应保持在±6%以内，如发现伸长值异常应停止张拉，查明原因。施工时应确保锚垫板与预应力束垂直，张拉端锚垫板下（含连接器锚垫板下）设置钢筋网和厂家定型配套的螺旋筋。预应力管道的连接应保证质量，杜绝因漏浆造成管道堵塞。在绑扎钢筋、浇筑混凝土过程中，严禁踏压波纹管致使其变形，影响穿束张拉。横梁预应力张拉时应对梁体进行观测，出现异常情况时应停止施工。预应力钢束的张拉流程如图5所示。

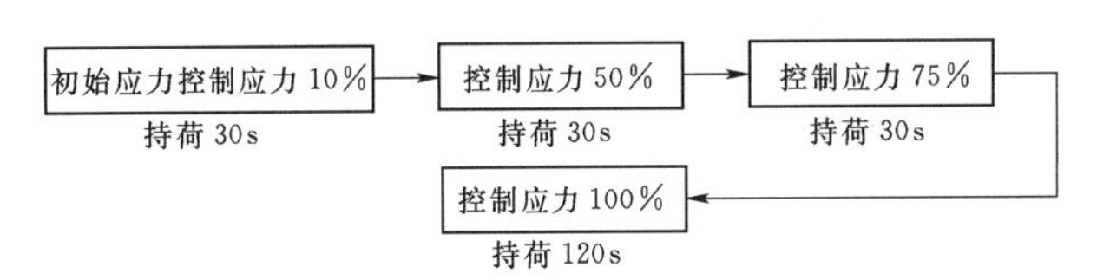


图5 预应力钢束张拉流程图

### 3.2 张拉伸长值的计算

预应力钢筋的理论张拉伸长值 $\Delta L$ 的计算公式为：

$$\Delta L=\frac{P_p\times L}{A_y\times E_g} \tag{1}$$

式中：$P_p$ 为预应力钢筋的平均张拉力（kN）；$L$ 为从张拉端至计算截面钢绞线的长度（m）；$A_y$ 为预应力钢筋的截面面积（$mm^2$）；$E_g$ 为预应力筋的弹性模量（MPa），一般通过试验确定。

其中预应力钢筋的平均张拉力 $P_p$ 的计算公式如下：

$$P_p=\frac{P(1-e^{-(kx+\mu\theta)})}{kx+\mu\theta} \tag{2}$$

式中：$P$ 为预应力钢筋张拉端的控制张拉力（kN）；$x$ 为从张拉端至计算截面的孔道长度（m）；$\theta$ 为从张拉端至计算截面曲线孔道部分切线的夹角之和（°）；$k$ 为孔道每米局部偏差对摩擦的影响系数，取0.0015；$\mu$ 为预应力钢筋与孔道壁的摩擦系数，取0.17。

### 3.3 张拉注意事项

(1) 在安装夹片时必须先检查钢绞线锚固部位及夹片是否清洁，合格后方可安装，安装时必须使夹片外露部分平齐，开缝均匀。

(2) 当使用锚具时应注意限位板上有不同规格钢绞线的识别标志，以免用错，造成内缩量过大或增加锚口损失。

（3）钢绞线预留长度在30cm以上，切割多余钢束时，应使用砂轮切割机，并及时封锚。

（4）若张拉过程中出现故障应立即停止张拉，查找原因，处理合格后方可再进行施工。

（5）张拉端应设置防护挡板，板的前面板用软材，防飞物反弹，板的后面板用钢板防止飞物击穿，板面边缘距张拉钢绞线外边缘在50cm以上，板面设撑脚防止防护板倾倒。

（6）每级张拉应测伸长值，检查锚固状态，检查梁体混凝土是否有裂纹，伸长值等是否符合要求。

（7）左右对称张拉的千斤顶误差应符合桥梁施工规范要求，张拉结束后，所有项目应满足桥梁施工及验收规范要求。

### 3.4 压浆

张拉完成后，应在48h内进行孔道压浆，以防钢丝锈蚀。根据设计图纸及规范要求，确保压浆质量，对于纵向预应力钢筋采用真空辅助压浆技术。

#### 3.4.1 吸浆设备

根据真空辅助吸浆施工工艺，选用符合要求的吸浆泵配以灰浆拌和机进行吸浆。

#### 3.4.2 浆液要求

管道压浆前应采用压力水清除管道内杂物，并用压缩空气吹干。因预应力管道较长，管道压浆采用XN－YⅠ预应力管道专用压浆料制备的浆液，具有流动性好、不密水不分层、耐久性好、预应力筋不锈蚀、压浆饱满早强微膨胀高充盈等优点。浆液水胶比宜为0.26～0.28，在搅拌机中加入拌和水，开动搅拌机，均匀加入压浆料，边加入边搅拌，全部粉料加入后连续搅拌5～10min。浆液自搅拌至压入孔道的延续时间不宜超过40min，浆液在使用前和压注过程中应连续搅拌，对因延迟使用所致流动度降低的浆液，不得通过额外加水增加其流动度。

#### 3.4.3 压浆要求

（1）必须待封头混凝土达到一定的强度时再进行压浆，防止漏气或漏浆。

（2）压浆前将预留的通气孔堵塞严密，防止漏浆污染桥面。

（3）抽真空时，当孔道内的真空度保持稳定时，停泵1min，若压力降低值小于0.02MPa，即可认为孔道基本达到真空，如果不满足此要求，则表示孔道未能完全密封，需在灌浆前进行检查及处理。

（4）拌浆前，应在搅拌机中先加水空转数分钟，使搅拌机内壁充分湿润，然后将积水倒干净。

（5）压浆后，观察废浆筒处的出浆情况，当出浆流畅、稳定且稠度与盛浆筒浆体基本一样时，再关闭灌浆泵，进行封堵。

（6）必须严格控制用水量，对未及时使用而且降低了流动性的水泥浆，严禁采用增加水的办法来增加其流动性。

（7）搅拌好的浆体应每次全部卸尽，在浆体全部卸出之前，不得投入未拌和的材料，不能采取边出料边进料的方法。

（8）压浆时，每一工作班应留不少于3组的40mm×40mm×160mm立方体试件，标准养护浇筑梁体封端混凝土之前，应先将承压板表面的黏浆和锚环外面上部的灰浆铲除干净，同时检查无漏压的管道后，才允许浇筑封端混凝土。为保证封端混凝土接缝处接合良好，应将原混凝土表面凿毛，并焊钢筋网片，封端混凝土应采用无收缩混凝土进行封堵，为保证有足够的张拉空间，封端混凝土在相邻两孔梁预应力张拉结束后再灌注，与桥台相接时，桥台胸墙部分应在张拉完成后再灌注。

## 4 结语

通过运用以上预应力张拉技术，尤其是波纹管U形定位器、双向喇叭口锚具以及横向预应力张拉槽钢模等创新技术，厦漳公路的现浇梁段的预应力施工质量得到了较好的保证，节约了材料，加快了施工进度。

（1）通过采用波纹管U形定位器代替传统的井字形定位器，节约近一半的钢材，将波纹管定位偏差梁高和梁宽方向控制在7mm以内，长度方向控制在20mm以内，定位精确。

（2）通过采用双响喇叭口锚具代替传统锚具，安装更便捷、更安全，减少钢绞线张拉与穿束过程中与锚具棱角的摩擦而出现断丝现象，提高锚具与钢绞线安装进度，预应力整体施工效率提高10%以上，锚具引起的预应力损失值降低近10%。

（3）横向预应力采用定型钢模，结构刚度大，不易变形，浇筑面光滑平整，钢绞线张拉安全性提高，钢模周转次数增多，安拆便捷，加快施工进度。

本文通过对预应力混凝土现浇箱梁张拉关键技术的实际应用，提出的预应力张拉控制措施有一定的实用性，可对类似项目提供借鉴。

# 桥梁墩柱钢筋保护层厚度控制措施

韦剑发　孔　锦　钟　杰/中国水利水电第十四工程局有限公司华南事业部

【摘　要】 墩柱钢筋保护层厚度是墩柱质量验收评定的关键项目，它关系到墩柱的受力状况、力学效能和耐久性。本文针对高速公路大量采用钢筋混凝土墩柱桥梁的现状，探讨墩柱钢筋保护层厚度控制的关键措施。

【关键词】 桥梁墩柱　钢筋混凝土　保护层厚度　控制措施

《公路钢筋混凝土及预应力混凝土桥涵设计规范》(JTG 3362—2018) 定义：混凝土保护层厚度是指混凝土构件中钢筋外边缘到构件表面之间的距离，对后张法预应力钢筋为管道外缘至混凝表面的距离，规范中所指的最小保护层厚度是指净保护层厚度。由于墩柱钢筋保护层厚度是墩柱质量验收评定的关键项目之一，它关系到墩柱的受力状况、受力效能和耐久性。施工质量控制不好，会减少桥梁的寿命，严重的会发生事故，故严格按照规范和设计要求施工，确保钢筋的正确位置和保护层的厚度是施工中的关键。

## 1　钢筋保护层厚度对墩柱的影响

墩柱钢筋保护层的作用简单来说就是保护钢筋在一个封闭的环境内，承受合理的设计受力，免受空气氧化、免受不利环境的侵蚀，从而保证结构的稳定和耐久性。[1]而钢筋保护层最小厚度的规定是使混凝土结构构件满足构件的耐久性要求和对受力钢筋有效锚固的要求，保证钢筋和混凝土之间能够共同工作，使构件形成设计计算拟定的承载能力，并在构件的使用年限内延缓保护层内的主筋锈蚀。但钢筋保护层过薄或者过厚，都会对构件造成不利影响。

### 1.1　钢筋保护层过薄

墩柱钢筋保护层厚度过薄，容易造成墩柱钢筋外露或表面混凝土剥落，从而使钢筋暴露在空气和不利环境中。钢筋提早开始生锈并加快锈蚀发展速度，将造成钢筋截面积减小，使得结构构件整体性受到破坏，大大减少了墩柱的使用年限。钢筋的锈蚀一般总是从最外侧的分布钢筋或箍筋开始，对混凝土保护层厚度的要求，首先应保证箍筋和分布钢筋的保护层，而内侧主筋的保护层厚度则往往取决于箍筋或分布钢筋的需要。[2]

### 1.2　钢筋保护层过厚

墩柱钢筋保护层厚度过厚会让墩柱外表面容易出现收缩裂缝和温度裂缝，钢筋通过墩柱外表面产生的裂缝加速主筋的锈蚀；过厚的保护层厚度减少了受力断面，降低了结构的承载能力。[3-4]

## 2　引起桥梁墩柱钢筋保护层厚度偏差的原因

### 2.1　施工技术交底不到位

施工前未进行技术交底，施工保障措施落实不到位，或未正确识别图纸标注尺寸，导致对钢筋保护层厚度设计值理解错误。施工图中的保护层厚度尺寸一般有以下几种标注方式：

(1) 标注钢筋（主筋）中心线至混凝土表面的距离，见图1。这种标注方式是设计单位强调了结构断面的有效截面系数。计算净保护层厚度时应减去钢筋半径。

(2) 在大样图中某钢筋（主筋、构造筋）部位标注含“净”字，见图2。此标注指该构件标注截面处净保护层尺寸。这种标注方式是设计单位强调了从结构上体现钢筋的保护层作用，同时也控制了有效的截面系数。

### 2.2　钢筋加工精度不符合规范标准和设计要求

在钢筋加工场加工墩柱钢筋时，没有仔细核对图纸，对纵向受力钢筋保护层的概念理解较为模糊，导致制作加强筋或箍筋时尺寸偏差达到临界值。另外模板定位存在1～2mm的合理偏差，也会对整体保护层合格率造成较大影响；钢筋弯制前没有对施工图纸精度进行复核，出现超出规范的尺寸偏差；钢筋加工设

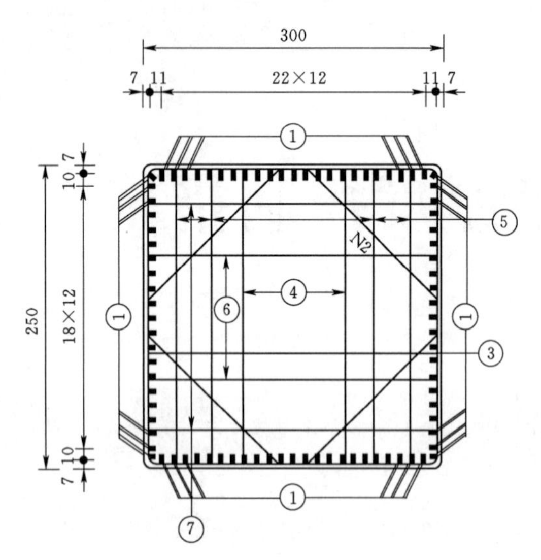


图1　矩形墩标注为主筋中心至混凝土边缘（单位：mm）
①～⑦—钢筋编号

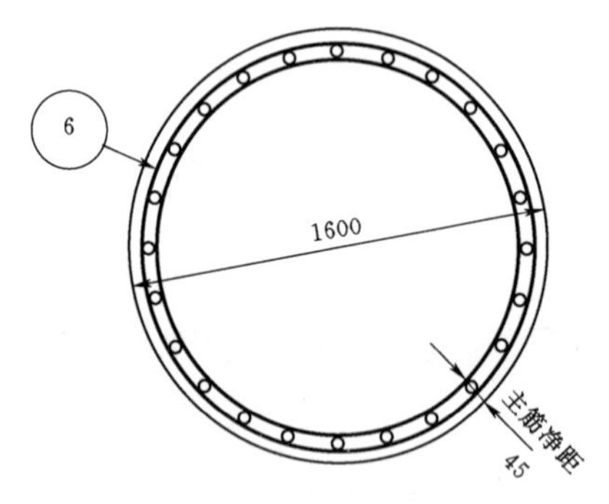


图2　圆柱墩标注为主筋外边缘至混凝土边缘（单位：mm）
⑥—钢筋编号

备达不到加工精度的规定要求，加工钢筋尺寸存在偏差等情况。

### 2.3　混凝土垫块的尺寸精度、制作质量和安装质量控制不严

钢筋混凝土垫块是保护层控制过程中的重中之重，垫块的尺寸精度、制作质量和安装质量都会影响到保护层厚度的精度。制作垫块时，外形尺寸和厚度不规范，垫块混凝土强度不统一或达不到设计强度要求；安装垫块时，没有严格按照规定的位置和间距设置，致使钢筋挠度过大而贴近模板；安装垫块时，垫块绑扎固定不牢而导致混凝土浇筑过程中垫块脱落，使钢筋发生偏位。

## 3　桥梁墩柱钢筋保护层厚度控制措施

### 3.1　做好技术交底工作

施工前，组织工程的技术人员认真做好图纸会审，相关技术负责人要落实好技术交底，尤其注意确保对施工班组的交底质量，切勿使得作业人员盲目按照经验施工，不按设计图纸要求操作施工。针对不同类型的墩柱，根据施工设计图纸和施工验收规范，对桥梁墩柱钢筋保护层厚度制订详细的控制措施。如果遇到特殊的情况，可专门制订针对性的控制措施。作业前，对加工、操作人员进行详细的技术交底，现场进行示范并讲解，减少加工、操作人员对于图纸、钢筋保护层厚度方面的理解性偏差。对施工班组人员强调钢筋保护层的重要性，提高其重视质量的意识，不定期检查钢筋加工及安装情况并施行合理的奖惩制度，提高其积极性。[5]

### 3.2　墩柱预埋筋准确定位

预埋钢筋定位是控制墩柱钢筋保护层最关键工序。

矩形墩墩柱主筋预埋在承台内，承台模板安装完毕后，进行墩柱测量放线。测量人员须精确定位墩柱主筋轮廓线，并将此作为墩柱预埋主筋平面位置的控制基线，根据设计保护层净距要求及墩柱主筋间距确定主筋位置，并采用定位卡具精确定位、安装预埋钢筋。预埋主筋与承台钢筋焊接牢固，待预埋钢筋埋置好后，按照设计数量、形式及要求绑扎（或焊接）箍筋，使钢筋笼形成不易变形的骨架，防止钢筋移位。

圆柱墩墩柱主筋与桩基主筋对接：墩柱钢筋笼在钢筋加工场内按设计图纸加工成半成品，运输吊装时，应正确计算吊点，宜用尼龙布吊带吊装，必要时应进行防止变形的加固。桩基超灌部分桩头破除后及时根据测量定位墩柱中心点校正桩基钢筋笼主筋，将制作成型的成品墩柱钢筋笼与桩基钢筋笼主筋对接、焊接牢固，焊接过程测量校核钢筋笼平面位置，确保墩柱钢筋笼位置准确。

### 3.3　使用数控设备确保钢筋加工精度

本项目采用数控钢筋笼滚焊机对墩柱钢筋笼进行加工。数控钢筋笼滚焊机的工作原理：根据施工要求，钢筋笼的主筋通过人工穿过数控钢筋笼滚焊机固定盘相应圆孔至盘的相应孔中进行固定，把箍筋端头先焊接在一根主筋上，然后通过固定盘及盘的转动把箍筋缠绕在主筋上（固定盘转动的同时根据箍筋间距向前移动），固定盘转动的同时进行箍筋与主筋的焊接，从而形成成品钢筋笼。采用数控机械化作业，可使主筋、箍筋的间距均匀，钢筋笼直径一致，加工成型钢筋笼成品达到规范要求。在使用滚焊机时，必须反复调整拉力，确保螺旋箍筋的直径及间距符合设计要求的尺寸。待全部加强筋焊接完成后，在出场前对主筋与加强筋连接部位进行补焊，必须保证主筋与加强筋焊接牢固。

使用数控剪切线和数控弯曲机、数控钢筋笼滚焊机等数控设备进行钢筋加工，能够确保钢筋加工精度符合施工规范要求，减少钢筋加工形状偏差和尺寸偏差对保护层厚度控制的影响。

### 3.4 选择好钢筋混凝土垫块

对于保护层厚度控制精度要求高的墩柱，垫块应选用强度不小于墩柱混凝土强度等级定制的混凝土垫块。宜采用圆形混凝土垫块，中间孔洞直径大于主筋直径且不超过2mm，圆形垫块外圈半径为混凝土表面至主筋中心距离，钢筋笼加工时将圆形垫块按间距和位置要求穿入主筋。当采用其他形状的垫块时，垫块应在制作时预埋固定使用的扎丝或预留穿扎丝的孔洞，垫块须绑扎在主筋与螺旋筋相交处，防止垫块位置移动。垫块绑扎不得出现倾斜、下垂现象，并保证每个垫块和模板结合紧密，确保垫块处于最佳受力点上，从而发挥垫块最大作用来确保保护层厚度。

### 3.5 工后检查是控制钢筋保护层厚度的必要手段

浇筑混凝土结束后，应及时用钢筋位置测定仪进行钢筋保护层厚度检查。对于墩柱钢筋保护层厚度合格率满足要求的墩柱，应总结保护层厚度控制成功经验。对于墩柱钢筋保护层厚度合格率不满足要求的墩柱，应分析问题出现原因，不断改善，避免再次发生。

## 4 中开高速项目的墩柱混凝土保护层实际控制效果

根据粤交基〔2011〕1526号《关于印发广东省高速公路优质工程质量管理规定（试行）的通知》对钢筋保护层合格率的规定，明确桥涵工程混凝土实体钢筋保护层厚度合格率最低须满足40%。

在采用上述五项保护层厚度控制措施之前，存在部分墩柱钢筋保护层厚度检测合格率偏低的情况，若控制不佳很可能不能达到最低保护层合格率，见表1。

在采用上述五项保护层厚度控制措施之后，墩柱钢筋保护层厚度检测合格率显著提高，均达到90%以上，见表2。

表1　中开高速桥梁墩柱施工初期钢筋保护层厚度检测表

| 序号 | 桥　名 | 抽检根数 | 设计保护层厚度/mm | 最大保护层厚度/mm | 最小保护层厚度/mm | 合格根数 | 单根墩柱钢筋保护层合格率 | 合格率 |
|---|---|---|---|---|---|---|---|---|
| 1 | k1+080.21～k2+291.21大桥 | 5 | 45 | 67 | 30 | 5 | 57.50%、73.33%、58.88%、95%、87.5% | 100% |
| 2 | k7+154.8～k7+944.8大桥 | 5 | 45 | 61 | 32 | 5 | 58.82%、97.06%、57.58%、100%、93.55% | |

表2　中开高速桥梁墩柱施工现状钢筋保护层厚度检测表

| 序号 | 桥　名 | 抽检根数 | 设计保护层厚度/mm | 最大保护层厚度/mm | 最小保护层厚度/mm | 合格根数 | 单根墩柱合格率 | 合格率 |
|---|---|---|---|---|---|---|---|---|
| 1 | k1+080.21～k2+291.21大桥 | 5 | 45 | 55 | 37 | 5 | 100%、90%、97.5%、97%、97.5% | 100% |
| 2 | k7+154.8～k7+944.8大桥 | 5 | 45 | 56 | 34 | 5 | 100%、91.18%、93.94%、100%、100% | |

## 5 结束语

本文从当前保护层施工质量存在问题的顽症细节入手，创新使用钢筋的制作、安装和焊接数控设备，阐述了质量保证的具体措施。通过以上论述我们可以得出结论，只要明确钢筋保护层厚度偏差的成因，严格按照施工规范和技术要求施工，并针对原因，采取相应的施工控制措施，墩柱钢筋保护层厚度的合格率是可控的，创优是能够达到的。这些措施不但可保证墩柱的施工质量，提高施工效率，还可提高墩柱的使用寿命，具有借鉴价值。

### 参考文献


[1] 李朝军．桥梁钢筋保护层的作用及施工控制［J］．交通世界（建养机械），2012，(10)：253-254.

[2] 张成勇，王璇．浅谈公路桥梁钢筋保护层厚度偏差过大的防治［J］．黑龙江交通科技，2011，(7)：220-220.

[3] 徐建国，陈叶刚．桥梁圆形墩柱钢筋保护层厚度的控制措施［J］．城市道桥与防洪，2015，(8)：139-141.

[4] 姚正国，屠林春．浅谈钢筋保护层厚度对混凝土耐久性的影响及控制措施［J］．江西建材，2015，(3)：72.

[5] 王小颖．浅谈钢筋保护层厚度的施工控制［J］．延安职业技术学院学报，2017，31(1)：107-108.

# 深圳抽水蓄能电站地下工程混凝土温控技术

殷智强　张云周/中国水利水电第十四工程局有限公司华南事业部

【摘　要】施工温控是防止大体积混凝土裂缝的重要措施。深圳抽水蓄能电站地下工程利用施工中的洞内常温水及常规温控措施，解决了高温地区、高温季节大体积混凝土浇筑的温控问题，总结了一套低成本的施工工艺，取得了较好的成果。

【关键词】地下工程　混凝土温控　洞内常温水利用　综合控制措施

## 1　概述

深圳抽水蓄能电站装机 4×300MW，总装机容量 1200MW，位于深圳市东北部的盐田区和龙岗区内，距深圳市中心约 20km。枢纽工程由上水库、下水库、输水系统、地下厂房系统及开关站、场内永久道路等部分组成。该电站地下工程混凝土半成品料的高峰供应强度约 4000m³/月，供应主要时段为 2014 年 5 月至 2016 年 4 月。供应混凝土量约为 14.4 万 m³。混凝土最高月浇筑强度约为 1.0 万 m³。拌和系统按常温混凝土 75m³/h（预冷混凝土 30m³/h）设计。混凝土的各种组成原材料中，影响混凝土拌和温度的因素有粗骨料温度、水的温度、细骨料温度，水泥和粉煤灰的温度。因此，要降低混凝土拌合料的温度，首先应降低原材料的温度，特别是降低比热最大的水、胶凝材料和用量最多的骨料温度。在运输过程中对运输罐车采取保温措施，合理安排夏季混凝土浇筑时间，控制混凝土内外温差，[1]预防混凝土的裂缝。

## 2　控制措施

### 2.1　混凝土拌和及原材料降温用水

本工程混凝土拌和及原材料降温用水采用中平洞渗水。经检测，渗水各项指标满足本工程混凝土拌和用水要求；通过有保温措施的管道引至拌和站后，实测渗水温度在 20℃以下；渗水流量在 70m³/h 以上，满足混凝土拌和用水及原材料降温用水需求量。采用低温的中平洞渗水作为混凝土拌和及原材料降温用水，不仅减少了水冷机工作时间，降低能耗，且减少了市政用水量，节约了水资源，践行了绿色施工的理念。

### 2.2　控制混凝土浇筑时间

控制夏季混凝土最佳浇筑时机，合理安排夏季混凝土浇筑时间，一般控制在每天 8 时前和 20 时后进行，此时段气温相对较低，便于控制原材料入仓温度和混凝土运输过程及混凝土浇筑过程的温度。

### 2.3　原材料温控措施

#### 2.3.1　骨料仓降温措施

（1）堆料仓设置遮阳棚，避免阳光照射，使料仓内骨料温度低于气温 2～3℃。

（2）成品料仓的骨料，堆高满足规范要求，不低于 6m，使底部骨料温度低于上层骨料温度 2℃左右。

（3）料仓设置喷雾装置，在骨料堆顶部采用中平洞渗水，必要时采用低温冷水喷淋形成薄雾状降温，降低料堆上空气温，同时使石子骨料保持湿润，加快蒸发降温。在采用了上述措施后，根据已施工工程的经验，可使骨料温度降低 2℃左右，见图 1。

（4）在混凝土拌制前由试验人员检测骨料平均含水率，当骨料含水率过高时，由实验人员调整混凝土拌和用水掺量。

#### 2.3.2　水泥罐、粉煤灰罐降温措施

为降低水泥、粉煤灰温度采取的措施：水泥罐、粉煤灰罐顶部环绕布置一圈冷却水管，冷却水采用中平洞渗水，混凝土拌制前，提前 6h 启动灰罐外壁冷却水管并浇淋灰罐外壁，降低水泥、粉煤灰温度，见图 2。

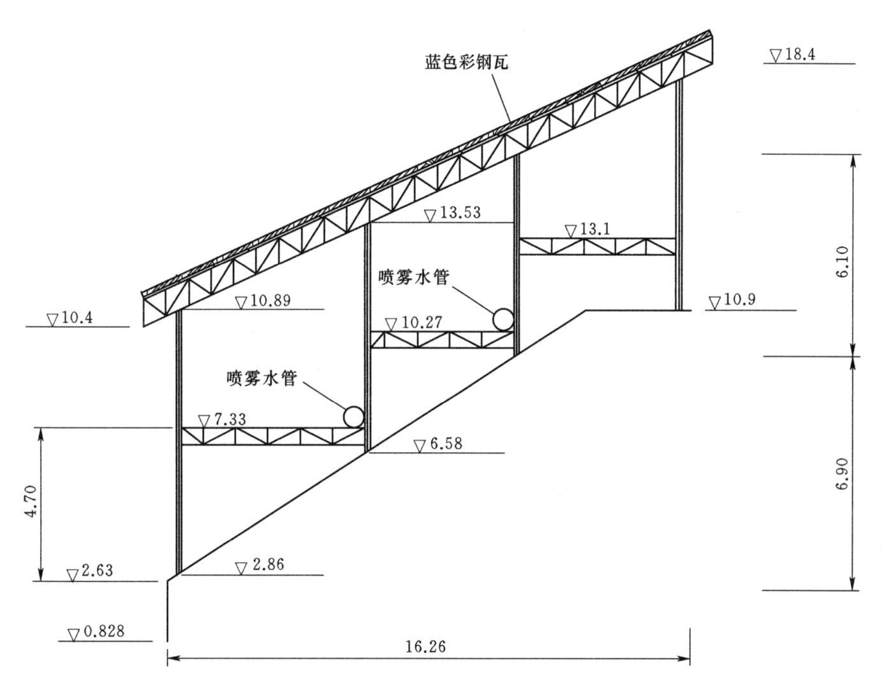


图1　骨料仓示意图（单位：m）

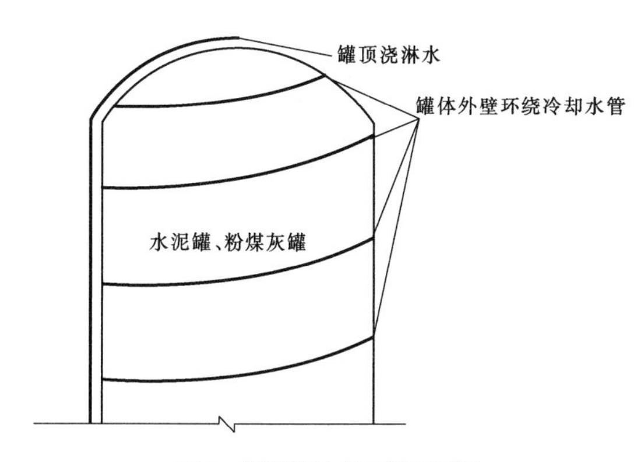


图2　罐环绕冷却水管示意图

**2.3.3　施工用水降温措施**

（1）采用相对温度较低的中平洞渗水作为混凝土拌和生产用水，可节省成本，缩短冷却水时间。

（2）为降低拌和楼生产用水水温，采用一台功率为110kW的冷水机，混凝土拌制提前6h打开冷水机对拌和用水进行降温，可将混凝土拌和用水降低至10℃以下。

**2.3.4　取料过程温度保障措施**

（1）通过地弄廊道取料，可提前将部分骨料存至地弄廊道，避免阳光照射影响。

（2）骨料传输皮带机、拌合料仓露天部分搭设防晒遮雨棚，防止骨料暴晒升温和淋雨含水量增大。

**2.3.5　原材料温度动态调整**

（1）定期对混凝土骨料温度进测量，实时监控原材料温度，并做好记录。

（2）通过测量的原材料温度分析，必要时降低拌和用水的温度（骨料温度上升1℃，需降低拌和用水2.73℃），保证混凝土出机口温度达到设计温控要求。[2]

**2.3.6　骨料及拌合物温控前后对比**

混凝土骨料及拌合物温度，详见表1。

**表1　　温控前后温度值对比表　　单位：℃**

| 原材料 | 温控前温度 | 温控后温度 | 备注 |
|---|---|---|---|
| 砂 | 32 | 26～28 | |
| 石 | 32 | 26～28 | |
| 水 | 20 | 8～10 | 采用洞内渗水 |

**2.3.7　出机口温度计算**

（1）深圳市多年平均气温中七、八月日平均气温最高，日均最高气温32℃，日均最低气温26℃，多年各月日平均最高、最低气温，见表2。

**表2　　深圳市各月日平均气温统计表　　单位：℃**

| 全年平均气温 | 一月 | 二月 | 三月 | 四月 | 五月 | 六月 | 七月 | 八月 | 九月 | 十月 | 十一月 | 十二月 |
|---|---|---|---|---|---|---|---|---|---|---|---|---|
| 日均最高气温 | 20 | 20 | 22 | 26 | 29 | 31 | 32 | 32 | 21 | 29 | 25 | 22 |
| 日均最低气温 | 12 | 13 | 16 | 20 | 23 | 25 | 26 | 26 | 24 | 22 | 17 | 13 |

(2) 根据混凝土入仓温度要求，将高压岔管衬砌混凝土入仓温度控制在28℃以下（设计要求），作为控制混凝土入仓温度进行分析。根据深圳市各月日平均气温统计，八月夜间气温取28℃，作为夜间混凝土拌制温度计算取值，其他月份混凝土温度入仓温度控制措施可参照八月做适当调整。出机口温度主要是指混凝土在拌和站完成拌制后混凝土的实际温度，本标段温控混凝土（包含厂房）绝大部分强度等级在C35以下，本次取C30强度等级作为出机口温度代表性计算（少数超出C30强度的温控混凝土，视情况在拌和用水中掺入冰块），出机口温度详见表3。

**表3　C30，W10，F100混凝土拌和温度计算表**

| 材料名称 | 重量/kg | 比热/[kJ/(kg·℃)] | 热当量/(kJ/℃) | 温度/℃ | 热量/kJ |
|---|---|---|---|---|---|
| | (1) | (2) | (3)=(1)×(2) | (4) | (5)=(3)×(4) |
| 水泥 | 291 | 0.52 | 151.32 | 60 | 9079.20 |
| 粉煤灰 | 73 | 0.52 | 37.96 | 60 | 2277.60 |
| 砂 | 745 | 0.74 | 551.3 | 28 | 15436.40 |
| 石 | 1118 | 0.82 | 916.76 | 28 | 25669.28 |
| 砂中水(3%) | 22.35 | 4.19 | 93.65 | 28 | 2622.20 |
| 石中水(2%) | 22.36 | 4.19 | 93.69 | 28 | 2623.32 |
| 水 | 153 | 4.19 | 641.07 | 10 | 6410.70 |
| 合计 | 2424.71 | | 2485.75 | | 64118.70 |

(3) 原材料温度取值说明。

1) 根据《建筑施工计算手册》大体积混凝土热工计算[3]。

2) 混凝土各材料重量根据监理批准的混凝土配合比进行取值。

3) 各材料比热参照《水工混凝土结构设计规范》(DL/T 5057—2009) 进行查询。

4) 根据《水工混凝土施工规范》(SL 677—2014) 条文说明可知：在混凝土温控计算过程中，水泥温度一般采用60℃。

5) 骨料仓增加遮阳棚和喷雾装置，通过地弄廊道取料、堆料高度在6m以上时底部骨料受日照影响较小，且在骨料上料皮带设置遮阳棚，骨料较气温一般低5℃左右，结合1#施工道路旁拌和楼实际情况，本次计算取28℃计算。

6) 混凝土生产用水采用中平洞渗水。洞内渗水属于地下裂隙水，再通过冷水机可降至10℃以下。

(4) 出机口温度计算。

(水泥总热量+粉煤灰总热量+砂总热量+石总热量+水总热量)

÷(水泥总热当量+粉煤灰总热当量+砂总热当量+石总热当量+水总热当量)

=(9079.20+2277.60+15436.40+25669.28+2622.20+2623.32+6410.70)

÷(151.32+37.96+551.3+916.76+93.65+93.69+641.07)

=64118.70÷2485.75=25.79(℃)

根据计算，混凝土浇筑期间理论出机口温度为25.79℃。

## 2.4　混凝土运输温控措施

### 2.4.1　混凝土运输过程温度控制

为降低混凝土在运输过程中的温度回升，施工中加强管理，加快混凝土的入仓速度，以减少运输过程中的温度回升，高温季节主要采取以下措施：

(1) 加强管理，强化调度，尽量避免混凝土运输过程中等车卸料现象，缩短运输时间并减少混凝土倒运次数。

(2) 混凝土运输车辆及输送泵采用保温措施，无纺棉布包裹并保持湿润状态，以防在运输过程中受日光辐射和温度倒灌，减少温度回升，降低混凝土运输过程中的温度回升率。[4]

### 2.4.2　混凝土入仓温度计算

本工程混凝土拌和系统位于1#施工道路支线公路旁，距离最远混凝土浇筑仓面现场约4000m，混凝土水平运输采用$8m^3$罐车（速度取15km/h，在混凝土运输过程中对$8m^3$罐车车体周边采用无纺棉布保温；混凝土垂直运输采用泵车）。

根据《建筑施工计算手册》，装、卸和转运温度损失系数均为0.032，$8m^3$罐车运输混凝土过程中温度损失系数为0.0042。

施工时混凝土入仓温度计算按下面公式计算。

$$T_p=T_0+(T_a-T_0)\times(\theta_1+\theta_2+\cdots+\theta_n)$$

式中　$T_p$——混凝土入仓温度,℃；

$T_0$——混凝土出机口温度,℃，取$T_0=25.79$℃；

$T_a$——混凝土夜间运输时气温,℃，取$T_a=28$℃；

$\theta_i(i=1, 2, \cdots, n)$——温度回升系数，混凝土装、卸和转运$\theta=0.032$；混凝土运输时，$\theta=At$，$A$—系数，$t$—运输时间，min；浇筑过程中，$\theta=0.003t$，$t$为浇筑时间(min)。装料、转运、卸料：取$\theta_1=0.032\times3=0.096$。

$8m^3$罐车：拌和系统至距混凝土浇筑仓面最远4km，灌车速度取15km/h，取$A=0.0042$，则$\theta_2=$

$0.0042\times4/15\times60=0.067$;

采用泵车浇筑，$\theta_3=0.003t$，$t$ 为浇筑时间（min），$t$ 暂定为 15min，$\theta_3=0.003\times15=0.045$。

理论施工时混凝土入仓温度为：

$$
\begin{aligned}
T_p &= T_0+(T_a-T_0)\times(\theta_1+\theta_2+\cdots+\theta_n)\\
&=25.79+(28-25.79)\times(0.096+0.067+0.045)\\
&=25.79+0.47=26.24(℃)
\end{aligned}
$$

对拌和站出机口的混凝土温度、现场入仓混凝土的温度及当时的气温值进行实测，以验证混凝土温控效果（详见表 4）。

**表 4　混凝土出机口、入仓及气温值实测值统计表**　单位：℃

| 组号 | 出机口混凝土实测值 | 现场入仓实测温度 | 气温实测温度 | 设计入仓温度 |
| --- | --- | --- | --- | --- |
| 1 | 26.7 | 27.6 | 29 | 地下厂房温控混凝土不大于 28℃；其他地下工程温控混凝土不大于 30℃ |
| 2 | 26 | 26.5 | 26.5 | |
| 3 | 26.3 | 26.9 | 27 | |

### 2.5　混凝土养护

（1）用无纺棉布对混凝土表面加以覆盖并浇洒水，浇洒水采用自动养护系统和人工养护相结合，使混凝土在一定的时间内保持水泥水化作用所需要的适当温度和湿度条件。

（2）混凝土终凝后持续进行保湿养护，以保持充分湿润为准。拆模后及时覆盖洒水，养护得时间不少于 14d。[5]

### 2.6　混凝土温控应急保障措施

如遇下列情况时通过添加冰块保证混凝土出机口温度：

（1）当混凝土从拌制到浇筑过程中出现气温过高，无法满足混凝土入仓温度时。

（2）混凝土骨料温度过高，无法满足拌制温控要求，通过降低水温可实现时。

（3）当冷水机故障无法将拌和用水降低至规定温度时，通过向拌和用水池中添加冰块降低拌和用水的温度。

## 3　成果及结论

深圳地下工程采用以上混凝土的温控措施，混凝土的质量合格率 100%，优良率 94.2%，裂缝率明显降低，各项指标均满足设计要求，较好地解决了高温地区，高温时段浇筑地下工程大体积混凝土的问题，具有一定的借鉴价值。

### 参考文献

[1]　朱伯芳．大体积混凝土温度应力与温度控制［M］．北京：清华大学出版社，2012.

[2]　王宇．浅谈大体积混凝土温控措施［J］．四川建材，2014.

[3]　江正荣．建筑施工计算手册［M］．北京：中国建筑工业出版社，2001.

[4]　贾红宇．大体积混凝土温控措施［J］．基层建设，2014.

[5]　赵来顺．地下室底板大体积混凝土温控方法［J］．重庆建筑，2007.

# 地表和洞内相结合的塌方处理措施

陈经纬　宋天海/中国水利水电第十四工程局有限公司华南事业部

【摘　要】某石油地下洞库巷道塌方后，采用洞内与地表相结合的处理施工技术，取得了较好的效果，本文对塌方成因、地表处理、洞内配合的措施进行了详细论述，具有一定的借鉴价值。

【关键词】巷洞开挖　塌方处理　地表加固　洞内　处理

## 1　塌方情况简述

某地下洞库在施工巷道时遇Ⅳ级围岩，因地质复杂，在进洞至0+100桩号时，掌子面顶拱右侧出露全风化土层，有渗水。出渣完成后准备喷射混凝土进行初期支护，但全风化土在其自重的作用下，受水侵蚀，连续不断掉块，超前小导管因受力变形压断，形成了塌方。为了控制塌方空腔不再扩大，采取常规堆渣护脚的方式，再喷射混凝土封闭，处理后掌子面基本稳定。后继续按“管超前，短进尺，弱爆破，强支护”[1]进行施工。

当进行0+100.5～0+101.0桩号新一循环掏挖作业时，右侧塌方体出现大面积土体滑落，微露空腔，伴随有散状渗水。采用钻孔探测，根据获取岩心进行判断：塌方空腔距洞顶高度约为13m，长约6m，宽度约有5m。由于塌方段空腔面积较大且为全风化土层，有渗水，为防止空腔脱落扩大，确定采取地表和洞内相结合的塌方处理措施，进行塌方处理。

## 2　塌方原因分析

（1）塌方段岩体为强风化片麻状花岗岩，岩体呈典型的全风化软岩，天然含水率高、遇水软化，抗剪强度低、压缩性高，用手极易捏成粉末状。

（2）覆盖层厚度为30～31m，地下水位埋深0.00～2.42m，洞内水文地质条件复杂，洞顶处于地下水位以下，塌方段位于岩土交界处，左侧为弱风化硬岩，右侧为全风化软土，属有偏压富水洞段。

（3）地下水丰富，开挖后形成地下水新的渗流通道，顶拱和掌子面出现大面积渗水。

（4）在土石分界处形成渗水的过水通道，构成“湿滑的滑移面”，开挖切脚后失稳，小导管预注浆超前支护措施失效，使地下水丰富且从前置端开始垮塌的Ⅴ类围岩支护效果降低。右侧土体在地下水、开挖切脚、偏压湿滑、失稳自重等因素共同作用下发生塌方。

## 3　塌方区处理基本原理和步骤

根据塌方原因分析可知，提高塌方区域土体内部抗剪强度，控制土体内的渗水，增加土石滑移面的摩擦力，便可达到安全稳步掘进的目的。地表和洞内相结合的处理措施分以下几个步骤施工：洞渣护脚→塌方体喷混凝土封闭→地表至洞顶设钢管桩→地表至洞顶回填灌浆→地表至洞顶固结灌浆→短进尺掘进→洞内钢拱架安装→洞内小导管施工→洞内锚杆、挂网、喷护。[2]

### 3.1　地表施工措施

（1）有针对性的布置回填灌浆，因塌方段在隧洞0+101～0+105右侧边顶拱，在该段地表至洞顶进行垂直回填灌浆，将塌方空腔全部回填密实，防止塌方空腔继续发展。灌浆钢管桩在右侧边顶拱沿洞轴线布置5排，每排7个，间排距1.0m×1.0m，桩身伸入塌方体内到距设计钢拱架上缘10cm，钢管桩顶部与Ⅰ20b的工字钢纵横焊接连成整体，形成悬吊群桩，使塌方体悬吊在地面，有效阻止塌方土体水平位移。

（2）对隧洞塌方段前方0+107～0+111段地表至洞顶的土体进行水泥固结灌浆，以提高土体抗剪强度，防止向前掘进时出现塌方。灌浆钢管桩自洞轴线向右侧按间距1.67m布置，每排共5个，排距2m。地表回填和固结灌浆布置详见图1。

### 3.2　洞内施工措施

地表灌浆和洞内处理同时进行，洞内主要采取以下常规措施：

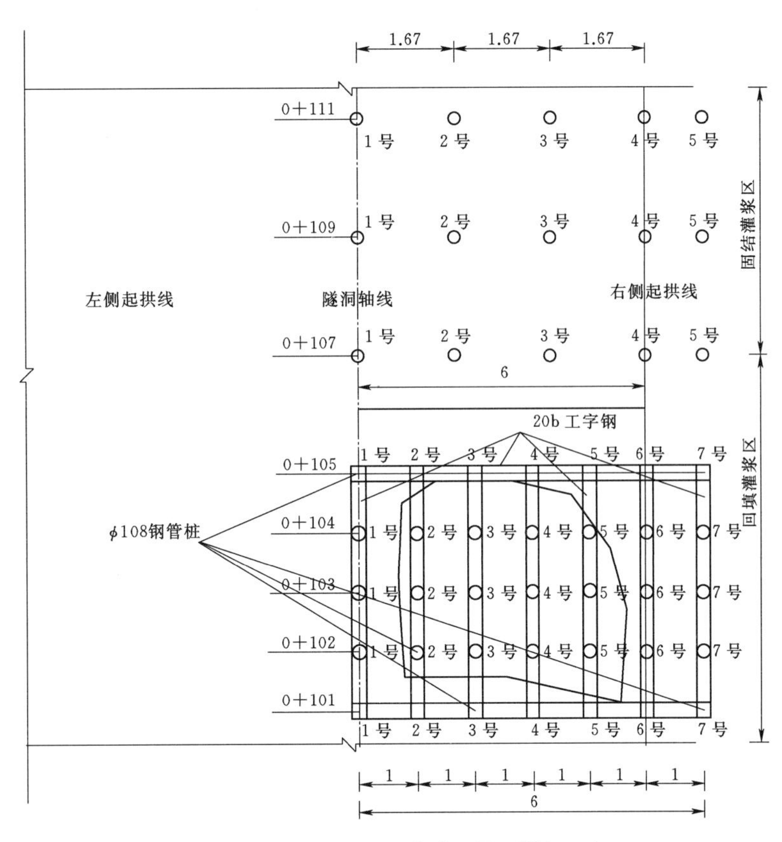


图1　地表回填和固结灌浆布置图（单位：m）

（1）用石渣堆砌在塌方体下方，进行反压护脚，使塌方块体充填在塌方空腔内，阻止塌方空腔继续扩大，防止塌方体滑移，尽量缩小塌方体后方影响范围。

（2）对塌方部位的堆渣体进行喷射C25混凝土封闭，配料时适当增加速凝剂掺量，加快凝结时间，使塌方体强度尽快提高，防止塌方空腔进一步扩大。

（3）喷射混凝土完成后退回在0+098桩号施作$\delta=3.5\text{mm}$、$\phi 50$、$L=4.5\text{m}$的超前小导管，小导管间距按20cm控制（视具体情况可适当加密），小导管上仰角度为10°～15°，以穿过塌方空腔，使塌方土体在注浆小导管的作用下强度提高，并将土压力传到小导管和联成整体的钢拱架、锚杆、喷混凝土体上，提高围岩整体受力性能。

（4）超前小导管注浆后进行分节段短台阶开挖，左侧岩石段采用小药量爆破开挖，右侧堆渣体采用人工撬挖，减少对塌方体的扰动。开挖进尺控制度在30～50cm，开挖后先素喷掌子面，再安装钢拱架，钢拱架间距及加工段长可视开挖台阶和节段尺寸进行调整，钢拱架安装完成后立即喷射混凝土，以便进入下一循环作业。

（5）钢拱架横向可适当增加工字钢连接，以增加钢拱架的整体性；锁脚锚杆可视现场情况增加或采用小导管锁脚，如遇出露的钢管桩脚应与钢拱架焊接，达到地表与洞内联合受力的目的。

（6）作业时注意安排专人监护和监控量测，发现异常情况及时撤离，以保证人员、设备安全。洞内处理布置见图2。

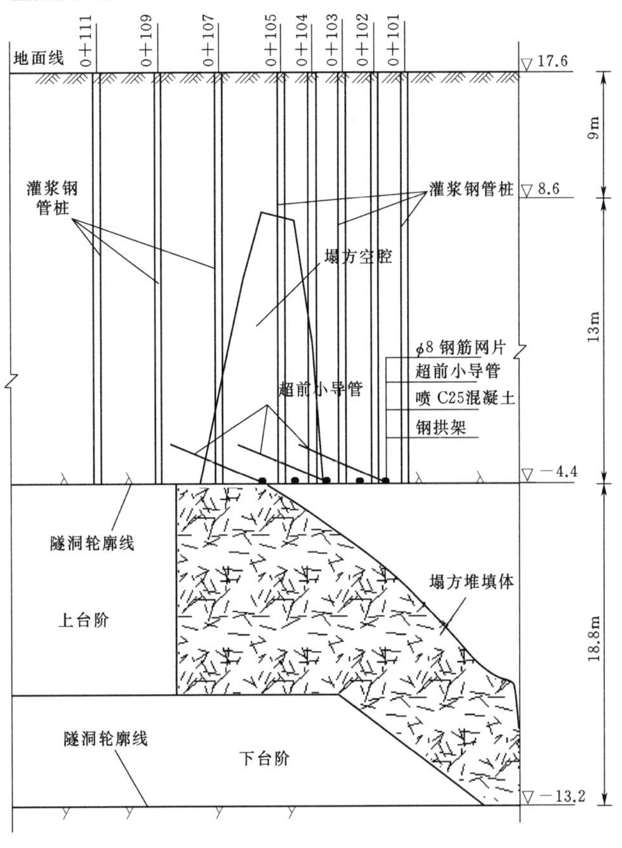


图2　洞内开挖支护布置图

## 4 地表加固注浆施工方法

（1）地表灌浆钢管桩施工流程。采用 YQL－980 型潜孔钻机造孔，成孔直径为 $\phi$110mm，灌浆钢管桩采用 $\phi$89 无缝钢管制作成花管，花管小孔呈梅花形布置，以利于浆液扩散。造孔完成后进行钢管桩安装，采用挖机配合人工装入，管节间焊接采用内套管搭接焊，焊一节放一节，并保证轴线对中。焊缝焊完后应清除熔渣并进行外观检查，如有缺陷应及时消除。钢管桩作业流程见图 3。

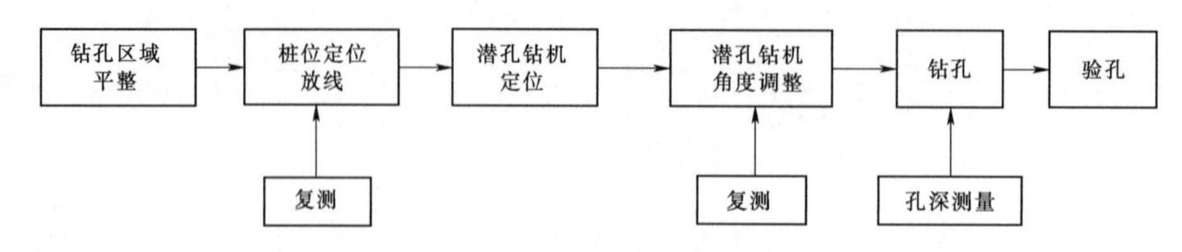


图 3　钢管桩作业流程图

（2）回填灌浆和固结灌浆施工。

1）回填灌浆。由于塌方空腔较大，灌注混凝土易堵管，纯水泥浆堆填效果差，综合对比回填效果，确定使用 M10 水泥砂浆对塌方空腔顶部进行回填。

造孔完成后进行回填灌浆，成一孔灌一孔，并按要求跳孔施工，避免造孔过多再次引起塌方。回填灌浆采用无压灌注，水泥砂浆沿钢管桩灌入，密实标准为孔口不下浆为止。回填灌浆结束后，灌浆孔人工封堵保护。

2）固结灌浆。回填灌浆孔灌浆结束后待凝 24h 再施工后续固结灌浆孔，固结灌浆压力为 0.5～1MPa，采用全孔一次灌浆法。灌浆水灰比：选用 2∶1、1∶1、0.8∶1、0.5∶1（重量比）4 个比级水灰比灌注，浆液先稀后浓，当压力达到 0.5MPa 时，改用 0.5∶1 的浓浆灌注。

固结灌浆时，当改变浆液后，如灌浆压力突增或吸浆量突减，立即查明原因，进行处理。在达到 0.5MPa 的压力下灌浆孔停止吸浆后，延续灌注 30min 即可结束。全孔灌浆结束后，关闭灌浆管闸阀封孔。

## 5 工程效果分析及注意事项

（1）通过地表和洞内相结合的塌方处理方法，该富水洞段的塌方顺利处理完成，支护体系后期监测无变形，未发生二次塌方，达到了塌方处理的目的。

（2）在地表浅埋段水文地质条件差的富水洞段，采用传统的开挖支护方式可能失效的情况下，为保证洞内开挖掘进施工安全，当塌方区据地面 15～50m 或洞径 2.5～3.0 倍以上时，采用该施工方法较为安全、经济。

（3）地表和洞内相结合的塌方处理方法，在地表灌浆的过程中，需安排专人在洞内观测浆液流失情况，及时堵漏，防止浆液的不必要流失。

（4）在回填灌浆结束后，需等强 7d，待砂浆强度满足设计要求后，方可进行洞内开挖。

（5）在洞室开挖过程中，应作好洞内渗水引排，对于大的涌水，要先作注浆堵水处理。要高度重视土体面和岩石接触面的摩擦力提高和渗流水的堵排结合。

（6）采用预留核心土，分三台阶的方法进行开挖，对掌子面要做好紧急支护，防止二次塌落。[3]

## 6 结语

（1）本工程采用地表和洞内相结合的工艺，能够很好地解决洞内单向处理的局限性，为隧洞塌方处理拓宽思路，减少了纯洞内施工的风险。通过地表和洞内相结合的措施，增强了支护体系的整体性，有效改善了塌方土体力学性能，增加土体内部的稳定性，为后期开挖支护提供安全保证。

（2）有利于缩短工期，能较好地解决从洞内无法察看出塌方状态的问题，避免支护体系未建立之前洞内施工作业的危险性。

（3）利用地表施工作业良好的工作环境和安全性，对塌方体内部深孔打桩，进行回填及固结灌浆加固处理，相比于其他加固形式，节省成本。

该巷洞采用了地面和洞内相结合的塌方处理措施，施工中未发生安全事故，运行三年来各项指标正常，满足设计要求，为隧洞塌方处理积累了成功的经验。

### 参考文献

［1］马洪琪，周宇，和孙文，等．中国水利水电地下工程施工［M］．北京：中国水利水电出版社，2011.

［2］关宝树．隧道工程施工要点集［M］．北京：人民交通出版社，2003.

［3］姜玉松，方江华．地下工程施工技术（新一版）［M］．武汉：武汉理工大学出版社，2008.

# 砂石加工系统工艺流程设计与关键设备选型简述

曹　军/中国水利水电第十四工程局有限公司华南事业部

【摘　要】 合理地选择工艺流程与加工设备是砂石加工系统经济、安全、环保和正常生产运行的关键，本文论述了砂石骨料系统工艺流程的设计，各工序设备的选型原则和注意事项，可为其他工程砂石加工系统提供借鉴。

【关键词】 砂石加工系统　工艺流程设计　设备选型

我国幅员辽阔，各个地区的地质情况各异，作为砂石加工的母岩也因地域不同有着较大的差异，一般选择料源时以优先考虑灰岩，同时要根据各地的实际情况考虑用花岗岩、玄武岩、白云岩、大理岩、灰绿岩、石英砂岩、砂岩以及其他变质岩。因各种岩石的可加工性、抗压强度、岩石结晶、磨蚀指数等物理、力学和化学特性不同，对砂石加工系统的工艺流程设计与设备选型有着不同的要求，合理地选择砂石系统工艺流程与加工设备是砂石加工系统经济、安全环保、正常生产运行的关键。

## 1　工艺流程设计

砂石骨料在不同建筑行业施工中有着不同的粒径与质量要求，水电站、高速公路、高铁、机场、民用建筑等行业中，砂石骨料的生产都应遵守国家现行标准、行业规范，满足设计要求。因混凝土使用性能不同，如大型水电站大坝预冷混凝土、碾压混凝土、抗冲磨混凝土、沥青混凝土，桥梁高性能混凝土、机场跑道混凝土和工业与民用建筑混凝土等，对骨料的粒径、砂的质量，都有不同的要求。针对具体行业，砂石骨料的生产加工需设计相应的生产工艺，以满足砂石骨料的技术要求。以下就大型水利水电工程砂石系统典型工艺流程设计作一简介。砂石骨料加工系统一般由破碎系统、筛分系统、制砂系统（不生产机制砂则没有）、储存及发运系统和除尘及污水处理系统组成，风、水、电是其附属设施，皮带机将骨料生产中的料流联系为一个整体系统。随着科技的发展，智能控制、远程监控也进入了砂石骨料生产体系。

### 1.1　粗碎车间工艺流程

粗碎车间主要承担初级破碎，生产的半成品粒径应小于中碎破碎设备允许的最大粒径。典型的粗碎工艺一般只生产半成品，兼顾除泥工艺，见图1。

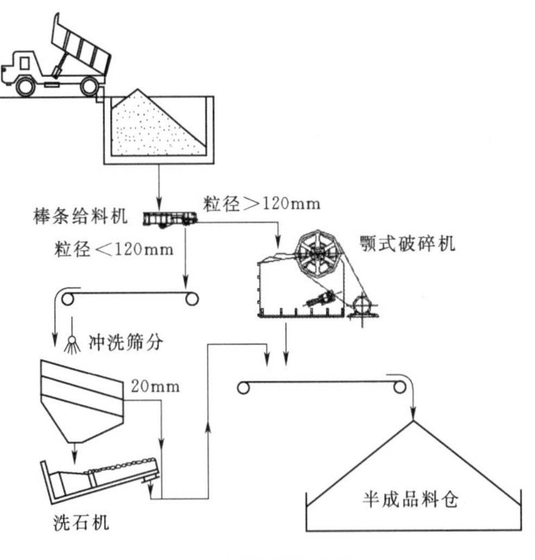


图1　典型粗碎工艺

### 1.2　骨料生产车间工艺流程

中细碎车间是加工生产骨料的车间。按母岩的加工特性有不同工艺流程。加工灰岩石时一般配置反击式破碎机，只设中碎车间。根据成品骨料粒径需要，也可设细碎车间。加工花岗岩、玄武岩、石英砂岩等硬岩时，根据骨料的级配设中碎、细碎车间。工艺流程设计时有先筛分后破碎和先破碎后筛分两种。先筛分后破碎工艺的生产能力高于先破碎后筛分工艺约20%，但筛分设备能力则要提高约一倍。设计骨料加工车间（中细碎车间）时要根据具体的要求选择相应的工艺流程。典型先破碎后筛分、先筛分后破碎工艺见图2、图3。

骨料生产工艺在设计工艺流程时应注意以下几点：

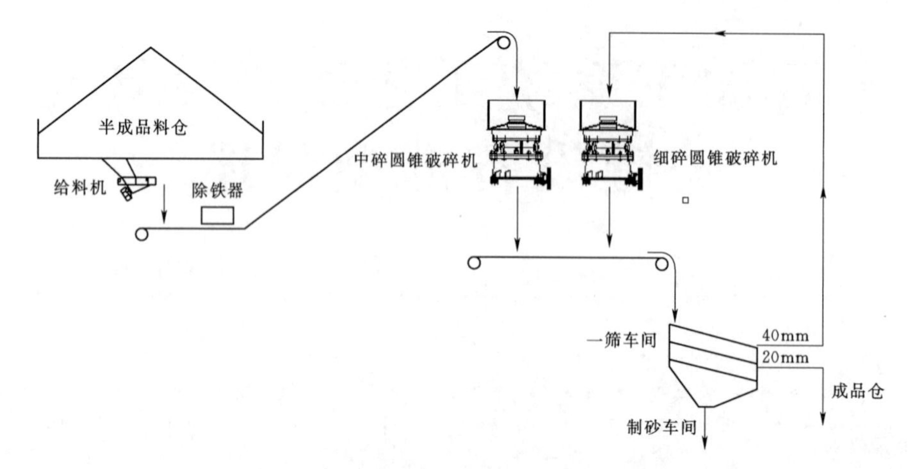


图2 典型先破碎后筛分工艺图

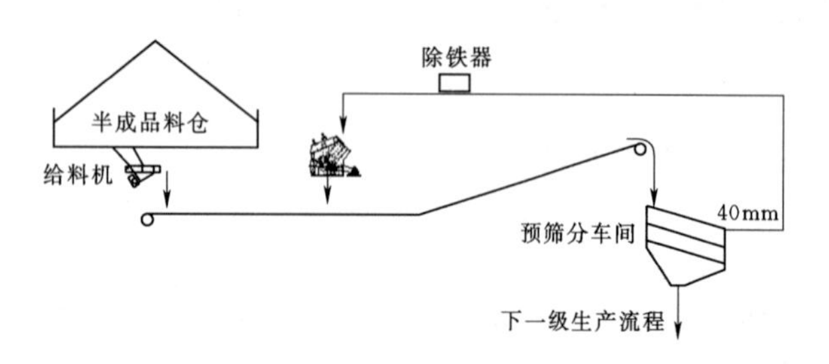


图3 典型先筛分后破碎工艺图

(1) 对于灰岩加工系统尽量选用先破碎后筛分工艺，反击破碎机加工的骨料粒型较好，成品骨料筛分后就可以进入成品料仓，可减少加工系统的物流量，产品质量较好。

(2) 当设备选型确定后，设备生产能力与实际生产能力差10%～20%时，选用更大一级的设备要增加较多的设备投资时，可采用先筛分后破碎工艺。但要注意骨料的针片状含量不要超标，如果生产花岗岩、玄武岩等坚硬岩时，一定要配置骨料整形设备。

(3) 选择先筛分后破碎工艺时，预筛分的筛分机尽量选用重型筛分机（特别是半成品粒大于200mm时）。

(4) 流程计算时要针对设备的粒度表（粒度曲线）计算返回料量，包括筛分开挖料的级配，以免在筛分机、皮带运输机选型时造成筛分和输送能力不足。

### 1.3 制砂工艺流程

在砂石加工系统中制砂工艺尤为重要，制砂工艺决定人工砂的质量和产量，要根据母岩的加工特性设计制砂工艺流程，常规的制砂工艺有立轴式冲击破碎机（以下简称“立轴破”）制砂工艺、立轴破与棒磨机联合制砂工艺、立轴破与高速立轴破联合制砂等工艺。

灰岩制砂工艺：灰岩属于易破碎岩石，制砂工艺多采用立轴破制砂，选用石打铁立轴破，其制砂效率高于石打石立轴破，若对机制砂有较高质量要求时，可采用增加棒磨机联合制作工艺。

花岗岩、玄武岩等硬岩制砂工艺：硬岩制砂多采用立轴破与棒磨机联合工艺和立轴破与高速立轴破联合制砂工艺。立轴破一般选用石打石立轴破，以减少耐磨件的消耗，降低制砂成本。

机制砂生产中不论是立轴破制砂，还是棒磨机制砂，石粉超标是普遍存在的问题，制砂工艺流程设计时除石粉是保证机制砂满足质量的关键。通常除石粉的工艺有水洗工艺、选粉工艺、空气筛除石粉工艺等。由于现在环保标准的提高，水洗除石粉工艺水处理费用较高、水处理设施占地面积较大，已慢慢的由半干法工艺和石粉选粉工艺逐步代替。选粉工艺最大的优点是设备占地面积小，机制砂不必全部进行处理，利用选粉设备和除尘器调整风量风速控制机制砂的含粉量，通过相互调配满足机制砂含粉量。这样环境污染减少、能耗低，机制砂含粉量控制准确。碾压混凝土石粉含量要求高，一般还需增加石粉回收和添加的设施。

### 1.4 水处理工艺

砂石加工系统生产中除泥和骨料冲洗会产生大量的污水，处理污水循环利用可减少污水的排放，是保护环境的必要措施。污水处理的工艺有污水沉淀＋污泥干化（板框或高频筛脱水）和旋流污水净化器＋污泥干化（板框或高频筛脱水）两大类。

污水沉淀处理工艺：一般有一级细砂回收、二级污泥沉淀、三级污泥脱水干化处理流程。细砂回收主要设备有高效旋流器，沉淀方式有平流式沉淀池沉淀、普通辐流式沉淀池沉淀、斜板（管）沉淀池沉淀等，污泥脱水干化有板框压滤机干化、高频筛脱水干化等。沉淀水处理工艺简单、占地面积大、效率低，建设费用和水处理成本高。

旋流污水净化器处理工艺：先是一级细砂回收，其后用二级旋流器（包括添加絮凝剂）经旋流离心力的作用使得污泥浓缩（固液比 20%～30%），浓缩后的污泥从旋流器底部排除，清水从旋流器顶部流出，污泥脱水干化一般使用板框压滤机进行干化处理。此工艺占地面积相应较小、水处理费用低，但污水经多次循环处理后呈酸性，对设备有一定的腐蚀性。

## 2 设备选型

### 2.1 粗碎设备

粗碎车间主要是砂石加工系统的粗加工，针对大粒径物料进行破碎。粗破碎设备有旋回破碎机、颚式破碎机、反击式破碎机（主要用于灰岩破碎），应按不同的规模和加工母岩得特性选择相应的设备。

旋回破碎机：一般用于大型硬岩砂石系统，由于该设备体型较大，结构复杂，制造和维修费用高，中、小型系统一般不采用该设备。

颚式破碎机：该设备结构简单，体积较小，工作可靠，维修方便，对加工母岩适应较广，是粗碎的首选设备，在砂石加工系统中广泛应用。

反击式破碎机：主要用于灰岩和易破碎岩石的粗加工和中碎加工。

粗破碎设备选型应注重在单位产量下，进料粒径与排料粒径匹配。设备生产厂家产品样本会给出设备的基本参数，选型时应根据这些参数对设备进行选择，当进料粒径确定后，要考虑排料粒径满足下一级破碎设备进料要求，以确定粗碎破机的排料口设置。确定排料口尺寸后查对相应排料口下破碎设备的生产能力，同时按开采的原料粒径曲线计算棒条给料机的棒条间距，最终确定破碎设备的型号。

### 2.2 中细碎设备

中细破碎设备主要有颚式破碎机、反击式破碎机、圆锥破碎机，选型时应根据加工母岩的特性与生产能力选择相应的破碎设备。

（1）颚式破碎机如果作为中细碎破碎设备，骨料针片状含量较高，需配整形设备配合使用，一般用于小型砂石加工系统。其优点是适应各类岩石的破碎、造价低、安装维修简便。

（2）反击式破碎机主要用于灰岩与易加工岩石（磨蚀性指数低的岩石）破碎，其优点是产品级配连续、粒型好、破碎比大、效率高。反击式破碎机选型时要考虑以下因素：

1）根据产品的粒径、母岩的裂隙发育情况选择反击式破碎机的线速度，通常情况选转子线速度 30～50m/s，产品粒径要求大时线速度选择 15～40m/s。

2）同时要根据反击式破碎机的排料间隙（CSS）与粒度曲线（粒度特性表）之间的关系，按产品粒径要求确定排料间隙（CSS）并对应粒度曲线（粒度特性表）产能，确定反击式破碎机的型号。

3）确定反击式破碎机型号和排料间隙（CSS）后，再按流程量计算返回料量，复核反击式破碎机的通过量（生产能力）。

（3）圆锥破碎机具有效力高、破碎比大、功耗低、产品粒度均匀等优点，广泛用于硬岩、磨耗指数较大的岩石加工。因圆锥破碎机进料粒径相对较小，排料粒径不连续等特性，在系统配置圆锥破碎机时都设置中碎圆锥破碎机和细碎圆锥破碎机，选择圆锥破碎机要注意以下因素：

1）圆锥破碎机排料间隙（CSS）设定后，对应排料间隙（CSS）上下 10mm 的产品占通过量 60%左右，如果设定排料间隙为 40mm 时，30～50mm 的产品占通过量 60%左右。

2）圆锥破碎机的生产能力与排料间隙有密切的关系，圆锥破碎机排料间隙是在一个范围内，排料间隙大生产能力大，排料间隙小生产能力就小，确定生产能力应按砂石加工系统产品粒径要求设置对应的排料间隙，以设定的排料间隙查对应产品样本的生产能力。

3）核对圆锥破碎机的进料粒径是否满足上一级来料的要求。

4）根据圆锥破碎机生产厂家提供的粒度曲线（粒度特性表）计算返量，最终确定圆锥破碎机的生产能力（通过量）和设备型号。

5）砂石加工系统产品粒径跨度大时，一般都是按中、细碎圆锥破碎机配置设备。小型砂石加工系统设计也可以只配置一台圆锥破碎机，必须是产品粒径跨度较小的系统。如喀麦隆隆潘喀尔电站 200t/h 砂石系统，加工母岩花岗岩，就只配了一台 GP11M 细碎圆锥破碎机，圆锥破碎机进料粒径 180mm，排料间隙设置为 18mm，主要生产机制砂和 5～31.5mm 混凝土骨料，兼顾生产 0～63mm 垫层料和 0～200mm 过渡料。

### 2.3 制砂设备

随着我国人工机制砂需求不断增加，制砂设备发展较快，选用制砂设备时应针对不同岩石选用适应的制砂加工设备，才能发挥设备的最佳性能。

#### 2.3.1 锤式打砂机

锤式打砂机适用于灰岩和易破碎岩石，主要用于干法生产的小型系统，生产机制砂石粉含量较高、细度模数大、粒性差（针片状含量高），在大中型砂砂骨料系统和对混凝土质量要求较高的工程中已很少使用。

#### 2.3.2 棒磨机

棒磨机生产的机制砂粒型较好、细度模数可较好控制，目前在大中型砂石加工系统仍然使用，主要用于调整机制砂细度模数和有较高要求混凝土细骨料的生产。棒磨机生产机制砂耗材消耗量大、能耗较高、需水量大，目前已不作为机制砂生产的主要设备，仅在产品砂不满足设计参数要求时配合使用。

#### 2.3.3 旋盘破碎机

主要用于硬度特别高和特别难破碎的岩石制砂，加工物料的含水率对其生产能力影响特别大。当含水率大于3%时易造成设备闷腔，产砂率急剧下降，生产的砂细度模数偏大。

#### 2.3.4 立轴式冲击破碎机

立轴破在机制砂生产中已广泛的应用，目前已是机制砂生产的主要设备，针对不同的岩石应选用相应破碎方式，才能提高设备的利用率和砂产量。

立轴破生产机制砂具有工艺简单，通过量大、单位能耗低的特点。生产的机制砂存在着以下共性。

(1) 成品砂的细度模数控制较难（需通过级配调控）。

(2) 成品砂中0.63～1.25mm颗粒含量偏少。

(3) 成品砂石粉小于0.15mm和2.5～5mm粗颗粒含量较高。

(4) 2.5～5mm粗颗粒不易破碎。

加工灰岩和易破碎岩石时可选用石打铁破碎方式，此破碎方式砂产量高，同时石粉含量也高。

加工花岗岩、玄武岩等硬岩时可选用石打石破碎方式，也可选用石打铁的破碎方式，石打铁对铁砧的磨损大，砂产量高，选择立轴破破碎方式时应根据岩石的加工特性合理选择，不能一概而论。

立轴破的砂产量与抛料线速度、破碎方式有着密切的关系。当设备功率确定后，线速度高，成砂率就高，同时石粉含量也就高，但设备的通过量会下降。线速度的选择也要根据岩石的加工性能来选择，一般情况下加工灰岩和易破碎岩石的线速度选45～58m/s，硬岩线速度选58～65m/s。立轴破的选型要综合考虑加工母岩、破碎方式、线速度、成品砂含粉率几方面因素，生产常态混凝土砂时石粉要求相对要低，线速度要低，生产碾压混凝土砂时，石粉含量相对要高，线速度可选高一点。

### 2.4 筛分设备

筛分设备在砂石加工系统主要是筛分分级并控制砂石骨料的质量，是砂石骨料系统质量保证的关键设备。

筛分设备的选型要按砂石生产流程来选配筛分用途，一般筛分设备选型原则如下：

(1) 作为预筛分、物料粒径大时（大于150mm）选用重型筛分机。

(2) 在筛分面积相同的筛分机选择时，应尽量选择长筛面的筛分机，而不是选宽筛面的筛分机。

(3) 机制砂筛分设备应选择相对振动频率高的筛分设备。

(4) 对于筛面的安装方式尽量选用带有筛面张紧装置的筛分机。

筛分设备的规格型号较多，在砂石加工系统中常用振动筛有YKR、YA、SZZ、ZKR/ZK、ZKX、高频筛等筛分机，筛分机选型时要按不同的工况选择适宜的筛分机。

由于筛分技术的发展，各种创新改进型的筛分机已在砂石行业推广应用，高频筛在机制砂地筛分生产中应用广泛，其特点是设备体积小、筛分效率高、能耗低。空气筛在生产高品质机制砂也有使用，空气筛能有效控制机制砂细度模数并带有脱石粉功能，这些新型筛分机已得到砂石骨料生产行业的认可。

### 2.5 皮带输送设备

皮带输送设备是砂石加工系统中的主要输送设备，砂石加工设备通过皮带输送机连接形成不同的工艺效果和工艺流程，皮带输送设备的选型不当也是制约砂石加工能力因素，正确的选择皮带输送设备型号和输送能力是砂石加工系统能否正常运行的因素之一。

皮带输送设备选型应注意以下因素：

(1) 输送设备的输送能力与输送设备的型号选择。在同等带宽的条件下应根据输送量来选择DT75和DTⅡ型胶带机，也就是说输送量相对小（轻型）的选用DT75输送机，输送量大（重型）选择DTⅡ型输送设备或其他专用输送设备。

(2) 输送物料块径与胶带的宽度。物料的块径越大要求胶带的宽度就宽。

(3) 物料块径与胶带机带速、输送倾角之间的关系。在砂石加工系统中物料块径大于100mm时胶带机带速控制在1.6～2m/s之间，输送最大倾角16°，物料块径小于100mm时胶带机输送速度控制在2～3m/s之间，输送最大倾角18°。

(4) 输送胶带机驱动装置、张紧装置、改向滚筒、胶带等主要部件的选择。应根据胶带机的输送量、胶带机长度、提升高度，按DT75和DTⅡ型固定带式输送机设计选型手册进行计算和选型，这里不作详细的介绍。

(5) 胶带机的机架和立柱应充分保证机架刚度和立柱的稳定性，在承受载荷时不易变形。

## 3 梅州抽水蓄能电站下库砂石加工系统简介

梅州抽水蓄能电站下库砂石加工系统设计处理能力350t/h，成品生产能力280t/h，加工母岩为花岗岩，主

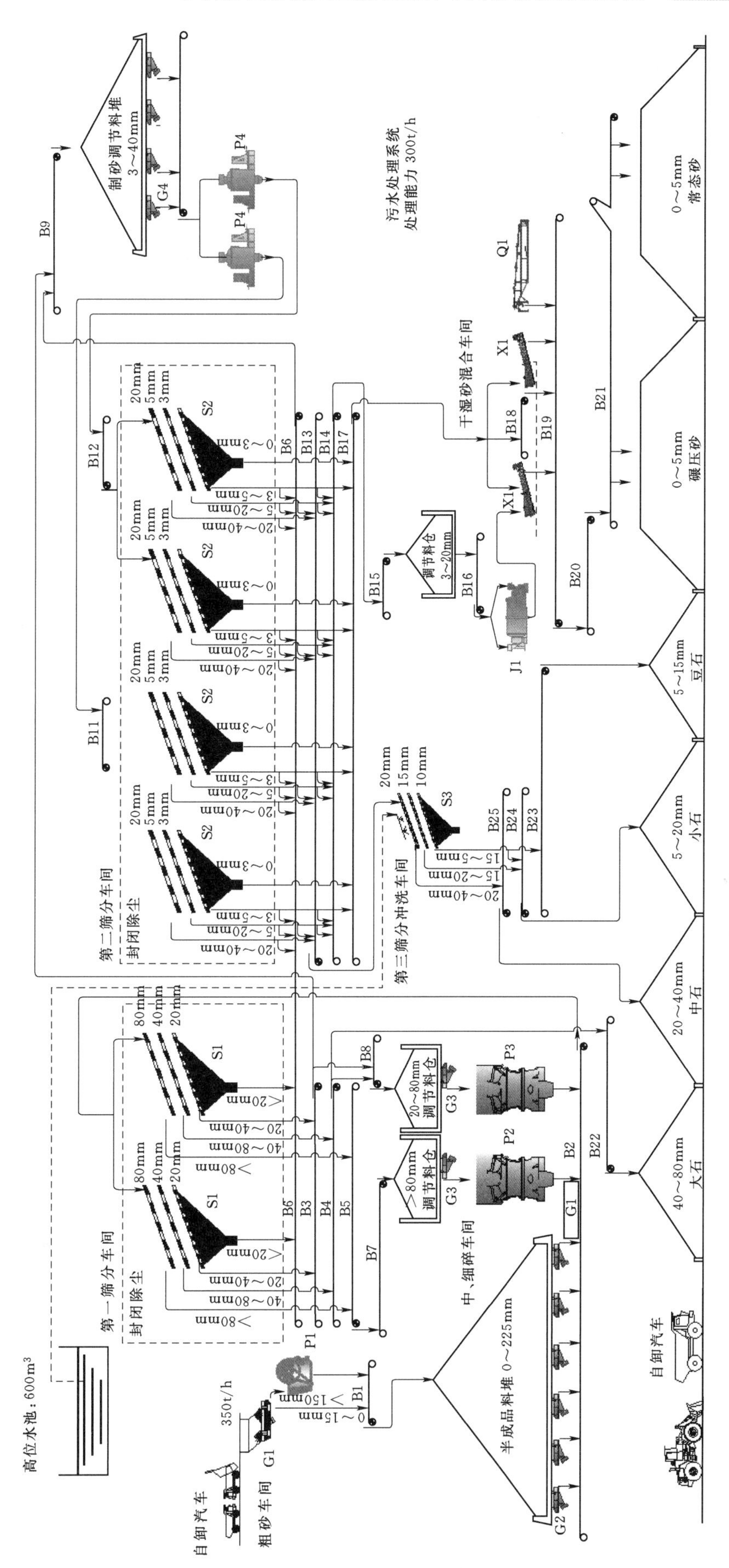

图4　梅蓄下库砂石系统工艺流程图

要成品有：大石（40～80mm）、中石（20～40mm）、小石（5～20mm）、豆石（5～15mm）、碾压砂和常态砂（0～5mm）。

砂石加工系统采用四段破碎、立轴式破碎机与棒磨机联合制砂半干法生产工艺流程。

粗碎车间配置为：棒条给料机1台，颚式破碎机1台，主要做岩石的粗加工；

一筛车间、中细碎车间；配置圆振动筛2台，中细圆锥破碎机各1台，一筛车间分级半成品和中细破碎的骨料，粒径小于40mm的骨料进入下一工艺流程，同时生产大石，中细破碎机破碎半成品料和返回料。

二筛车间主要配置4台圆振动筛，生产筛分5～40mm的各级骨料和机制砂。

立轴式破碎机车间配置2台冲击式立轴破碎机，主要对中小整形和生产机制砂。棒磨机生产的机制砂对立轴式破碎机生产的机制砂进行细度模数的调整。

三筛车间配置1台圆振动筛主要是对中石、小石、豆石进行分级筛分和水洗骨料中的裹粉。

梅蓄下库砂石系统工艺流程和设备配置详见图4和表1。

表1　　梅蓄下库砂石系统设备配置表

| 序号 | 车间名称 | 设备名称 | 设备型号 | 单位 | 数量 | 单机功率/kW | 总功率/kW | 处理能力/(t/h) | 最大进料粒径/mm |
|---|---|---|---|---|---|---|---|---|---|
| G1 | 粗碎车间 | 振动喂料机 | HPF1560 | 台 | 1 | 30 | 30 | 600 | 1000 |
| P1 | | 颚式破碎机 | JC1200 | 台 | 1 | 132 | 132 | 345～475 | 1000 |
| G2 | 半成品堆料场 | 电机振动给料机 | GZG100-4 | 台 | 6 | 2.20 | 13.2 | 180～270 | 300 |
| C1 | | 除铁器 | JZWB10.0 | 台 | 1 | 3.00 | 3 | | |
| S1 | 第一筛分车间 | 圆振动筛 | 3YKR2460H | 台 | 2 | 45 | 90 | 120～1200 | 300 |
| G3 | 中细碎车间 | 电机振动给料机 | GZG100-4 | 台 | 2 | 2.20 | 4.4 | 180～270 | 300 |
| P3 | | 液压圆锥破碎机 | H4800 EC | 台 | 1 | 220 | 220 | 190～440 | 210 |
| P2 | | 圆锥破碎机 | CC200S EC | 台 | 1 | 160 | 160 | 120～207 | 360 |
| P4 | 制砂车间 | 立轴式冲击破碎机 | VS1400R | 台 | 2 | 315 | 630 | 200～506 | 55 |
| G4 | 制砂调节料仓 | 电机振动给料机 | GZG100-4 | 台 | 4 | 2.2 | 8.8 | 180～270 | 300 |
| S2 | 第二筛分车间 | 圆振动筛 | 3YKR2460 | 台 | 4 | 37 | 148 | 161～806 | 250 |
| S3 | 第三筛分车间 | 圆振动筛 | 3YKR2460 | 台 | 1 | 37 | 37 | 161～806 | 250 |
| J1 | 棒磨机车间 | 棒磨机 | MBZ2136 | 台 | 1 | 210 | 210 | 15～55 | |
| X1 | 干湿砂混合 | 洗砂机 | FC-15 | 台 | 2 | 11 | 22 | | |
| Q1 | 细砂回收车间 | 刮砂机 | QC-2.0 | 台 | 1 | 7.5 | 7.5 | 200～324m³/h | |

## 4　结论

本文基于不同岩石的加工特性，对砂石加工系统的工艺流程设计和设备选型进行论述，对不同工艺流程、设备的优缺点进行分析对比说明，可供行业人员参考、借鉴。

## 参考文献

[1]　阮光华．混凝土骨料制备工程［M］．北京：中国电力出版社，2014.

# 深圳抽水蓄能电站水工隧洞高压化学灌浆施工

何细亮　陈俊志/中国水利水电第十四工程局有限公司华南事业部

【摘　要】深圳抽水蓄能电站的引水隧洞为高压引水隧洞，属于1级水工建筑物，最大水头压力5MPa。为确保引水隧洞永久性安全运行，在水泥灌浆完成后，通过高压化学灌浆补强处理，增加了断层和破碎带的防渗性能，增强了岩体的均匀性、完整性和抗渗性，提高了岩体的弹性模量。本文介绍高压化学灌浆施工工艺、流程和质量控制要点。

【关键词】引水隧洞　高压化学灌浆　质量控制

## 1　工程概况

深圳抽水蓄能电站位于深圳市东北部的盐田区和龙岗区内，距深圳市中心约20km，装机容量1200MW。其引水隧洞由上平洞、上游调压井、上斜井、中平洞、下斜井、下平洞、引水岔管、引水支管组成。上斜井下弯段（Y1＋959.791～Y1＋991.292）开挖揭示的断层、裂隙等地质构造情况，发现FD15断层；中平洞（Y1＋991.292～Y2＋947.737）开挖揭示的断层、裂隙等地质构造情况，发现诸多断层破碎带（f610、fd18、fd16、fd15、f602、f603、f604、f605、f606、f607、f608等）；下平洞（Y3＋157.520～Y3＋192.182）受断层f391、f390、f369影响，开挖施工期呈地下水串珠状；引水岔管主管（Y3＋210～Y3＋220）为Ⅲ类围岩，有渗水构造带，引水岔管主管Y3＋235～Y3＋255为Ⅱ类围岩，围岩有破碎，裂隙、渗水现象。为确保引水隧洞永久地安全运行，提高断层和破碎带防渗能力，增强岩体的均匀性、完整性和抗渗性，增加岩体的弹性模量，设计采用高压化学灌浆补强处理。灌浆区段见图1。

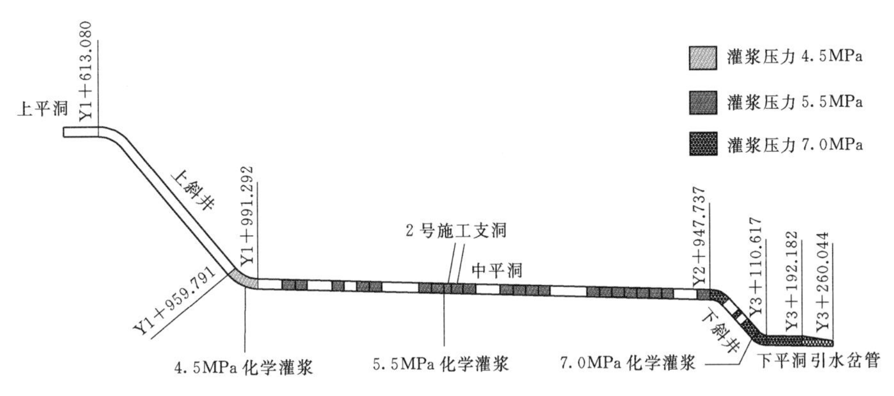


图1　引水隧洞高压化学灌浆区段示意图

## 2 化学灌浆材料选择

高压化学灌浆选择可灌性和耐久性好的材料，化学灌浆材料必须能够灌入断层破碎带裂隙和粉砂颗粒间，并充填饱满，灌入后能凝结固化，以达到补强和防渗加固的目的；必须满足在使用环境条件下性能稳定，不易起化学变化，且与断层破碎带有足够的黏结强度，不易脱离分开。根据惠州抽水蓄能电站和广州抽水蓄能电站的经验，采用环氧树脂化学灌浆材料效果明显。本工程选择由业主统供的 HK－G－2 环氧灌浆材料。

HK－G－2 系列低黏度环氧灌浆材料，黏度很低、表面张力小、接触角小，具有优异的湿润和浸润能力，且可操作时间长，可灌性好，固结体强度高。环氧浆液具有亲水性，在干燥、潮湿环境，或含饱和水及有压流动水情况下的强度都很高，能广泛适用于断层破碎带及泥化夹层加固补强、基础防渗补强及岩石裂隙。HK－G－2 环氧灌浆材料主要性能指标见表 1。

**表 1　HK－G－2 环氧灌浆材料主要性能指标**

| 项　目 | | | 指　标 | | |
|---|---|---|---|---|---|
| 浆液性能指标 | 配合比例 A：B（重量比） | | 5：1 | 6：1～7：1 | 8：1 |
| | 浆液密度/(g/cm) | | 1.08±0.05 | | |
| | 浆液初始黏度/(mPa·s) | | ≤30 | | |
| | 可操作时间/h(200mPa·s) | | >4 | >8 | >10 |
| 固结体性能指标（28d） | 本体抗压强度/MPa | | ≥60 | | |
| | 本体抗拉强度/MPa | | ≥15 | | |
| | 拉伸剪切强度/MPa | | ≥8.0 | | |
| | 黏结强度/MPa | 干黏结 | ≥3.0 | | |
| | | 湿黏结 | ≥2.0 | | |
| | 抗渗压力/MPa | | ≥1.0 | | |
| | 渗透压力比/% | | ≥300 | | |

HK－G－2 环氧灌浆材料由 A、B 两个组分组成，常规包装重量分别为 A 组分 25kg，B 组分 5kg。配置过程中，应注意以下要点：

（1）先将 A、B 组分分别摇匀，再按参考配合比 A：B＝5：1（重量比）将其搅拌混合均匀，待用。

（2）基液拌和宜采用低速（不大于 300r/min）专用电动搅拌器，在广口容器中拌和。

（3）材料拌和量应视灌浆施工量和施工人员组合而定，一般一次拌料量不多于 15kg。

（4）拌和时各组分应按比例依次倒入拌和容器中，用搅拌器拌和至颜色均匀为止，一般应搅拌 3～5min。

（5）配置完成的浆液应一次用完，施工温度应在 5℃以上，施工现场要保持通风。

（6）每次配制浆液应在 3h 内施工完毕，若已搅拌混合好的化学浆液超过 6h 未能灌注使用的按废料处理。

## 3 化学灌浆设备选择

高压灌浆采用自吸式化学灌浆泵，灌浆泵最大压力为 25MPa，最大流量为 5.5L/min。灌浆管路采用 $\phi$14mm 高压软管连接，灌浆管路能承受压力大于 10MPa。化学灌浆设备满足以下要求：[1]

（1）灌浆泵应耐化学腐蚀，并有足够的排浆量，能够在工作压力下安全稳定工作，压力平稳，控制灵活，排浆量可在较大幅度内无级调节。

（2）储浆桶能耐化学腐蚀，并配备桶盖，以利于浆液密封保存，防止浆液挥发。

（3）配浆使用的计量器具应经过计量检定校验合格后使用。

（4）制浆尽量实现自动化与密闭化。

（5）浆液计量应方便记录、简便、准确。

## 4 高压化学灌浆参数及施工

### 4.1 灌浆参数

化学灌浆的参数见表 2。

### 4.2 施工流程

高压化学灌浆施工流程：施工准备→灌浆平台搭设及验收→孔位放线→设备调试→钻孔→钻孔冲洗→钻孔验收、埋管制作验收→吹风、埋管→灌浆泵调试、管路连接→简易压水试验→HK 灌浆材料配制→化学灌浆→灌浆结束→管壁阀门拆管→质量检查→场地清理。

表 2　　高压化学灌浆设计参数

| 工程部位 | 间排距/m | 入岩孔深/m | 埋管阻塞深度入岩/m | 灌浆压力/MPa | 灌注方式 |
|---|---|---|---|---|---|
| 上斜井下弯段 | 2.0 | 7.0 | 0.5 | 4.5 | 一次灌注 |
| 中平洞 | 2.0 | 5.0 | 0.5 | 5.5 | 一次灌注 |
| 下斜井 | 2.6 | 9.0 | 0.5 | 7.0 | 一次灌注 |
| 下平洞 | 2.0 | 5.0 | 0.5 | 7.0 | 一次灌注 |
| 引水岔管 | 3.0 | 7.0 | 0.5 | 7.0 | 一次灌注 |

## 4.3　灌浆施工

### 4.3.1　施工准备

(1) 施工前进行技术交底，让施工人员熟悉施工参数、技术要求、施工特点、施工顺序及分排分序情况，掌握操作规程、规范。

(2) 所需施工人员和设备及材料准备就绪。

(3) 现场供电、供风、供水搭建及安装完成。

(4) 现场搭设灌浆平台验收合格，设备转运到位。

### 4.3.2　钻孔施工

高压化学灌浆钻孔采用手动风钻 YT-28，按照孔位布置图放线并进行钻孔，孔径 42mm，按设计参数全孔一次性钻孔到位。钻孔过程中，通过测量纠偏控制钻孔角度。

### 4.3.3　钻孔冲洗

钻孔结束后，采用大流量水进行孔壁冲洗，冲净孔内岩粉、泥渣，直至回水清净为止，冲洗后用风管对孔内吹净。

### 4.3.4　埋管

埋管采用 $\phi$8mm 的铝管和阀门配套使用，待孔内冲洗干净和埋管制作验收合格后，方可埋管作业。为确保高压化学灌浆进行时衬砌混凝土与围岩间不产生劈裂，铝管入岩不小于 50cm。

埋管采用速凝材料对注浆管和排气管嵌填牢固。短管入岩不小于 50cm，也不宜过长，长管管底距孔底不得小于 30cm。铝管外露比混凝土面要高 10～15cm，便于接管拆卸等。

灌浆管埋设分顶拱和底拱两部分。上坡孔短管为进浆管，长管为排气管，见图 2 (a)；下坡孔短管为排气管，长管为进浆管，见图 2 (b)。

速凝材料采用 SH 外掺剂与普通硅酸盐水泥（P·O42.5）混合而成。SH 外掺剂掺量为水泥的 15%～25%，SH 外掺剂与水泥配合比为 SH 外掺剂：水泥＝1：3～1：5，速凝材料凝固时间为 1～30min。埋管后速凝材料待凝时间不小于 4h。

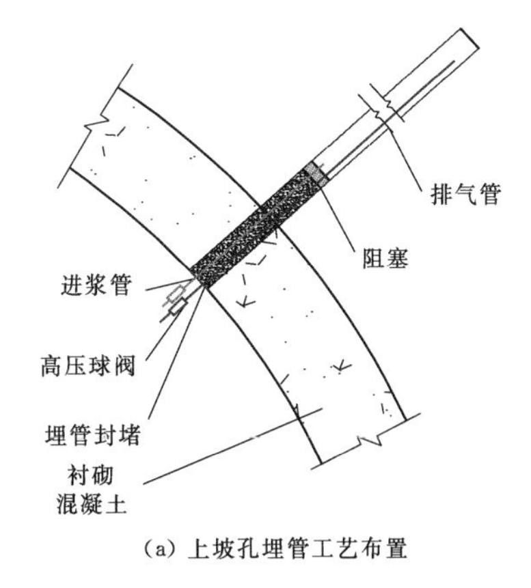


(a) 上坡孔埋管工艺布置　　(b) 下坡孔埋管工艺布置

图 2　化学灌浆埋管工艺示意图

### 4.3.5　灌浆泵调试及管路连接

搭设化学灌浆操作平台，采用自吸式化学灌浆泵进行高压灌浆。自吸式化灌泵最大压力为 25MPa，最大流量为 5.5L/min。化学灌浆泵放在操作平台上，泵头连接进浆管，将进浆管放入塑料储浆桶内，开始化学灌浆时先将灌浆压力调至起始压力。

化学灌浆泵排浆量能无级调节，且能满足最大和最小注入率的要求，额定工作压力大于最大灌浆压力的 1.5 倍。在灌浆泵出浆口处安设压力表，其最大标值应为最大灌浆压力的 2.0～2.5 倍。压力表与管路之间要有隔浆装置，工作压力在压力表最大标值的 1/4～3/4 之间，压力表在使用前检验其准确性，误差控制在 5% 以内。所有化学灌浆设备都有备用配件，且经常维修保养，避免因设备故障造成化学灌浆施工中断。灌浆管路

采用 $\phi$14mm 高压软管连接，灌浆管路能承受压力不小于 10MPa。

#### 4.3.6 压水试验

在每排埋管速凝材料待凝后，随机抽取 1～2 个孔进行压水试验。压水试验选择简易压力 1MPa 进行。压水试验方法[2]为：将压力调到规定数值并保持稳定后，每 5min 测读一次压入流量，测读四次流量，压水试验即可结束，以最后读数作为计算流量，计算出该孔的透水率。

#### 4.3.7 变形观测

为监测高压化学灌浆施工过程中衬砌混凝土的变形情况，在灌浆区段 5～10m 内设置变形观测断面。观测断面顶拱（正顶）及正顶处为起点两侧 120°处的 2 个测点，灌浆过程中安排专人观测并做好记录。记录需真实、准确、完整。

#### 4.3.8 灌前压风赶水

压水完成后，在高压化学灌浆前，用空压机的风管与注浆管连接，将孔内积水用压风尽量排干。若排不尽水，采用以浆液排赶水。若孔内有涌水则不需用风赶水，采用以浆液排赶水。

#### 4.3.9 配制浆液

根据常用配比，称取适量的 A、B 组分用量。A 组分（基液）：B 组分（固化剂）＝5：1（重量比），可根据灌浆情况调整配方。采用少量多次、分批配制浆液，随用随配以保持浆液低黏度，提高灌浆质量，节约浆材。第一批配制量应略大于管路占浆，以后根据吸浆量而定。

开灌时第一次配制浆液不超过 15kg，按照配制比例（A 组分 5：B 组分 1），采用人工搅拌，搅拌时间不少于 3min，配浆桶要放入冷却水槽进行配制浆液。混合顺序：先称量 A 组分，然后称量 B 组分，将 B 组分缓慢注入 A 组分中，边注入边搅拌 3～5min，注意控制注入速度以保持浆液在 30℃以下即可使用。每次配量应在 3h 内施工完毕。对已搅拌混合好的化学浆液超过 6h，而未能灌注使用的作废料处理。

#### 4.3.10 浆液现场试验

根据化学灌浆材料相关规范和设计要求，化学灌浆材料配制需进行现场试验。在施工前，将 HK－G－2 化学灌浆材料在仓库抽取浆液放置于施工作业面，与施工作业面温度基本一致后进行试验，做三种配比试验。观察各个配比初始材料反应情况，记录材料凝固时间，得出现场检测最基本参数（材料凝结时间、黏度等）。正常高压灌浆施工时，先将化学灌浆材料运至工作面，放置不小于 24h 后，待材料与洞中温度恒定后再取样，最后使用。

在化学灌浆施工过程中，随机取样观察，样品做好标识及台账记录，样品保存以便检查。

#### 4.3.11 灌浆

采用纯压式全孔一次灌浆法，逐环灌注。每环环内由底孔灌至顶孔，每一环内最多同时灌 3 个孔，为提高灌浆进度。当第 1 环腰线以下的所有孔化学灌浆结束后，对第 2 环底部开始化学灌浆，以此类推。灌浆压力按设计参数执行。

化学灌浆泵采用无级调节压力，设定压力上限值和下限值范围，将压力调至起始压力。当开始灌注时，打开所有灌浆孔阀门进行排气，采用低压大排量快速充填灌注孔，当浆液从排气管排出浓浆时，关闭回浆阀提升压力，观察孔内进浆量和压力装置，当进浆量及压力在 5min 内无变化，可进行逐级加压施灌至设计结束压力，移至下孔。灌浆过程中，严格监测所配置浆液温度，并采取冷却措施，防止浆液温度过高，可灌性下降。

灌浆压力的控制采用逐级升压的方法，严格控制升压速度，每次灌浆压力提升控制在 0.1～0.5MPa。每级压力在单位注入率小于 200mL/min 时，即可进行升压。逐级升压达到设计最大压力，升压速度总体结合现场实际灌浆情况调整。

化学灌浆施工记录采用人工记录，正常情况每 5min 记录一次数据。记录数据要求准确、可靠、真实。特殊情况和异常情况需标注说明清楚。

#### 4.3.12 浆液变换原则

根据灌浆过程的实际情况，化学灌浆浆液变换按下面的原则进行。

（1）充填管孔及屏浆应使用 HK－G－2（5：1）环氧树脂灌浆材料。

（2）开灌一般使用 HK－G－2 浆液（5：1），压力上升缓慢或超过 2h 压力变化不大，出现压力值与注入率严重不匹配（如压力 1～1.5MPa，流量大于 2.0kg/min）的情况时，可变浆为 4：1 注浆，注入率降低后再改变成 5：1 注浆。

（3）累计注入量超过 500kg，仍未达到或接近结束标准，可采取待凝、间歇、限流量的方式。待凝时间为 2～4h 恢复灌浆，以防灌浆管路堵塞。

#### 4.3.13 化学灌浆结束标准

化学灌浆过程中，灌浆压力达到设计压力值后，化学灌浆注入率不大于 0.05L/(min·m)，再继续灌注 30min 进行闭浆待凝，即可结束灌浆。

## 5 特殊情况处理

（1）化学灌浆应连续进行，不得无故中断停灌。如因故中断时，应按下列原则进行处理：尽可能缩短中断时间，及早恢复化学灌浆；应在浆液胶凝以前且不影响灌浆质量时恢复灌浆，否则应进行冲洗和扫孔，再恢复灌浆。

（2）衬砌混凝土面发生串浆、冒浆现象时，则降低压力、限流、调凝等方法进行处理。如果效果不明显，暂停灌浆，采用SH外掺剂快速水泥封堵后继续施灌。

(3) 灌浆过程中发生串浆现象时，则立即停止灌浆，关闭注浆管阀门并封闭排气管，在灌浆孔达到设计压力要求后，再对串浆孔进行施灌，直到符合设计压力要求时结束灌浆。

(4) 化学灌浆注入率大时，宜采取低压、限流、限量、改用速凝浆液等技术措施处理。开灌后时间超过30min不起压力，可缩短浆液凝固时间，增大浆液黏度，必要时采取间歇灌浆方法处理，采用停灌结合进行施工，但施工时每次停灌时间不大于2～4h，防止浆液胶凝、灌浆孔堵塞。

(5) 钻孔内有涌水且为承压水时，可提高灌浆压力、缩短浆液胶凝时间、延长屏浆与闭浆时间、化学灌浆与水泥浆液混合使用等措施。

(6) 若出现进浆量突增，压力锐减，立刻停止灌浆，观察隧洞其他孔位或衬砌结构、施工缝是否有串冒浆现象，进行低压慢灌灌浆，防止在高压力作用下化学浆液通过围岩裂隙渗透到加固处理范围以外，造成浆液浪费。

## 6 灌浆质量检查及效果

高压化学灌浆质量检查主要采用单点法压水试验，试验在灌浆结束7d后进行，检查孔数量为灌浆孔总数的5%。压水压力采用灌浆压力的80%，阻塞在混凝土50cm处。主要部位化学灌浆质量压水试验检查结果见表3。

**表3　　主要部位化学灌浆质量检查情况统计表**

| 工程部位 | 检查段数 | 灌前透水率检查/Lu | | | 灌后透水率检查/Lu | | |
|---|---|---|---|---|---|---|---|
| | | 最大值 | 最小值 | 平均值 | 最大值 | 最小值 | 平均值 |
| 上斜井下弯段 | 23 | 1.18 | 0.22 | 0.70 | 0.08 | 0.00 | 0.04 |
| 中平洞 | 325 | 2.19 | 0.52 | 1.35 | 0.20 | 0.00 | 0.10 |
| 下斜井 | 65 | 0.78 | 0.24 | 0.51 | 0.02 | 0.00 | 0.01 |
| 下平洞 | 84 | 1.58 | 0.21 | 0.30 | 0.05 | 0.00 | 0.02 |
| 引水岔管 | 105 | 0.48 | 0.26 | 0.24 | 0.02 | 0.00 | 0.01 |

通过对比高压隧洞化学灌浆灌前压水情况，灌浆后压水试验透水率下降趋势明显，说明引水隧洞断层带、破碎带、裂隙带和渗水点围岩得到有效的固结，围岩的抗渗性能明显提高。

## 7 结语

深圳抽水蓄能电站针对破碎带、断层带和裂隙等不良地质，在水泥灌浆后，增加了高压化学灌浆。利用化学灌浆材料高渗透性能充填比水泥颗粒更小的裂隙，并反渗灌入混凝土与基岩结合面，增强了岩体均匀性、整体性和抗渗性，确保了引水隧洞永久地安全运行。

## 参考文献

[1] 黄立财，彭影，张巍，等．深圳抽水蓄能电站工程输水系统灌浆施工技术要求［R］．广州：广东水利水电勘察设计研究院，2014 (10).

[2] DL/T 5406—2010 水工建筑物化学灌浆施工规范［S］．北京：中国电力出版社，2010.

# CFG 桩振动沉管法在台山至开平快速路软基中的应用

刘　向　刘国徽/中国水利水电第十四工程局有限公司华南事业部

【摘　要】在日益发展的高速公路建设中，常会遇到软基路段需进行加固处理的问题。若处置不当，往往会出现路基失稳或构筑物处跳车的现象，影响行车舒适感甚至导致道路无法正常运营。因此，软基处理成为公路建设的重中之重，而其中CFG桩振动沉管法具有造价低、在富水地质路段成桩效果好、施工工艺简单等优点。本文主要介绍CFG桩振动沉管法在公路软基加固处理中的施工工艺。

【关键词】软基处理　CFG桩　施工工艺

## 1　引言

CFG桩是英文Cement Fly－ash Gravel Pile的缩写，即水泥粉煤灰碎石桩，桩体由水泥、粉煤灰、碎石、石屑的混合料加水拌制而成，它具有一定的黏结强度，可通过改变水泥掺量达到不同的桩体强度，从而提高公路软基路段的承载力。

CFG桩按照施工工艺一般分为振动沉管成桩及螺旋钻孔成桩，两者相比振动沉管成桩对混凝土料要求低，施工工艺简单，造价低。同时在处理砂性土、粉土和塑性指数较低的黏性土地基时，采用振动沉管可将管壁土体适度挤密，提高桩间土强度，并通过增大桩侧法向应力从而增加桩体侧壁摩阻力，也加大了单桩承载力，最终极大地提高了复合地基承载力。

## 2　工程概况

国道G240线台山至开平快速路及龙山支线工程位于广东省台山市，快速路路基为大面积软土，软土分布范围广、厚度深，主要为有机质泥。本项目K6＋410～K6＋600段为填土高度不超过8m、软土底面埋深超过3m的一般软基路段，设计采用CFG桩振动沉管法处理，即通过振动沉管挤土成孔，灌注混合料成桩。

## 3　施工程序和施工方法

### 3.1　原材料及配合比控制

原材料的质量直接影响成桩效果。碎石粒径为20～50mm，掺入石屑填充碎石间的空隙，粉煤灰等级选用袋装二级、三级以上，水泥宜采用32.5级以上普通水泥。混合料配合比不佳将导致承载力不足，混合料坍落度小造成难下管，坍落度过大则易产生离析。混合料应拌和均匀，每盘拌和时间不宜小于60s，混凝土水灰比控制在0.6～0.7，水泥剂量控制在10%～20%，混合料坍落度控制在20～40mm。[1]

由于振动沉管过程本身就是对混合料的一次强力振捣，因此混合料的坍落度在保证施工允许的情况下尽量取小值，坍落度过大会因振捣而导致粒料离析，使水泥浆浮于桩顶。但也应尽量保证其流动性，混合料装入吊斗提升至漏斗口下料时，一般依靠振动和自重下料，如混合料流动性不足或与料斗粘结，则会导致无法正常下料，影响施工进度。

当混合料中细骨料和粉煤灰用量较少时，混合料和易性不佳，常发生堵管，因此要注意混合料的配合比。合理的配合比会直接影响桩基低应变检测效果及桩基强度值，施工时可在试桩阶段根据不同配合比的成桩效果确定后期大面积施工的施工配合比，提出施工设计图修改建议。

### 3.2　场地准备

CFG桩施工前需填土至设计桩顶标高，在填筑过程中需特别注意以下几个问题。

（1）该项目K6＋410～K6＋600段原为鱼塘，鱼塘放水完成后须进行清淤。在清淤时应将鱼塘内淤泥全部清完，以避免成桩后在该处发生缩颈、断桩现象。回填土至桩顶标高，应尽量分层夯实，切不可一次性填筑完成，这些对后期复合地基承载力将会有较大的影响。

(2) 施工前需对场地进行平整，将场地整理出横坡以利于排水，施工便道应采用泥结石进行加固。场地及便道不积水可保证雨后尽快恢复施工，同时也可保证打桩机及运料车正常通行。

(3) 填筑过程中，应严格按照《公路路基施工技术规范》施工，甚至可以提高一个等级进行填筑，这样对后期的成桩效果及桩基检测都颇有益处。

### 3.3 机械准备

(1) K6＋410～K6＋600 段施工采用 JZB 系列液压步履式打桩机，CFG 桩振动沉管桩机安装拆除较为繁琐，尤其在确定桩管长度后临时增加桩管长。因此，在桩机安装时，应保证桩机长度大于设计桩长 6～8m，以满足不确定地质情况下桩端进入持力层 2m。

(2) 施工前应对机械进行全面检查，振动沉管法对桩机损伤较大。因此，在打设前应对桩机进行整体检修，同时也应加强桩机日常维护。

### 3.4 测量放样

在场地平整完成后根据设计图纸及施工方案进行初步测量放样，再采用皮尺进行细放样，用“红带子”标点作为标记。在业主、监理抽检桩位合格后，方可进行下一步施工。

### 3.5 插打

大面积施工前应进行试桩试验，试桩频率应尽可能的高，可每间隔 20m 一段分别于路基的左中右共打设 3 根 CFG 桩。试桩可为后期大面积施工提供有力的技术支持，防止因地形突变而桩长不变的情况发生，也能确保 CFG 桩的成桩效果。试桩前及时通知业主、设计及监理单位，试桩过程中应注意观察记录沉管下沉的速度和电流表，据此验证地质勘察资料是否准确。同时，通过试桩 28d 后各项质量检验指标来指导下一步大面积施工。[2]

桩机就位后应保证桩管的垂直度，其偏差不大于 1.5%。桩基垂直可使其单桩承载能力发挥至最大值，同时保证后期取芯时芯样的完整性。当桩尖对准桩基中心时，核查套管垂直度后，利用锤击及套管自重将桩尖压入土中。沉管过程中须做好记录，激振电流每沉 1m 记录一次，对土层变化处应特别说明，直到沉管至设计标高。

大面积打设时应采用隔桩跳打、退打施工方法，同时从中间往两边施打，否则易造成邻桩被挤碎或缩颈，在黏性土中易造成地面隆起。如果是加固桥头，应该从桥台背向路堤填土的方向进行施打；如果是加固路堤，则应该从路堤内侧向路堤外侧进行施打。同一排桩跳打至另一个方向时，要逐步推进，避免地面隆起的发生。将标尺埋设在已成桩的桩顶，注意施工过程中对已成桩的负荷挤压情况，避免已成桩因超过受挤压的垂度而发生断裂，要及时了解地面发生变化的情况。

控制桩长时不应仅凭经验，要加强管理，做好原始记录。施工前在管壁一侧每间隔 1m 进行标识，施工过程中经常检查标识、记号及测量标高是否准确，确保桩长的原始记录准确性。

### 3.6 投料

对每车来料，试验人员都要进行坍落度检测，合格后方可使用。沉管过程中可用料斗进行空中投料，沉管至设计标高后应尽快投料，直到管内混合料与钢管投料口平齐。若投料量不够，应在拔管过程中进行空中投料，以保证成桩桩顶标高满足设计要求，尽量减少混合料出料至倒入沉管加料口的时间间隔，确保其坍落度及和易性。[3]

振动沉管桩机在施打过程中常会出现故障，因此应制定相应的混合料保证措施，避免设备故障期间混合料的浪费。若因故障停顿时间不长，可对桩基复插 1～1.5m 后继续打设，若停顿时间过长，则在该处做好标记，待强度满足要求后，后期在临桩位置重新打设一根新桩。

### 3.7 拔管

当混合料加至钢管投料口平齐，沉管原地留振 10s，然后边振动边拔管。速度按均匀线速控制，一般控制在 1.2～1.5m/min，如遇淤泥或淤泥质土，拔管速率可适当放慢。在拔管的过程中，混合料要分段进行添加，保持桩管内的混合料，始终高于拔管高度 1.5m，确保桩身的完整性。

拔管速度过快则会造成缩径现象的发生，尤其在通过淤泥夹层时，缩径现象更为明显。在施工过程中适当地放缓拔管的速度，可以明显地避免桩身出现缩径现象。因此，在 CFG 桩施工时，适度控制拔管的高度和速度十分必要。

### 3.8 施工效率

K6＋410～K6＋600 段 CFG 桩共有 2784 根沉管桩，单根设计长度 10m，累计长度 27840m。试桩检测合格后，2017 年 1 月 3 日进场 2 台振动沉管桩机同时施工。单根 CFG 桩插打用时 2min，至孔底需留振 10s，拔管用时 6.5min，单根合计 8min40s。该段于 2017 年 2 月 20 日完成所有 CFG 桩施工，扣除春节期间 14d，累计施工 34d，平均单台桩机每天完成 41 根 CFG 桩施工。如此高的施工效率也验证了上述施工工艺的正确性，使 CFG 桩在保证施工质量的同时也极大地提高了整体施工效率。

### 3.9 桩头浮浆破除

在CFG施工完成28d后，应进行桩顶浮浆破除。由于桩体混凝土料为C15混凝土，破除时间和破除方法对成桩质量都至关重要。施工中往往工期都十分紧张，为了抢工期过早地进行下一工序施工。在桩体材料强度未达到设计值便受过大的扰动，或因挖除桩间土受到重型机械碾压。另外，采用挖斗宽度大于桩间距的挖机挖除桩间土，也能扰动未达强度的桩头。挖除桩间土应采用挖斗宽度小于桩间距离的挖机施工，避免造成C15混凝土的CFG桩桩顶断裂，影响成桩质量及检测，从而不同程度造成断桩。因此，施工中要加强监管，严格按照规章施工，合理地安排施工工序。

### 3.10 桩帽及褥垫层

CFG桩复合地基设计中，在基础与桩和桩间土之间铺设一定厚度的散体粒状材料（通常为砂及级配碎石）组成的褥垫层，这是复合地基的一个关键技术。复合地基有无褥垫层，其区别主要是桩间土的承载力发挥的过程不同。当设置褥垫层时，桩间土一开始就承担了较大比例的荷载，在正常使用状态下，道路荷载主要由桩和桩间土共同承担；不设褥垫层时，荷载一开始主要由桩来承担，桩间土基本不承担或承担很少。褥垫层在竖向荷载作用下，压迫桩体，使桩体逐渐向褥垫层刺入，桩顶部垫层材料在受压缩的同时，向周围发生流动，调整桩土应力比和桩土水平荷载的分担，使桩间土的承载力得到充分发挥，并使基底的接触压力得到了均衡和调整，减少基础底面的应力集中，减少基础的剪切破坏，复合地基的承载力将大大提升。[4]

## 4 质量检测

### 4.1 设计参数

K6＋410～K6＋600段CFG桩桩径40cm，间距2m，按照正方形布置，设计桩长平均为10m。桩体混凝土设计强度为C15，单桩承载力290kN，复合地基承载力120kPa。

### 4.2 检测项目

通过CFG桩检查项目来评判CFG桩的成桩效果，从而分析CFG桩的质量保证要点。质量检验评定标准见表1。

**表1　　CFG桩质量检验评定标准**

| 项目分类 | 检 查 项 目 | 检查方法和频率 | 检测结果 |
|---|---|---|---|
| 主控项目 | 原材料 | 抽样送检，满足设计要求 | 合格 |
| | 桩径 | 按桩数3%抽查，要求不小于设计值 | 合格 |
| | 桩距 | 按桩数3%取芯抽查，允许偏差±100mm | 合格 |
| | 桩长 | 检查施工记录，必要时抽芯，要求不小于设计值 | 合格 |
| | 桩身强度 | 按桩数3%取芯抽查，测定28d试块强度，要求不小于设计值 | 合格 |
| | 单桩和复合地基承载力 | 按成桩数0.2%且不少于3根检查，要求不小于设计值 | 合格 |
| 一般项目 | 桩垂直度 | 用经纬仪测桩管，要求不大于1%，且不小于设计值 | 合格 |
| | 桩基完整性 | 总桩数的10%，低应变动力试验 | 合格 |

该项目K6＋410～K6＋600段成桩28d后检测结果表明，该段CFG桩质量优良，符合设计与规范的要求。

### 4.3 低应变检测

K6＋410～K6＋600段低应变检测278根，检查结果Ⅰ类桩214根，Ⅱ类桩64根，抽检的其中8根桩基的技术参数见表2。

**表2　　8根桩基低应变检测结果**

| 桩号 | 桩长/桩径/m | 灌注日期 | 混凝土纵波声速/(m/s) | 判定类别 | 备注 |
|---|---|---|---|---|---|
| 20-R | 10.0/0.4 | 2017-01-12 | 3379 | Ⅰ类 | 桩身完整 |
| 24-M | 9.9/0.4 | 2017-02-11 | 3390 | Ⅰ类 | 桩身完整 |

续表

| 桩号 | 桩长/桩径/m | 灌注日期 | 混凝土纵波声速/(m/s) | 判定类别 | 备注 |
|---|---|---|---|---|---|
| 25-T | 9.9/0.4 | 2017-01-03 | 3561 | Ⅰ类 | 桩身完整 |
| 27-R | 9.9/0.4 | 2017-03-03 | 3474 | Ⅰ类 | 桩身完整 |
| 68-A | 9.9/0.4 | 2017-01-06 | 3680 | Ⅰ类 | 桩身完整 |
| 69-F | 9.9/0.4 | 2016-12-31 | 3574 | Ⅰ类 | 桩身完整 |
| 74-R | 9.9/0.4 | 2017-02-11 | 3574 | Ⅱ类 | 桩身在1.7m处有轻微缺陷 |
| 76-R | 9.9/0.4 | 2017-02-12 | 3462 | Ⅰ类 | 桩身完整 |

检测结果表明，桩基完整性及桩长都得到有效控制，符合技术要求。

### 4.4 复合地基检测

K6＋410～K6＋600 段复合地基检测 8 根，均满足设计要求的复合地基承载力 120kPa。复合地基检测结果见表 3。

表 3 复合地基检测结果

| 桩号 | 桩距/m | 施工桩径/m | 成桩日期 | 设计复合地基极限承载力/kPa | 实测复合地基承载力/kPa |
|---|---|---|---|---|---|
| Q-17 | 2 | 0.4 | 2017-02-17 | 120 | 120 |
| g-72 | 2 | 0.4 | 2017-01-01 | 120 | 120 |
| d-7 | 2 | 0.4 | 2017-01-13 | 120 | 120 |
| m-39 | 2 | 0.4 | 2017-01-07 | 120 | 120 |
| N-89 | 2 | 0.4 | 2017-01-12 | 120 | 150 |
| E-55 | 2 | 0.4 | 2017-01-06 | 120 | 120 |
| r-28 | 2 | 0.4 | 2017-01-09 | 120 | 150 |
| H-48 | 2 | 0.4 | 2017-01-05 | 120 | 150 |

检测结果表明，CFG 桩复合地基承载力满足设计要求，极大地提升了该段软弱地基整体承载力。

### 4.5 抽芯检测

国道 G240 线台山至开平快速路及龙支改建工程 K6＋410～K6＋600 段 CFG 桩，钻芯法共检测 25 根桩，桩号为：T-2 号、D-6 号、J-17 号、F-21 号、H-27 号、E-33 号、D-43 号、Q-45 号、M-62 号、B-66 号、Q-72 号、G-82 号、E-92 号、d-3 号、h-22 号、g-32 号、d-43 号、d-61 号、e-64 号、m-69 号、f-72 号、t-80 号、b-83 号、r-91 号、h-96 号，桩身完整性类别：Ⅰ类桩 15 根，Ⅱ类桩 10 根。

## 5 结语

CFG 桩属隐蔽工程，是公路工程整体施工质量的关键，成桩施工过程中容易产生堵管、夹泥、缩径、断桩等问题，极大影响工程质量。为避免上述情况发生，应加强施工的针对性和适用性，提高作业人员的责任心，严格按照规范施工，提高监管力度，保证施工质量。[5]通过对 K6＋410～K6＋600 段 CFG 桩振动沉管法的应用，掌握了 CFG 桩振动沉管法在公路软基处理中的施工工艺及施工要点。

## 参考文献


[1] 覃国汉．CFG 桩在城市道路软基处理中的设计及应用［J］．科技咨询，2012，(4)：29-29.

[2] 陈飞．浅谈 CFG 桩在高速公路软基处理中的应用［J］．黑龙江科技信息，2008，(18)：232-232.

[3] 姜安．高速公路 CFG 桩技术应用研究［J］．科技传播，2011，(13)：158-159.

[4] 康凯．CFG 桩施工及常见问题［J］．科学之友，2010，(3)：17-19.

[5] 孙瑞民．CFG 桩常见的质量问题分析［J］．工程地球物理学报，2006，(32)：28-31.

# 斜井灌浆提升系统在水工隧洞灌浆中的应用

祝永迪　欧阳秘　李　博/中国水利水电第十四工程局有限公司华南事业部

【摘　要】斜井灌浆是保障斜井施工质量的关键环节，斜井灌浆分直线段灌浆和斜井弯段灌浆，其中直线段灌浆施工安全风险大。本文介绍了一种斜井直线段灌浆提升系统，包括灌浆台车系统、灌浆运输小车系统、弯段爬梯、直线段安全平台等。相比传统斜井直线段灌浆，此项技术提高了系统运行的安全系数，保证施工作业的安全，获得了良好的应用效果。

【关键词】斜井灌浆　提升系统　灌浆台车　运输小车

## 1　引言

水电站地下洞室群在设计布置时由于斜井水的流态较竖井好、损失较少，斜井常为引水隧洞斜竖井选项的首选。斜井的布置包括斜井上弯段、直线段及斜井下弯段。斜井施工是整个电站施工难度较大，不安全因素较多的环节。斜井施工按工序分为开挖、混凝土浇筑、灌浆施工，按部位分为斜井上弯段施工、斜井直线段施工和斜井下弯段施工。[1]灌浆施工时首先进行斜井直线段施工，最后进行上下弯段施工。斜井灌浆施工是斜井施工的最后一道工序，也是保障施工质量的关键环节，直线段灌浆施工安全风险大。一般而言，斜井直线段固结灌浆从井的下部逐渐向上推进，分段、分序进行，直线段灌浆在钻孔灌浆台车上进行。[2]传统的斜井直线段钻孔灌浆台车由两台同型号的卷扬机牵引，卷扬机钢丝绳分别固定在钻孔灌浆台车的两侧，或者两台卷扬机共用一根钢丝绳通过台车上的动滑轮牵引。前者由于卷扬机不同步，台车运行过程中易发生倾斜；后者虽通过动滑轮可实现钢丝绳同步，但在运行中由于设备放置位置中心与牵引中心不易吻合，加之行走轮在加工组装时的差异摩擦力不一致，致使台车运行过程中易发生倾斜。钻孔灌浆台车行走在已浇筑的圆形混凝土表面属无轨运输；传统的行走轮为固定式，不可调节角度，运行过程中也易发生倾斜；无断绳保护装置，因此不安全因素较多。

本工程斜井灌浆提升系统施工技术针对以往灌浆提升系统的不足，逐步改善，形成一种合理的斜井直线段灌浆提升系统，即在斜井直线段灌浆时布设灌浆台车系统、灌浆运输小车系统、弯段爬梯、直线段安全平台等。

## 2　斜井直线段灌浆提升系统的选择与布置

### 2.1　总体布局

水电站斜井直线段灌浆提升系统包括灌浆运输小车系统、灌浆台车系统、弯段爬梯、直线段安全平台。直线段安全平台布置在斜井直线段的末端，斜井弯段设置有弯段爬梯，灌浆运输小车系统、灌浆台车系统是在已浇筑完成的混凝土表面上行走，属无轨运输。灌浆运输小车系统包括灌浆运输小车、绞车及牵引钢丝绳、井口平台、转向滑轮组。灌浆台车系统包括灌浆台车、液压爬升提升系统、钢缆及上井口钢缆锚固装置。斜井灌浆提升系统布置见图1。

### 2.2　灌浆运输小车系统的选择与布置

灌浆运输小车系统包括灌浆运输小车、绞车及牵引钢丝绳、井口平台、转向滑轮组等。

#### 2.2.1　绞车及牵引钢丝绳、井口平台、转向滑轮组

斜井开挖期间在上平洞段沿隧洞中心线左右并前后适当错开布置2台绞车（开挖期间为4台），中间预留施工通道。在绞车安设处局部进行扩挖，绞车布置完成后将作为开挖期间扩挖台车、扩挖小车提升装置，斜井直线段混凝土浇筑期间作为斜井混凝土运输小车提升装置，斜井直线段灌浆期间作为灌浆运输小车提升装置。绞车的选型需综合考虑斜井开挖、混凝土浇筑运输系统布置，绞车的安装、拆除需经过安全验算。具体布置如下。

（1）绞车、井口平台布置。绞车提升系统的布置沿用混凝土衬砌期间绞车提升系统，绞车提升系统包括井口平台、绞车等，提升设备采用2台15t单筒绞车同步

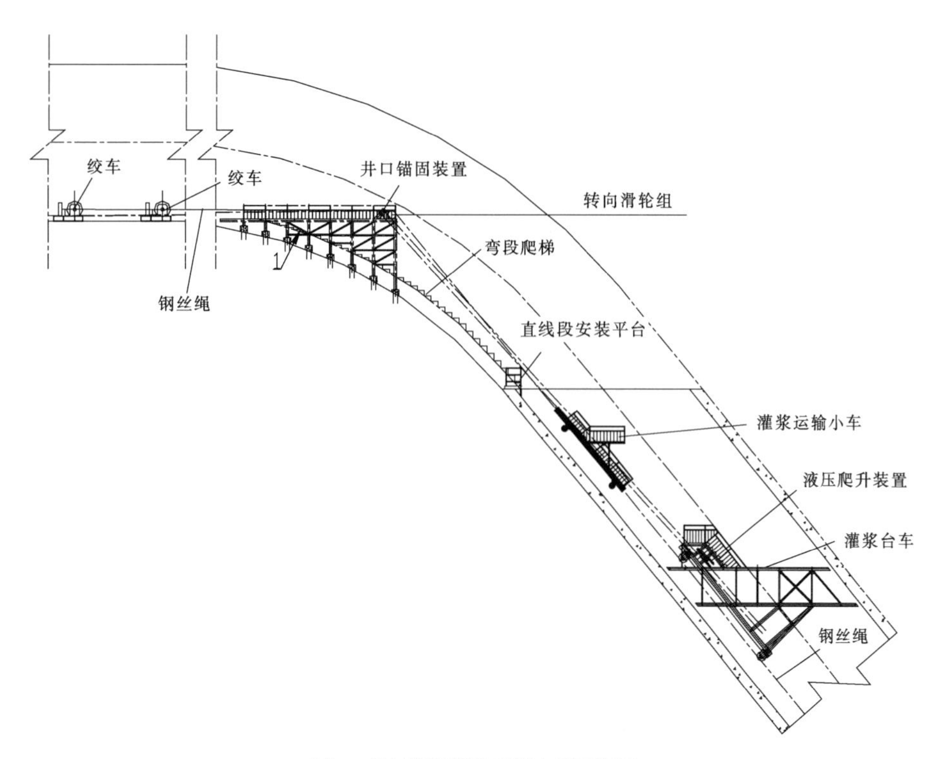


图1　斜井灌浆提升系统布置示意图

运行，通过1根钢丝绳绕过布置在斜井井口平台上的滑轮组及运输小车上的动滑轮牵引运输小车上、下，用于运输人员、小型机具和材料至灌浆工作面。绞车提升系统平面布置示意图见图2。

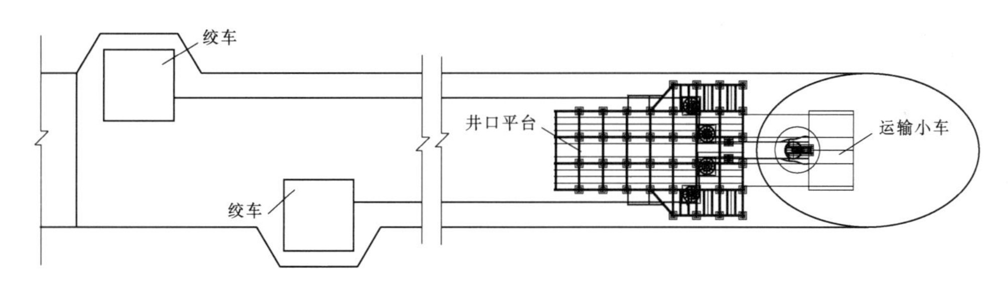


图2　绞车提升系统平面布置示意图

在斜井井口布置井口平台，按现行《钢结构设计规范》（GB 50017—2017），结合以往施工经验自行设计、加工。井口平台长[3]、宽尺寸根据隧洞尺寸确定，由工字钢做骨架，上面满铺钢板，平台下用DN150钢管做支撑立柱，立柱底部与基础混凝土预埋钢板焊接，平台周边安装防护栏杆。平面布置见图2。

（2）转向滑轮组布置。平台上方布置有6个转向滑轮，其中4个水平转向轮，2个立式滑轮，单侧水平转向轮前后交错布置，钢丝绳穿过成Z形，钢丝绳经过两个水平转向轮导向后与立式滑轮相接，绞车水平提升力经立式滑轮改变为斜向提升力。转向滑轮组平面布置示意图见图3。

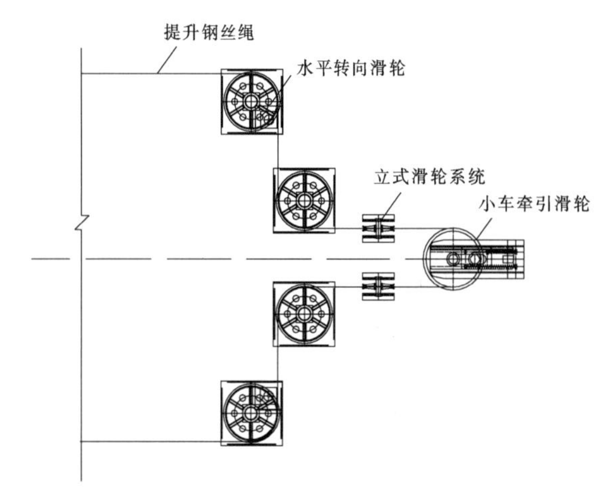


图3　转向滑轮组平面布置示意图

#### 2.2.2　灌浆运输小车

灌浆运输小车由钢管、槽钢、角钢、钢板加工制作而成，是负责运送人员、设备、材料的工器具。灌浆运输小车运行在已浇筑混凝土面上。

为防止斜井运输小车发生跑车事故，在运输小车前部安装BF型抱绳装置，抱绳装置由主提升拉杆、驱动弹簧、抓捕器、防坠器传动装置以及制动绳组成。制动绳采用两根公称抗拉强度1670MPa、直径为32mm的纤维芯钢丝绳。制动绳井口上端固定在井口锚具（缓冲器）支撑装置上，穿过小车抱绳装置并布置于小车两侧导向滚轮中间，井底部用锚杆及花篮螺丝固定在斜井井底。本工程将抱绳装置运用于灌浆运输小车上，分别在小车前后两边设置导向滚轮可保持制动绳在小车上成直线，以确保抱绳的精度。且制动绳固定在井口锚具（缓冲器）支撑上，当提升钢丝绳发生断绳时小车可通过抱绳系统制动抱绳，防止小车坠落。制动绳还可兼做小车导绳，防止运输小车运行时发生偏移。为防止灌浆运输小车运行过程中发生偏移，在灌浆运输小车上安装可调节方向的行走轮，可根据每条斜井的情况进行调节，使小车在斜井运行过程中不发生偏移，并沿斜井轴线方向平稳运行。总之，灌浆运输小车采用可调节方向的行走轮，利用小车制动绳做导绳，避免了小车运行过程中小车平台出现跑偏现象；在灌浆运输小车上采用自主研发的BF型抱绳装置，确保断绳状态下安全制动。灌浆运输小车结构见图4。

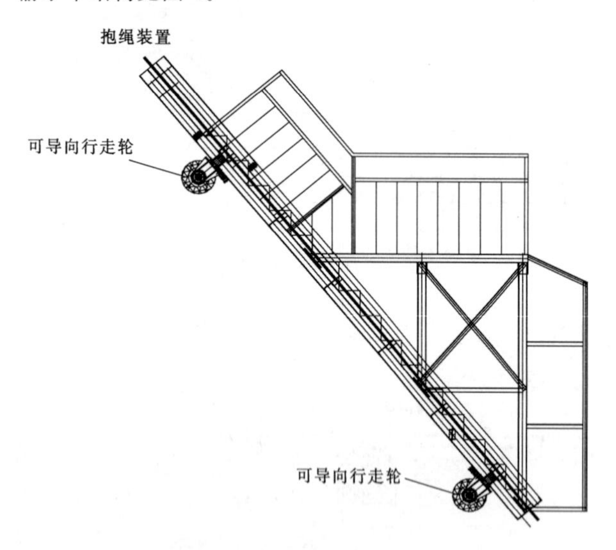


图4　灌浆运输小车结构图

## 2.3　灌浆台车系统的选择与布置

灌浆台车系统包括灌浆台车、液压爬升提升系统、钢缆及上井口钢缆锚固装置。

斜井直线段混凝土浇筑完成后，在斜井下井口平洞段组装灌浆台车。台车上配置4台单向单根液压爬升装置提供牵引力，在斜井井口平台上安装钢缆锚固装置。钢缆的上端固定在井口平台上的钢缆锁定装置上，另一端与台车上的牵引装置中的爬升器连接，通过爬升器油缸的伸缩爬升钢缆带动灌浆平台向上运行。在台车两侧分别设有动滑轮装置，较好地解决台车下放。同时，灌浆台车前行走轮布置1对呈“八”字可调节角度的行走轮，后行走轮布置2对“八”字形行走轮，其中外面1对为可调节角度的行走轮，使灌浆台车沿混凝土面直线平稳运行。

### 2.3.1　灌浆台车

斜井灌浆台车由打钻平台、灌浆平台、平台底盘、行走轮装置及液压爬升系统等部分组成，台车由钢管、工字钢、槽钢、钢板等加工制作而成。灌浆台车结构示意图见图5。

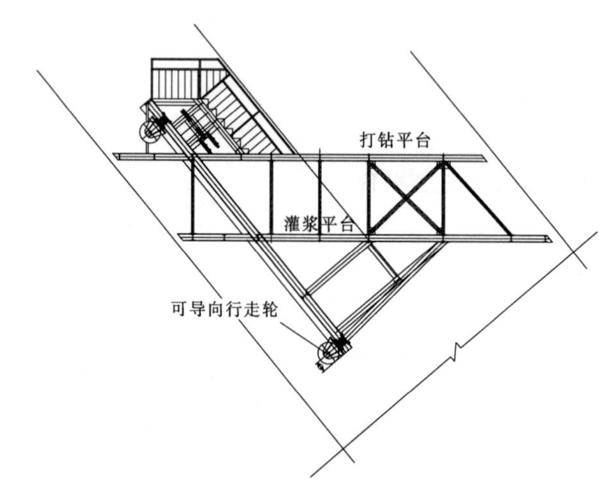


图5　灌浆台车结构示意图

### 2.3.2　钢缆及上井口钢缆锚固装置

斜井灌浆台车布置4根公称直径为15.20mm，抗拉强度为1860MPa的七根钢丝捻制的标准型钢绞线，斜井灌浆台车所需爬升力均施加在钢绞线上，使得钢绞线受拉。钢绞线需根据灌浆台车重量进行计算选择。

上井口钢缆锚固装置：斜井灌浆台车在井口施工平台上设置2个锚固装置，每个锚固装置上固定两根钢绞线。锚固装置主梁采用两根［25槽钢，槽钢底部设置3块钢板作为支撑件，主梁底部与井口平台焊接。井口锚固装置见图6。

## 2.4　弯段爬梯

斜井弯段设有弯段爬梯，主要用作井口至直线段末端材料、人员的运输通道。斜井弯段爬梯在斜井开挖期间完成安装，斜井直线段灌浆前需对爬梯进行检查及加固。单榀爬梯加工完成后，对安全爬梯的骨架、踏步、台阶的焊接质量进行检查验收，所有焊缝均进行外观检查，并应符合规范要求。经验收合格再运输至斜井上口工作面，从斜井上弯段起始桩号开始，沿水流方向3m/榀布置。安全爬梯的栏杆采用DN25钢管（壁厚3.5mm），爬梯的台阶采用HRB400C⌀18钢筋，爬梯的踏步宽0.2m，采用HRB400⌀12钢筋，间距6cm等距

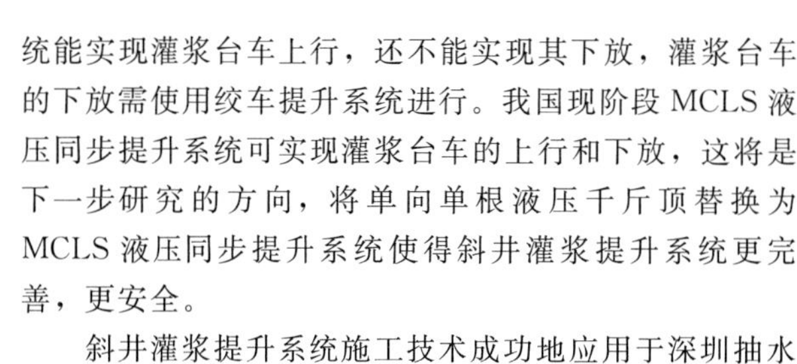
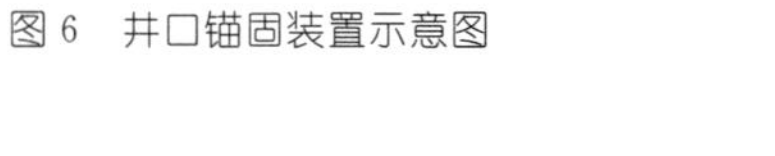


图6　井口锚固装置示意图

设置。[4]

### 2.5　直线段安全平台

直线段安全平台布置在斜井直线段的末端，平台采用工字钢、槽钢、钢板加工制作而成，平台周边型钢与混凝土钢筋焊接牢固。安全平台主要用作施工时人员及小型工器具上、下灌浆运输小车的中转平台。[5]

## 3　结论

斜井灌浆提升系统自主设计了灌浆台车，采用液压牵引爬升，运行平稳、安全可靠。其中存在不足的是，4台单向单根液压千斤顶组成的液压爬升提升系统能实现灌浆台车上行，还不能实现其下放，灌浆台车的下放需使用绞车提升系统进行。我国现阶段MCLS液压同步提升系统可实现灌浆台车的上行和下放，这将是下一步研究的方向，将单向单根液压千斤顶替换为MCLS液压同步提升系统使得斜井灌浆提升系统更完善，更安全。

斜井灌浆提升系统施工技术成功地应用于深圳抽水蓄抽水蓄能电站上、下斜井直线段灌浆施工中，也推广应用于海南琼中抽水蓄能电站一、二级斜井直线段灌浆施工中。斜井直线段灌浆提升系统在两个电站灌浆工程的成功应用，完善了传统斜井直线段灌浆施工技术的不足，提供了一种合理的斜井灌浆辅助提升设备及布置方式，使得斜井直线段灌浆快速、高效地完成，节约了斜井直线段施工工期，安全性也大大提升，并带来了巨大的经济和社会效益。

## 参考文献

[1]　劳检翁．黑麋峰抽水蓄能电站长斜井滑模及灌浆施工新技术［J］．水力发电，2011，37（2）：34－37．

[2]　陈强．钻灌台车在抽水蓄能电站斜井施工中的应用［J］．黑龙江科技信息，2016，（20）：183．

[3]　关驭球．钢结构工作平台的设计要点及优化［J］．中国科技投资，2017，（28）：66．

[4]　邹博．云南鲁地拉电站引水隧洞弯段及斜井段灌浆施工措施［J］．黑龙江科技信息，2013，（31）：183－183．

[5]　刘学山．清远抽水蓄能电站引水斜井复合灌浆工艺应用研究［J］．房地产导刊，2015，（29）：206．

# 深厚软基混凝土拌和站设计与施工

耿绍龙　孙泽斌/中国水利水电第十四工程局有限公司华南事业部

【摘　要】自建混凝土拌和站能够根据现场需要合理调整配合比，生产所需的混凝土，并能够保证产品的质量，同时还可以降低施工成本，其重要性和必要性不言而喻。中山至开平高速公路中山段一期工程 TJ－1 标的混凝土拌和站所处位置的地质条件较差，针对拌和站地基处理的问题进行研究，并验算拌和站基础的承载性能，确保混凝土拌和站能够安全有效地进行生产运行。

【关键词】混凝土拌和站　深厚软基　基础验算　实测沉降

## 1　引言

基础工程是建筑物首先考虑和建造的部位，是一个建筑的根本和立足点。[1] 中山至开平高速公路中山段一期工程 TJ－1 标的混凝土拌和站所在区域软弱地基较深，根据项目混凝土用量及混凝土高峰使用情况，确定建设 2 座混凝土拌和站，共含 10 个容量 150t 的粉罐（水泥罐、粉煤灰罐、矿粉罐）。拌和站生产运行期间地基承受荷载较大，若发生不均匀沉降，粉罐及主楼倾斜过大，将对拌和站的安全运行和人员生命安全形成极大的威胁。

## 2　工程概况

中山至开平高速公路中山段一期工程 TJ－1 标起讫里程为 K0＋060.81～K7＋944.8，全长 7884m。该标段设立 2 座 HZS180 型混凝土拌和站，负责本标段的混凝土生产。根据标段线路、周边既有公路网及现场实际情况，2 座混凝土拌和站均设在该标段 K4＋300 南侧，距离主线约 500m 处。

粉罐在软土地基上不适宜使用扩大基础（无打入桩），因为粉罐自重大而基础底面小。[2] 每座 HZS180 型拌和站共设 5 个粉罐，每个粉罐容量 150t，而拌和站主楼重量约为 50t，且粉罐的间距以及粉罐与主楼的间距，无法采用单个粉罐扩大基础或单组粉罐扩大基础来保证基础底面，因此考虑采用整体浇筑筏板式基础。

筏板基础由底板、梁等组成整体，把独立基础或者条形基础用联系梁连接起来，再整体浇筑底板。建筑物荷载较大，地基承载力较弱，采用混凝土底板，其整体性好，能很好地抵抗地基不均匀沉降。[3]

根据拌和站上部荷载和地基承载力，为避免主楼和粉罐基础沉降不均匀而产生裂缝和错台情况，拌和站基础初步设计尺寸为 34m×18m×1.5m（见图 1），并对基础下的淤泥层换填碎石土（换填深度 3m）。每个粉罐采用 4 根 I 50a 的工字钢作为支撑，工字钢固定在 0.6m×0.6m×1.0m 的 C25 混凝土立柱上，采用 0.5m×0.5m 的预埋钢板连接，并浇筑 15cm 厚的 C25 混凝土包封预埋钢板，增强其可靠性。

## 3　地质情况

混凝土拌和站靠近横门西水道，地下水位较高，淤泥层深厚。拌和站地基土层分布及其特性见表 1。

表 1　　拌和站地基土层分布及其特性

| 地层编号 | 岩土种类 | 层厚/m | 容重/(kN/m³) | 压缩模量/MPa | 侧摩阻力特征值/kPa | 地基承载力特征值/kPa |
|---|---|---|---|---|---|---|
| 1－2 | 素填土 | 3.5 | 18 | 4 | | 60 |
| 2－1 | 淤泥 | 11 | 16.8 | 1.7 | 9 | 50 |
| 4－4 | 淤泥质粉质黏土 | 5 | 18 | 2.65 | 14 | 80 |
| 6－2 | 粉质黏土 | 7 | 18 | 13.5 | 25 | 145 |
| 13－1 | 砂质黏性土 | 5 | 18 | 20 | 34 | 230 |

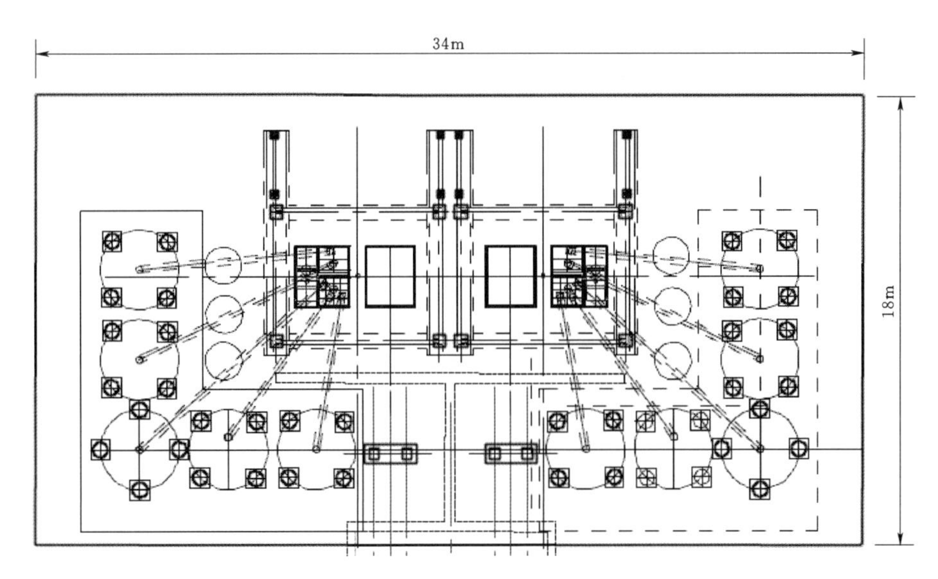


图1　初步设计的拌和站平面布置图

# 4　拌和站施工工艺

## 4.1　施工测量

按业主单位提供的基本控制点、基准点、水准点及原地面资料，进行实地测量放线复核，建立相应的施工测量控制网。

## 4.2　场地清表及换填

拌和站占地超过 13000m²，场地范围内均为软土地基。为满足承载力和排水要求，采用 2 台 1m³ 挖掘机配合 12t 自卸汽车进行清表，填筑 30cm 厚碎石土，并将其顶面做成 0.5%排水横坡。

## 4.3　拌和站基础施工

施工工艺流程：测量放线→明挖基坑作业→碎石换填→基底验收→钢筋绑扎、模板安装→混凝土浇筑→养护拆模。

拌和站基础施工需要开挖尺寸为 20m×36m 的基坑，开挖深度为 4.2m，共挖方约 3240m³。换填碎石土厚度为 3m，共计填碎石土约 2160m³。钢筋混凝土平板基础尺寸为 18m×34m×1.5m，总计使用混凝土约 918m³。

基础养护完毕后拆除木模，用碎石土回填基坑至原地面标高后，浇筑厚 30cm 的 C25 混凝土，与基础顶面齐平。

## 4.4　拌和站安装

每座拌和站各安装 1 套 HZS180 型拌和机组，每套配备 3 个水泥罐、1 个粉煤灰罐、1 个矿粉罐。拌和站安装由具有相关施工经验的专业队伍进行施工。

# 5　基础计算

建筑工程结构基础沉降严重威胁建筑物的结构安全，要从设计与施工等各阶段做好预防措施。[4]

## 5.1　混凝土立柱抗压强度验算

计算数据：C25 混凝土抗压强度值 $f_{cd}=11.9$MPa，粉罐单根Ⅰ50a 工字钢轴力 $p=150/4\times10=375$kN，采用 0.5m×0.5m 的预埋钢板，由于混凝土立柱的长细比 $l_0/b<8$，查混凝土轴心受压构件的稳定系数 $\varphi=1.0$。则：

$$\sigma=\frac{p}{0.9\varphi A}=\frac{375\times10^3}{0.9\times1.0\times0.5\times0.5}=1.67\text{MPa}<f_{cd};$$

故满足要求。

## 5.2　地基承载力验算

(1)《建筑地基基础设计规范》(GB 50007—2011) 式 (5.2.4) 为软弱下卧层顶面处经深度修正后地基承载力特征值的计算公式，即：

$$f_a=f_{ak}+\eta_b\gamma(b-3)+\eta_d\gamma_m(d-0.5)$$

$$\gamma_m=\frac{1.5\times18+3.0\times20}{4.5}=19.3$$

则 $f_a=f_{ak}+\eta_b\gamma(b-3)+\eta_d\gamma_m(d-0.5)=50+1\times19.3\times(4.5-0.5)=127.2$kPa。

(2) 基础自重和土重标准值：

$$G_k=\gamma\times V=24\times34\times18\times1.5=22032\text{kN}$$

$p_k=(F_k+G_k)/A=(15500+22032)/(34\times18)=61.3$kPa

$p_c=\gamma d=18\times1.5=27$kPa（基础底面土的自重压

力值）

（3）相对于作用的标准组合时，软弱下卧层顶面处附加压力值为 $p_z$，基础底面至软弱下卧层顶面的距离 z=3m，软弱下卧层埋置深度 $d_z=4.5$m，按《建筑地基基础设计规范》式（5.2.7-1）验算：

$$p_z+p_{cz}\leqslant f_{az}$$

式中 $p_z$——软弱下卧层顶面处的附加压力值；

$p_{cz}$——软弱下卧层顶面处土的自重压力值。

$p_z$ 值可按《建筑地基基础设计规范》式（5.2.7-3）简化计算：$p_z=\dfrac{lb(p_k-p_c)}{(b+2z\tan\theta)(l+2z\tan\theta)}$。

查《建筑地基基础设计规范》表 5.2.7，$z/b<0.25$，地基压力扩散角 $\theta=0°$，则：

$p_z=34\times18\times(61.3-27)/(34+6\times\tan0°)(18+6\times\tan0°)=34.3$kPa。

软弱下卧层顶面处土的自重压力值 $p_{cz}=\gamma_m d_z=19.3\times4.5=86.85$kPa，则：

$p_z+p_{cz}=34.3+86.85=121.2\text{kPa}<f_{az}=127.2$kPa

故承载力满足要求。

## 5.3 配筋验算

34m×18m 的矩形混凝土基础承受的荷载主要来自主楼和粉罐。其中粉罐间距为 3.6m，最远距跨中为 12m，主楼两侧中心距跨中的间距均为 4m。长度方向上基础的弯矩更大，故以长度方向作为验算对象，受力简图见图 2、图 3。

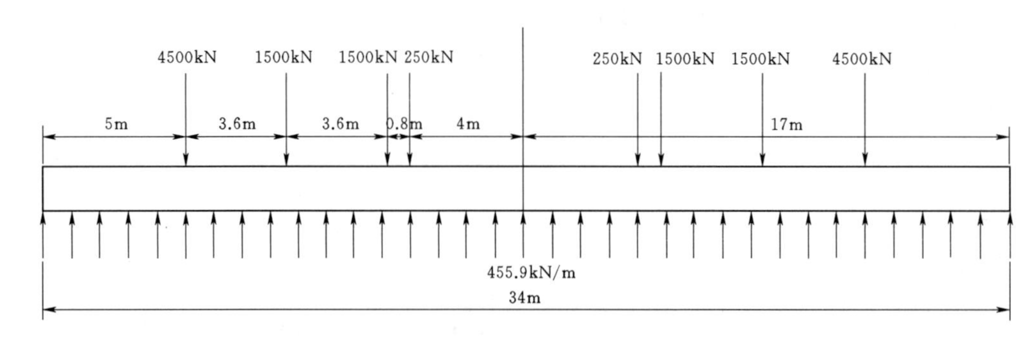


图 2 基础计算简图

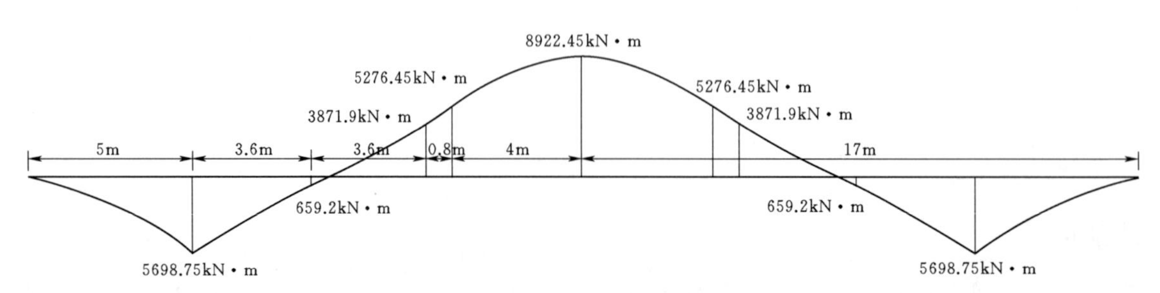


图 3 基础长度方向弯矩图

（1）长度方向配筋。由图 3 得出 $M_{max}=8922.45$kN・m，选宽 1m，高 1.5m 基础进行计算，则 $M=\gamma_0 M_{均}=1.1\times(8922.45\div18)=545.3$kN・m。

C25 混凝土的抗压强度设计值 $f_c=11.9$MPa，HRB400 级钢筋的抗压强度设计值为 360MPa，$b=1$m，$a_s=50$mm，则有效高度为 $h_0=1500-50=1450$mm。

$$\alpha_s=\frac{M}{\alpha_1 f_c b h_0^2}=\frac{545.3\times10^6}{1.0\times11.9\times1000\times1450^2}=0.022$$

$$\zeta=1-\sqrt{1-2\alpha_s}=1-\sqrt{1-2\times0.022}=0.022$$

$$A_S=\zeta\alpha_1 f_c b h_0/f_y=0.022\times1.0\times11.9\times1000\times1450/360=1056.3\text{mm}^2$$

长度方向底部受压钢筋每米宽度实配钢筋 $\phi$25@20cm，$A_{S1}=490.9\times5=2454\text{mm}^2>1056.3\text{mm}^2$，满足要求。

（2）宽度方向配筋：与长度方向一致，以 $\phi$25@20cm 的形式布置（见图 4），每米宽度实配钢筋 $A_{S1}=490.9\times5=2454\text{mm}^2$。

（3）顶部配筋：长度方向和宽度方向均与底部一致，以 $\phi$25@20cm 的形式布置（见图 4），每米宽度实配钢筋：$A_{S2}=2454\text{mm}^2\geqslant0.5A_{S1}=0.5\times2454=1227\text{mm}^2$，满足要求。

（4）基础竖向连接筋配筋：双向 $\phi$25@200cm（见图 4）。

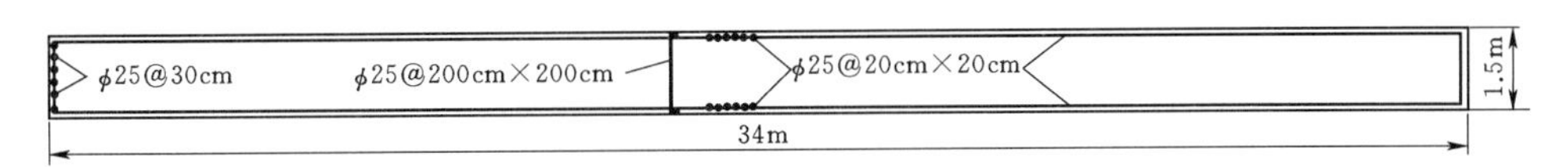

图 4　配筋图

### 5.4　重心验算

横向荷载分布见图 5。

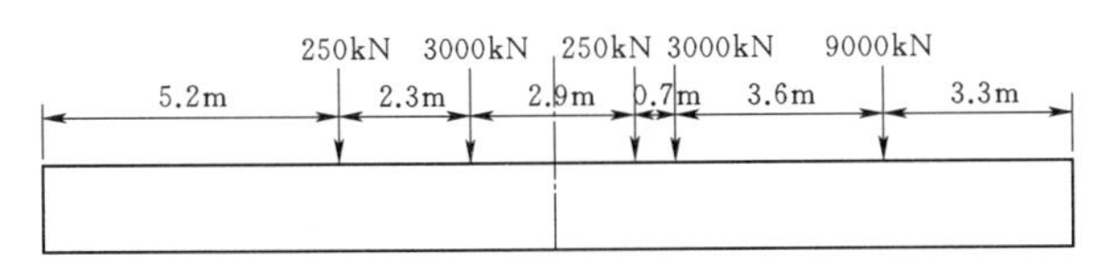

图 5　横向荷载分布图

$$e_0=\frac{\sum P_i e_i}{\sum P_i}$$

$$=\frac{9000\times5.7+3000\times2.1+250\times1.4-3000\times1.5-250\times3.8}{15500}$$

$$=3.387$$

宽度合力分布见图 6。

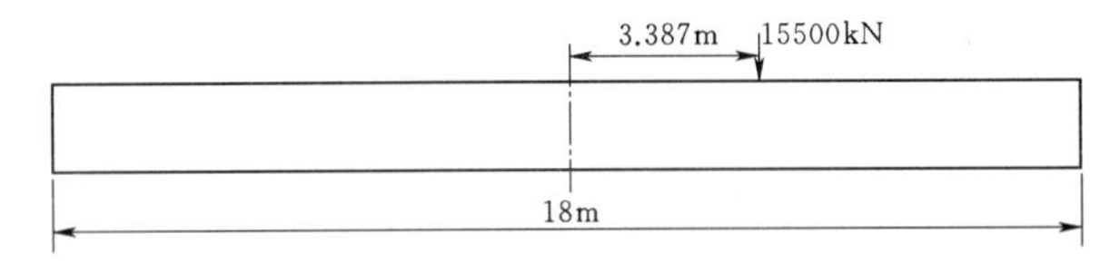

图 6　宽度方向合力分布图

$k_0=\frac{s}{e_0}=\frac{b/2}{e_0}=\frac{9}{3.387}=2.657>1.5$，满足要求。

为避免基础的不均匀沉降，故将混凝土基础向偏心位置移动 3.4m，使基础重心和拌和站整体重心基本重合。此时拌和站主楼的支腿超出了混凝土基础范围约 1.5m，局部调整基础尺寸，形成齿形基础（见图 7）。

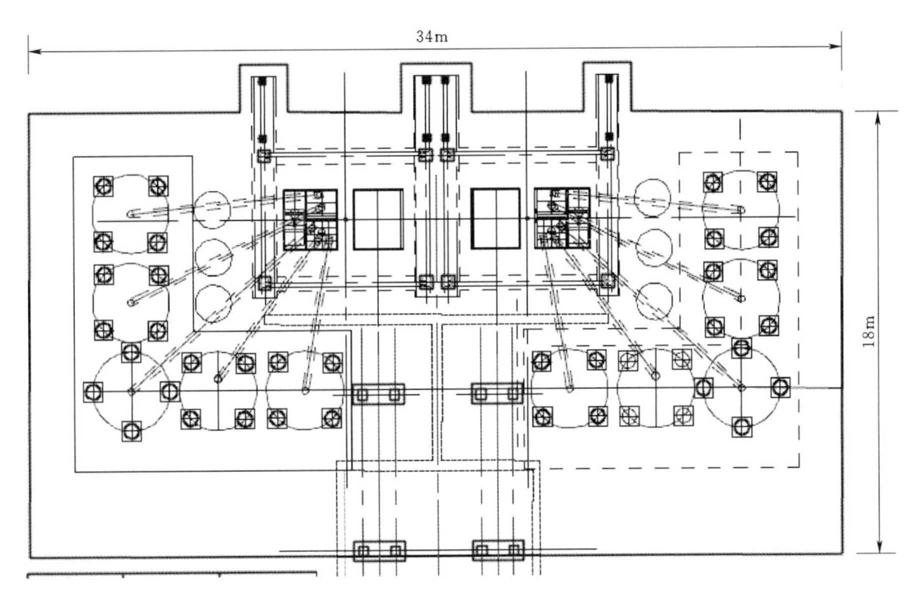

图 7　调整后拌和站平面布置图

## 6　沉降观测

为保证混凝土拌和站在出现不均匀沉降或其他异常情况时能及时发现并采取措施，拌和站建成后需定期进行沉降观测。初期观测频率为每月两次，若沉降处于可控范围内，则改为每月一次。

观测点设置于灰罐下方的混凝土立柱上，根据柱腿进行顺时针编号。观测点位置见图 8。

混凝土拌和站沉降观测数据见表 2。

由表 2 可见，混凝土拌和站建成后，观测点右 3－1（拌和站主楼右侧粉罐）沉降较多，达到 92mm，而左 5－4观测点仅沉降 9mm。经分析其主要原因如下：

（1）根据地质勘探资料，混凝土拌和站设在坡脚处，左侧观测点更靠近山坡，淤泥层较薄，右侧观测点靠近马路，淤泥层较厚，故两侧土体的流动性和压缩性不同。

（2）基础换填时，拌和站左侧先施工，右侧后施工，由于施工时石料供应较紧张，换填的碎石土质量存在差异，右侧的换填土，承载能力相对较低。

（3）整体基础厚度为 1.5m，而右 3－1 观测点附近设置有 2m 深的沉淀池，沉淀池积水渗入地下导致拌和站右侧地基承载力下降，引起沉降不均匀。

（4）混凝土拌和站灰罐使用频率不一致，上部荷载存在差异，引起基础不同步沉降。

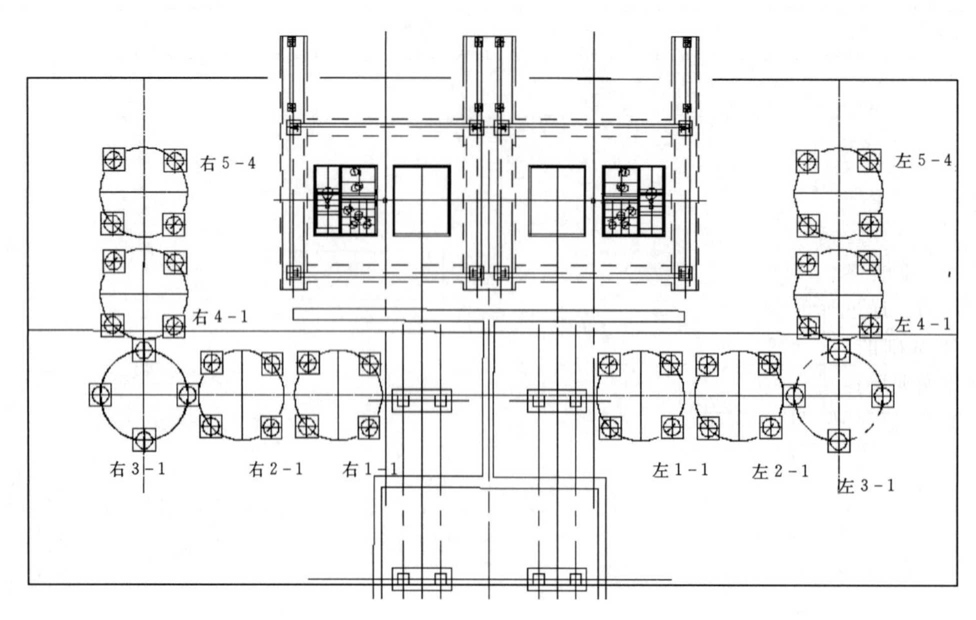


图8　拌和站主楼及灰罐监测点平面布置图

**表2　拌和站主楼沉降观测数据**

| 观测点编号 | 设计高程/m | 2018.3.24 原始测值/m | 2018.4.12 第二次测值/m | 2018.4.28 第三次测值/m | 2018.5.12 第四次测值/m | 2018.5.31 第五次测值/m | 2018.7.2 第六次测值/m | 2018.8.2 第七次测值/m | 2018.9.5 第八次测值/m | 2018.9.19 第九次测值/m | 2018.10.6 第十次测值/m | 累计变化量/m |
|---|---|---|---|---|---|---|---|---|---|---|---|---|
| 右1-1 | 3.500 | 3.426 | 3.417 | 3.408 | 3.397 | 3.392 | 3.377 | 3.370 | 3.358 | 3.358 | 3.356 | −0.070 |
| 右2-1 | 3.500 | 3.425 | 3.414 | 3.406 | 3.393 | 3.388 | 3.368 | 3.361 | 3.355 | 3.349 | 3.346 | −0.079 |
| 右3-1 | 3.500 | 3.417 | 3.403 | 3.396 | 3.380 | 3.371 | 3.350 | 3.341 | 3.332 | 3.330 | 3.325 | −0.092 |
| 右4-1 | 3.500 | 3.420 | 3.408 | 3.401 | 3.387 | 3.381 | 3.359 | 3.353 | 3.339 | 3.339 | 3.339 | −0.081 |
| 右5-4 | 3.500 | 3.426 | 3.416 | 3.408 | 3.397 | 3.390 | 3.373 | 3.365 | 3.357 | 3.357 | 3.356 | −0.070 |
| 左1-1 | 3.500 | 3.457 | 3.450 | 3.440 | 3.436 | 3.435 | 3.422 | 3.420 | 3.418 | 3.413 | 3.410 | −0.047 |
| 左2-1 | 3.500 | 3.466 | 3.460 | 3.449 | 3.446 | 3.446 | 3.436 | 3.433 | 3.433 | 3.430 | 3.427 | −0.039 |
| 左3-1 | 3.500 | 3.476 | 3.469 | 3.455 | 3.456 | 3.455 | 3.446 | 3.444 | 3.444 | 3.442 | 3.442 | −0.034 |
| 左4-1 | 3.500 | 3.488 | 3.482 | 3.473 | 3.471 | 3.471 | 3.466 | 3.465 | 3.465 | 3.466 | 3.464 | −0.024 |
| 左5-4 | 3.500 | 3.502 | 3.500 | 3.492 | 3.492 | 3.492 | 3.489 | 3.490 | 3.490 | 3.494 | 3.493 | −0.009 |

(5) 出现不均匀沉降后，扩大基础表面形成坡度，雨水更容易汇集至右3-1观测点附近，通过基础边缘的缝隙渗入地基，导致右侧地基的承载力进一步下降。

通过多次观测发现基础沉降逐渐趋于稳定，为避免沉降差进一步扩大，应避免增加新的基础扰动。[5]经与拌和站有关人员及时沟通，对基础边缘的缝隙进行封堵，防止继续渗水，并提高右侧拌和站的使用频率，避免粉罐中粉料长时间堆积。

根据《建筑地基基础设计规范》表5.3.4，拌和站沉降量的容许值见表3。

混凝土粉罐高度约为21.5m，右3-1监测点和左5-4监测点水平间距为28.35m。由表2当前沉降量最大为92mm<400mm，满足要求；倾斜度为(92−9)/28350=0.002933<0.006，满足要求。

**表3　拌和站沉降量的容许值**

| 变形特征 | | 地基土类别：中、低压缩性土 | 地基土类别：高压缩性土 |
|---|---|---|---|
| 高耸结构物基础的倾斜 | $20<H_g\leqslant 50$ | 0.006 | |
| 高耸结构物基础的沉降量/mm | $H_g\leqslant 100$ | 400 | |

注　1. $H_g$ 为自室外地面起算的建筑物高度（m）。
2. 倾斜指基础倾斜方向两端点的沉降差与其距离的比值。

## 7 结语

2018年9月，广东省经历超强台风“山竹”，混凝土拌和站因采取整体扩大基础，刚度大，稳定性好，缆风绳设置可靠，且设置了完善的排水系统，所受影响较小。灾后混凝土拌和站仍能正常投入使用，受影响较小的作业面能够快速恢复施工，减轻了由于混凝土滞后带来的施工工期压力。通过对深厚淤泥层地基的处理和大型整体现浇底板基础的计算，结合工程地质和施工条件，解决了深厚淤泥层拌和站基础的设计及施工技术难题，为类似情况的工程提供借鉴。

## 参考文献

[1] 刘炳秋．地基基础设计的探讨［J］．国外建材科技，2008，29（4）：119-122.
[2] 徐步齐．超厚软基拌和站复合基础设计及沉降计算［J］．四川建筑，2018，38（2）：122-125.
[3] 尹玉，尹长权．深厚软土地基上建筑物沉降控制方法［J］．中国港湾建设，2016，36（4）：39-42.
[4] 杨雪．建筑工程结构基础沉降原因与处理措施探讨［J］．门窗，2014（10）：199.
[5] 吴忠诚，钟诗斌．建筑工程结构基础沉降原因与对策研究［J］．山东工业技术，2014（22）：196.

# 现浇梁钢管贝雷支架软弱地基处理方案研究

罗宗强　李　涛　李　坚/中国水利水电第十四工程局有限公司华南事业部

【摘　要】预应力混凝土现浇箱梁整体性能好，结构刚度大，变形小，抗震效果好，被广泛应用于公路、铁路、桥梁工程建设中。沿海地区地质条件以软弱地层为主，软弱土层含水率高，压缩性高，孔隙比大，这些特性给该地区工程建设带来了极大的挑战。软弱地层不良土层深度深，地表水丰富，现浇梁钢管贝雷支架的复合地基承载力要求高，支架地基处理难度大。本文通过对现浇梁钢管贝雷支架软弱地基处理实践，对比分析不同的处理效果，优化软弱地质条件下上部结构施工支架的地基处理与基础形式，总结出不同处理方法的适用条件和范围，为以后类似工程施工提供参考。

【关键词】软弱地层　现浇梁　钢管贝雷支架　地基处理

## 1　引言

在工程建设中软土是常见的一种天然地基。软土的物理力学性质非常复杂，且含水量高、孔隙比大、压缩性高、强度低、渗透性差、流变性显著。软土的这些特性给工程建设带来了极大的挑战，软土地基的处理，将增加工程建设成本和施工难度。在厦漳同城大道流传特大桥现浇梁钢管贝雷支架地基处理时，对比分析 CFG 桩、水泥搅拌桩、砂桩等桩型，对比碎石、碾压混凝土等作为褥垫层对贝雷支架复合地基的效果，以选择合适的桩型和基础垫层，以提高支架的安全性。

## 2　概述

厦漳同城大道流传特大桥全长 2284m，上部结构采用预应力混凝土现浇箱梁，共 24 联，桥面宽度 33～48m，梁高 2m，下部结构为矩形墩、桩基础。桥址区地表水主要为河沟流水和藕塘积水，河沟属于九龙江的小支流，受潮汐影响相对较小。地下水主要为赋存于砂土、圆砾层和淤泥层的孔隙水以及花岗闪长岩风化层中的裂隙水，地下水埋藏很浅且非常丰富。

桥址区特殊性岩土为软土，一般分为两层。第一层淤泥位于地表表层，流塑状，揭露厚度 3.1～6.1m，属于可震陷土层，推荐承载力 40kPa。第二层淤泥为软塑状，揭露厚度 6.3～10.0m，属于非震陷土层，埋藏深度在 11.5～17.8m，推荐承载力 70kPa。细砂层以松散状态为主，根据液化判定结果，细砂层具有轻微液化特性。桥梁区工程地质条件较差。

## 3　地基处理方案

目前对厚度较大的软弱地基一般采用各类钢筋混凝土桩进行处理，对含水量和孔隙比较大的软弱地基一般采用砂桩、石灰桩，化学灌浆或堆载预压等方法处理。各种处理方法都有较强的针对性，合理选择处理方法是建构筑物设计和施工安全、质量和成本的保证。通过比较常用的软基处理方法，初步选用挤密砂桩、水泥搅拌桩和 CFG 桩三种桩型进行研究，通过研究不同桩型对类似软弱地质的处理效果，从而确定最优的施工方案。

### 3.1　挤密砂桩处理方案

流传特大桥现浇梁第 23、24 联地质钻探揭露，此段地层为：第一层填土层，厚度为 1～3m；第二层淤泥层，厚度 5～10m；第三层粉质黏土层，厚度 2～4m；第四层圆砾层，厚度 5～7m。钢管贝雷支架地基处理采用挤密砂桩，设计桩长 18m，桩径 0.4m，正方形布置，桩间距 1.2m。基础形式为“碎石垫层＋条形基础”，铺设 60cm 厚碎石垫层，浇筑 50cm 厚 C30 混凝土条形基础，中支墩条形基础宽 3.2m，边支墩条形基础宽 1.6m。

#### 3.1.1　基础预压与沉降观测

基础预压分三级加载，第一次加载 50%，第二次加载 100%，第三次加载 120%，加载期间进行沉降观测。以中支墩为例，观测点 1 和观测点 5 设在条形基础外侧，观测点 2 和观测点 4 设在条形基础 3/4 处，观测点

3设在条形基础中间。沉降观测数据见图1。

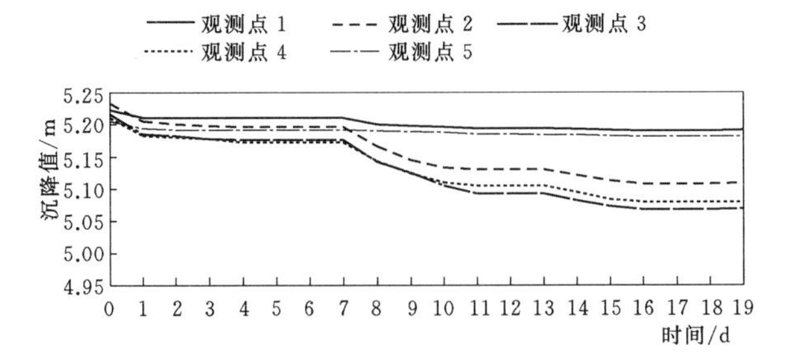


图1 中支墩条形基础观测点沉降-时间关系图

**3.1.2 沉降数据分析**

如图1所示，加载到50%结束一天内，基础最大沉降速率为31mm/d，之后收敛明显，到第5天沉降速率均小于3mm/d，基本趋于稳定。到第8天开始加载到100%结束的三天内，基础最大沉降速率达到23mm/d，第12天的时候趋于稳定。第14天加载到120%，两天内最大沉降速率为10mm/d，第3天开始趋于稳定，到第18天开始卸载，卸载后无明显下沉和回弹现象。

整个预压过程观测点2、3、4变形值大，观测点1、5变形值小，在18天的加载预压期间累计沉降最大（中支墩中部）达110mm。

**3.1.3 沉降观测总结**

从沉降数据分析可知，挤密砂桩对软土地基的处理起到了一定的效果。由于该段地基软土淤泥层较厚，含水量较高，渗透性较低，砂桩的主要作用是部分置换与软土地基共同形成复合地基，同时加速软土的固结，从而提高土体的强度和软基的承载力。但由于砂桩在置换过程中有涂抹效应产生，加之该地层土渗透性较差，因此砂桩并不能较好的加快土体固结。在整个预压和混凝土浇筑的较长时间内，仍然有因为固结不完全产生的沉降，固结时间过长。条形基础变形大且不均匀，甚至发生剪切破坏，这对现浇箱梁施工造成较大安全隐患，无法满足现浇箱梁支架基础的施工。

在预压加载过程中发生不均匀沉降导致条形基础变形，甚至发生开裂现象。中支墩中部沉降量最大，说明碎石垫层不适用于这种地表水丰富、土层较软弱的地区。通过在碎石垫层表面浇筑混凝土，埋管注浆后沉降逐渐减小趋于稳定，注浆后表土层和碎石层与桩连接成一个整体，复合地基承载力得到明显改善，有效增强复合地基承载能力。

## 3.2 水泥搅拌桩处理方案

流传特大桥第21联地层为：第一层填土层，厚度为1～4m；第二层淤泥层，厚度3～12m；第三层中砂层，厚度4～8m；第四层粉质黏土层，厚度2～4m。钢管贝雷支架地基处理采用水泥搅拌桩，设计桩长14m，桩径0.5m，正三角形布置，桩间距1.4m。基础形式为“碎石垫层＋条形基础”，铺设60cm厚碎石作为垫层，浇筑50cm厚C30混凝土条形基础，中支墩条形基础宽3.2m，边支墩条形基础宽1.6m。

**3.2.1 基础预压与沉降观测**

观测点1和观测点5设在条形基础外侧，观测点2和观测点4设在条形基础3/4处，观测点3设在条形基础中间。沉降观测数据见图2。

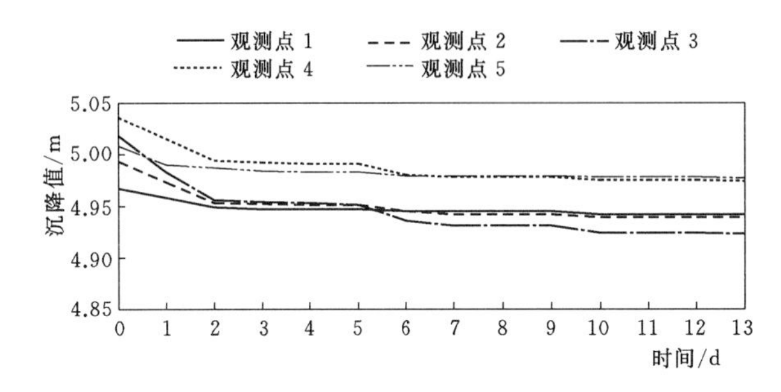


图2 中支墩条形基础观测点沉降-时间关系图

**3.2.2 沉降数据分析**

如图2所示，加载到50%结束一天内，基础最大沉降速率为35mm/d，之后收敛明显，在第2天至第5天累计沉降量最大值为5mm/d，基本稳定。到第6天开始加载到100%结束一天内，基础又发生急剧沉降，第7天至第9天累计沉降量最大值为5mm/d，基本稳定。第10天开始加载到120%的一天内，最大沉降速率为7mm/d，第11天开始趋于稳定，到第13天开始卸载，卸载后无明显下沉和回弹现象。

在加载到120%时，基础最大沉降量（中支墩中部）为94mm，最小（中支墩边部）为25mm，基础仍因发生不均匀沉降发生微小变形，但混凝土基础无开裂现象，未做特殊处理便稳定。

**3.2.3 沉降观测总结**

由图2可知，在预压荷载作用开始时刻，沉降曲线较陡，沉降速率很大，随着固结时间变长，沉降曲线趋向于平缓，沉降速率变小。观测点3沉降量大，观测点1、2、4、5沉降量小，在12天的加载预压期间累计沉降最大达94mm，此期间的变形同样主要由瞬时沉降和固结沉降两部分组成，到第13天卸载后基本无变形。第一次混凝土浇筑时基础基本保持稳定，第二次浇筑完成后微小沉降，沉降在几天后反弹，分析是由于地基加载带来的弹性变形产生的。

通过水泥搅拌桩和挤密砂桩处理后的地基，在地质条件类似的情况下，水泥搅拌桩处理过后的支架基础沉降量减小，基础变形量小，预压时间缩短，水泥搅拌桩对土体的搅拌效果显著。但从观测数据可以看出，预压时间仍然较长，且变形量仍然偏大，中支墩中部仍然承受较大的集中力，地表水对土体固结仍然存在较大影响，碎石垫层仍无法发挥作用。

### 3.3 水泥搅拌桩处理后基础优化方案

现浇梁钢管贝雷支架地基所需承载力较大，从上述两种方案分析可见，水泥搅拌桩对软弱地基的处理效果比较明显，挤密砂桩对软土地基处理不太适用。此外，地表水较丰富的地区采用碎石作为垫层无法发挥作用。因此，在采用水泥搅拌桩处理地基情况下，对支架基础进行优化。

流传特大桥第 20 联地层为：第一层填土层，厚度约 2m；第二层淤泥层，厚度 3～5m；第三层中砂层，厚度 4～6m；第四层圆砾层，厚度 7～11m。第 20 联地基处理采用水泥搅拌桩，桩长 14m，桩径 0.5m，正三角形布置，桩间距 1.4m。基础形式优化为“碾压混凝土＋类十字条形基础”，铺设 50cm 厚碾压混凝土，浇筑 45cm 厚 C25 混凝土条形基础，边支墩基础宽 1.6m，中支墩基础宽 4m，并在中支墩中部 9.1m 范围内每侧加宽 2m。

#### 3.3.1 基础预压与沉降观测

预压按 50%→100%→120%加载。以中支墩为例，观测点 1、5 设在条形基础外侧，观测点 2、4 设在条形基础 3/4 处，观测点 3 设在条形基础中间。观测数据见图 3。

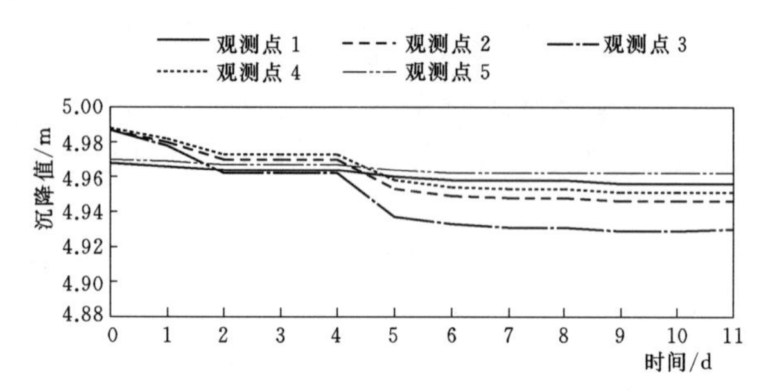


图 3 第 20 联中支墩条形基础观测点沉降-时间关系图

#### 3.3.2 沉降数据分析

如图 3 所示，加载到 50%结束两天内，基础最大沉降值为 25mm，最小为 3mm。加载到 100%结束一天内，基础又发生急剧沉降，沉降值最大为 25mm，之后收敛明显并趋于稳定。加载到 120%的一天内，沉降值较小，累计沉降最大值为 57mm，最小值为 8mm，在第 11 天开始卸载，卸载后无明显下沉和回弹现象。

#### 3.3.3 沉降观测总结

第 20 联的整个预压期间，同一个条形基础沉降差仍然较大，每一级加载都有比较明显的沉降，说明基础底部荷载分布仍不均匀。

流传特大桥第 21 联和第 20 联地质情况类似，地基处理均采用水泥搅拌桩，区别在于第 21 联支架基础采用“碎石垫层＋条形基础”方案，第 20 联采用“碾压混凝土＋类十字条形基础”方案。通过沉降观测数据分析，第 20 联明显优于第 21 联。在现浇梁施工周期比较长的时间内，支架基础仍然趋于稳定，说明地表水对其复合地基承载力影响较小，碾压混凝土起到了比较好的隔离作用，有效连接装与桩间土，增强地基承载力。经过加宽的中支墩类十字条形基础，中部增设两排钢管立柱，能有效将较大的集中力分散开来，减小基础的不均匀沉降，降低基础发生剪切破坏的可能性，提高现浇梁施工过程的安全性。

### 3.4 CFG 桩处理方案

流传特大桥第 19 联地层为：第一层填土层，厚度为 1～4m；第二层淤泥层，厚度 8～11m；第三层中砂层，厚度 5～7m；第四层粉质黏土层，厚度 3～6m。第 19 联地基处理采用 CFG 桩，桩长 20m，桩径 0.4m，正方形布置，桩间距 1.5m。基础形式为“碾压混凝土＋类十字条形基础”，铺设 50cm 厚碾压混凝土，浇筑 45cm 厚 C25 混凝土条形基础，边支墩基础宽 1.6m，中支墩基础宽 4m，并在中支墩中部 9.1m 范围内每侧加宽 2m。

#### 3.4.1 基础预压与沉降观测

以中支墩为例，观测点 1 和观测点 5 设在条形基础外侧，观测点 2 和观测点 4 设在条形基础 3/4 处，观测点 3 设在条形基础中间。观测数据见图 4。

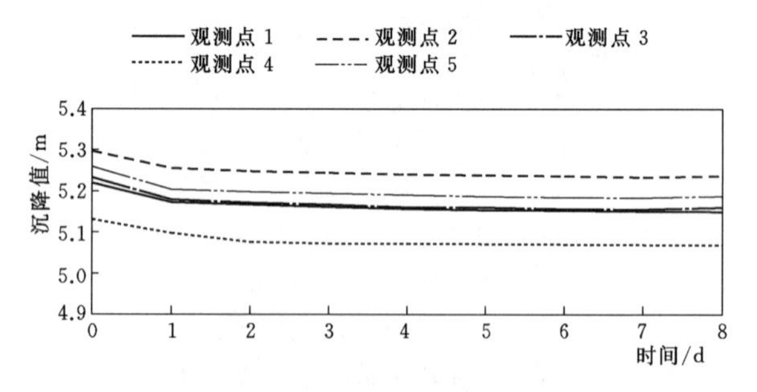


图 4 第 19 联中支墩条形基础观测点沉降-时间关系图

#### 3.4.2 沉降数据分析

如图 4 所示，预压加载到 50%结束一天内，基础沉降值最大为 54mm，最小为 33mm，在沉降稳定后加载到 100%和 120%均无较大沉降发生，累计沉降最大达 73mm，最小达 63mm，在第 8 天开始卸载，卸载后无明显变化。

#### 3.4.3 沉降观测总结

第 19 联的整个预压期基础总沉降量较大，沉降主要集中在最开始加载 50%完成的时间段内，证明了软基处理对加荷及其敏感。在后续陆续加载至 100%和 120%时总体沉降变化不大，趋于稳定，说明 CFG 桩对软土地基的处理起到了良好的效果，在预压期和后续混凝土浇筑期间，均无明显沉降。

第 20 联与第 19 联地质情况类似，支架基础均采用“碾压混凝土＋类十字条形基础”方案，不同的是第 20 联采用水泥搅拌桩进行地基处理，第 19 联采用 CFG 桩进行地基处理，通过沉降数据分析可以看出，第20联优于第19联，通过对比两种桩型对于类似软土地基的处理效果，CFG桩前期加荷时有较大的沉降，但是在后续加载时趋于稳定，沉降值较小，水泥搅拌桩在每次加荷时基础仍然有比较明显的沉降，相对于CFG桩来说，所需固结时间更长。

## 4 结论与建议

软弱地层现浇梁的施工重点在于地基处理，地基处理效果将直接影响现浇梁施工安全性，在满足施工要求的前提下，选择合理的处理方法，可提高施工质量，降低安全风险。

(1) 软弱地层地基在经过挤密砂桩处理后未达到预想效果，说明砂桩不太适用于含水量高、透水性差的软土地基处理。从现浇梁预压观测数据可说明，CFG桩加固软土地层的承载性能满足要求最佳，水泥搅拌桩方法次之。经水泥搅拌桩处理后效果稍好，但由于水泥搅拌桩的处理深度有限，因此沉降也耗费较长时间。

(2) 现浇梁支架基础不均匀沉降是最重要的安全隐患，通过加宽的中支墩类十字条形基础沉降数据分析，预压和混凝土浇筑过程中的条形类十字基础受力总体上荷载值有所收敛与控制，说明条形类十字基础在承载性能与沉降控制方面对支架基础均有所改善，可提高现浇梁施工安全性，同时应注意地表水的排放，加速土体的固结。

(3) 软土地基对加荷极其敏感，且固结时间长，一次性施加荷载过大会造成孔隙水压力来不及消散，软土无法固结反而对岩土造成剪切破坏加大变形量，甚至发生结构侧移。预压时可减小一次加荷量，增加预压时间，稳定后不立即卸载，待72h沉降平均值小于5mm后才卸载，否则会造成混凝土浇筑过程中继续下沉，造成极大安全隐患。

现浇梁施工安全质量最为重要，本文通过对软弱地层现浇梁钢管贝雷支架地基处理方案和基础形式选择的研究，为其他类似地质条件地区提供参考。

## 参考文献

[1] 王明磊．滨海相沉积软土地基处理及沉降预测研究[D]．北京：北京交通大学，2017.

[2] 狄尚军．公路软基的施工技术及处理方法分析[J]．甘肃科技纵横，2017，46(1)：66-68.

[3] 郭二艳．水泥搅拌桩在公路软基处理中的应用[J]．交通世界，2017(34)：76-77.

[4] 刘韶华．CFG桩在地基处理中的应用[J]．工程技术研究，2017(2)：64，69.

[5] 谭奎．路桥工程软基处理中水泥搅拌桩的作用[J]．建材与装饰，2017(48)：267-268.

# 双侧壁导坑在公路隧道涌水侵限段施工中的应用

薛江伟/中国水利水电第十四工程局有限公司土木事业部

【摘　要】 晋红高速公路光山1号隧道（右幅）K24+963～K24+985段掌子面为黄色土体，自稳能力极差，在施工过程中出现涌水、涌泥现象，导致已开挖支护的顶拱及边墙出现沉降变形，严重侵占隧道净空断面，并给隧道正常施工带来了很大的安全隐患。光山1号隧道右幅涌水侵限段采用双侧壁导坑施工，并采取特殊的施工步骤进行隧道边顶拱衬砌，使涌水段得到快速处置，并安全通过，为晋红高速公路的顺利通车奠定了基础。涌水段的快速处置方法，为其他类似地质条件下隧道顺利施工提供了可供借鉴的经验。

【关键词】 涌水侵限　双侧壁导坑　隧道边顶拱衬砌

## 1　概述

晋红高速公路光山1号隧道右幅起点桩号K23+680，终点桩号K25+200，长1520m，隧道最大埋深222m。隧道进口右幅K24+963～K24+985段原勘察围岩级别为$Ⅳ_2$级，衬砌类型为SF4b。根据地质预报及现场地质情况确认，掌子面为黄色土体，自稳能力极差，为保障施工安全，决定K24+963～K24+985段衬砌类型调整为SF5c型，并采用CRD工法施工。

当掌子面上台阶开挖至K25+185桩号，下台阶开挖至K25+177桩号时，上台阶右侧初支底脚出现大量涌水、涌泥现象，涌水量约$100m^3/h$，并在K24+969、K24+977处右侧发现裂缝，该段最大侵限达到43.10cm，K24+971处出现大量涌泥，右侧顶拱出现空腔。

## 2　总体施工方案

对于隧道出现的异常地质情况，决定在施工中采取以下方案处置。

### 2.1　反压堆渣

从K24+950桩号开始往掌子面用块石进行反压，反压坡度按照1∶2设置，以确保塌方部位围岩的稳定，再通过回填透水性较好的反压块石的方式排出洞内涌水，防止因大量泥沙冲蚀而导致更大的空腔。反压块石的设置情况详见图1。

### 2.2　塌方体封闭

为保证施工时塌方体的稳定，在塌方体外侧挂$\phi8$@15cm×15cm钢筋网，喷射厚10cm的C25混凝土进行封闭。根据每次二衬施工的长度和塌方体的稳定性，需重复覆盖施工，以确保二衬施工时塌方体稳定。

### 2.3　套拱及超前大管棚施工

在K24+969～K24+971段初支内侧A单元设置套拱。套拱采用Ⅰ22工字钢，间距50cm，喷射C25混凝土，厚41cm。套拱施工时埋设$\phi108$导向钢管，外倾角10°，并在套拱位置设置竖向支撑及临时仰拱，确保套拱稳定。套拱完成后，从K24+969桩号开始采用$\phi76$自进式超前大管棚施工，长度15m，每10榀钢拱架循环一次，管棚环向至顶拱中部间距30cm。管棚注浆采用水泥+水玻璃双浆液，其配合比参数为1∶1（体积比），水泥浆水灰比0.8∶1，水玻璃模数为2.6～2.8，水玻璃浓度35°Bé。管棚从左侧不渗水处向右侧渗水处施工，注浆也同样采用从左至右顺序施工。套拱管棚断面见图2。

### 2.4　双侧壁导坑施工

双侧壁导坑钢支撑在未破坏段采用如图3所示的开挖支护方式，破坏段采用如图4所示的开挖支护方式。

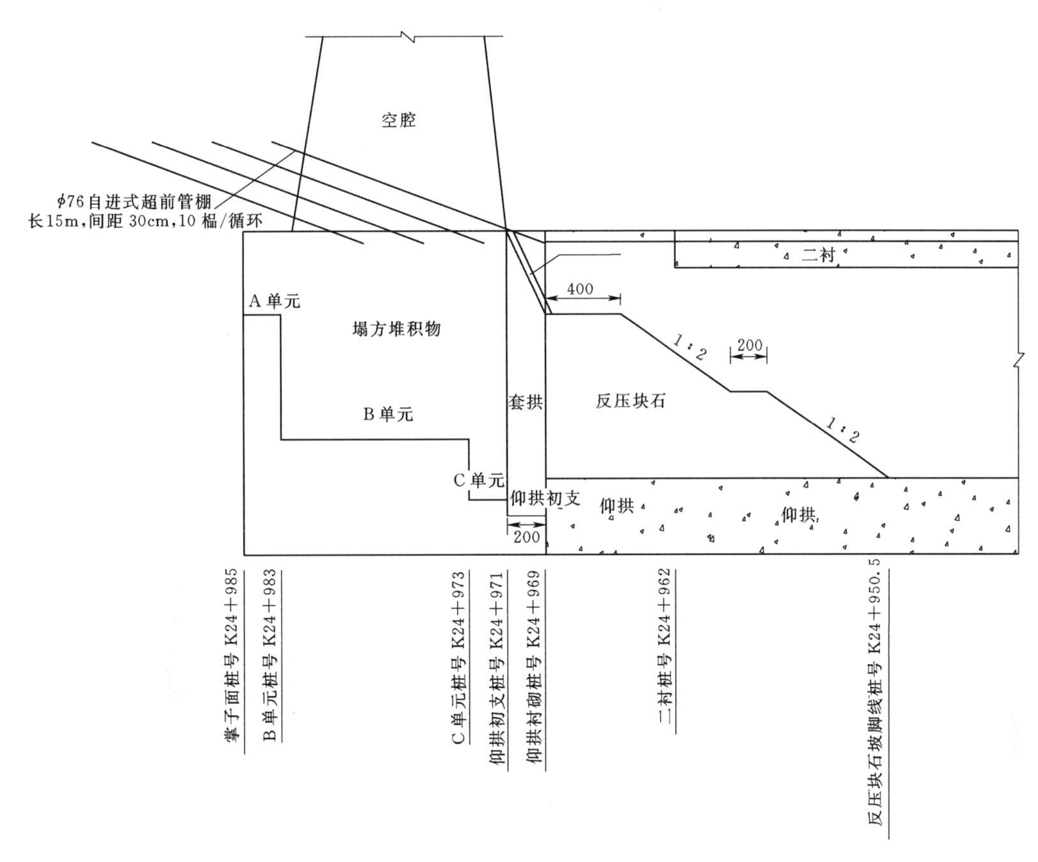


图1　涌水涌泥段反压块石示意图（单位：cm）

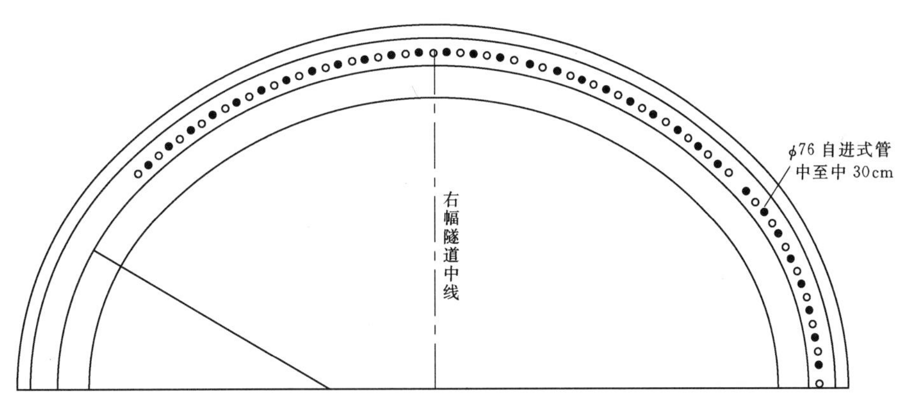


图2　套拱管棚断面图

双侧壁导坑均采用上下台阶法施工，同时为方便后期人员设备对中导坑上台阶（A单元）施工处置，按照三台阶法进行开挖，最后一个台阶作为施工通道，待换拱支护、衬砌完成后，再进行开挖施工。

### 2.5　中导坑开挖支护施工

中导坑开挖按照上、中、下三台阶法进行开挖支护，其中为确保中导洞开挖支护施工通道畅通，采用缩短纵向台阶距离，加快塌方段边顶拱施工进度，该段预留中导坑下台阶核心土及仰拱暂不施工的措施，待边顶拱浇筑完成、涌水段处置过后再对中导坑下台阶及仰拱进行开挖施工。

中导坑上、中台阶的开挖结合边顶拱每仓衬砌的长度进行开挖，采用人工手持风镐钻进，进尺控制在40～50cm。为确保安全稳定，开挖前必须先进行A单元超前小导管施工，对塌方段顶拱进行固结灌浆。待中台阶开挖完成后，割除中台阶双侧壁的临时钢支撑，预留下台阶临时钢支撑，并采用Ⅰ22工字钢将下台阶左右侧的临时钢支撑焊接牢固，以防止下台阶边墙出现变形坍塌，确保施工通道安全稳定。

中导坑中台阶施工完成后，立即组织该段二衬施工。根据现场实际情况，该段采用预留部分中导坑核心土的方式进行边顶拱混凝土衬砌，待后期塌方段处置过K24＋985桩号后，再处理中导坑预留核心土及浇筑仰

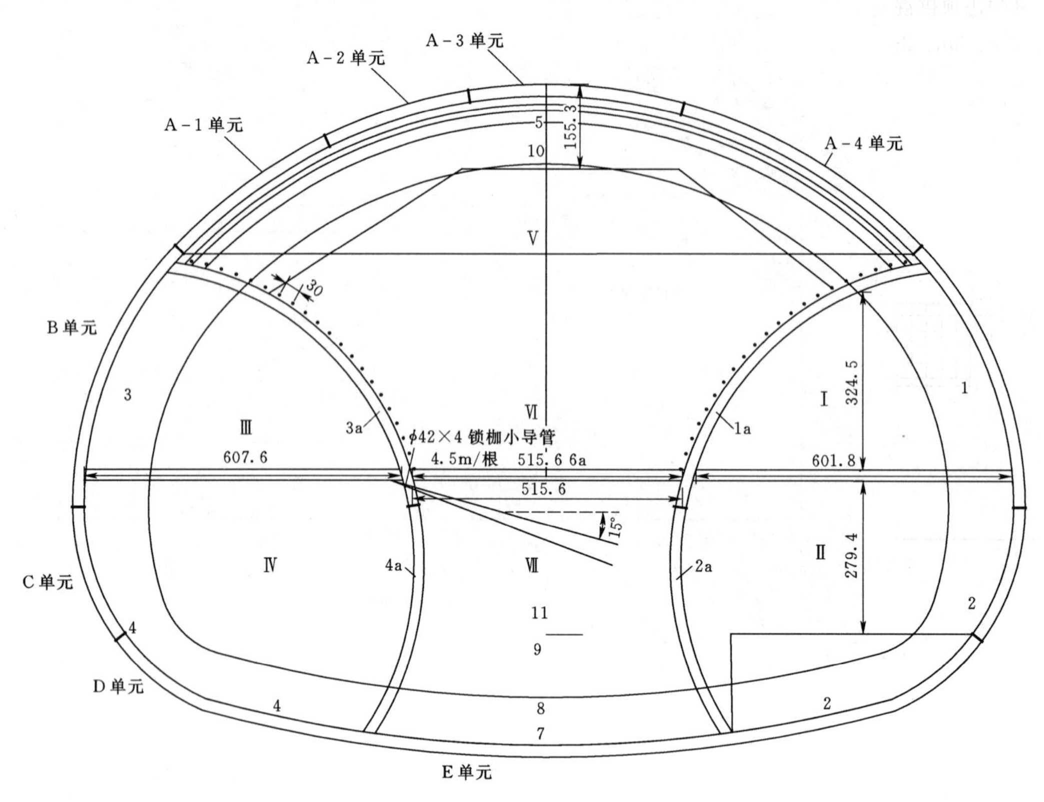


图3　末破坏段双侧壁导坑开挖支护图（单位：cm）

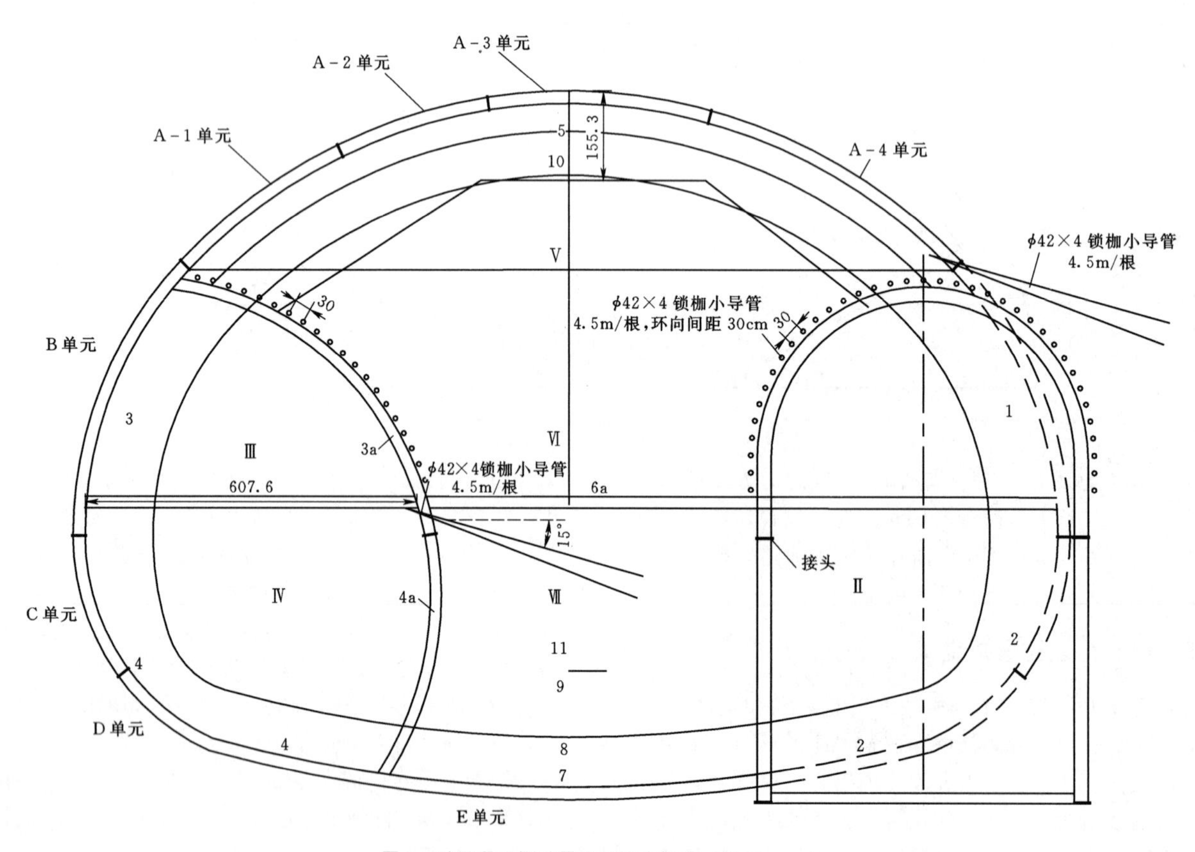


图4　破坏段双侧壁导坑开挖支护图（单位：cm）

拱混凝土。其中边顶拱混凝土暂分为 6 仓进行施工，长度分别为 4m、3m、3m、3m、3m、6m。施工过程中可根据现场实际情况进行适当调整，最短衬砌长度不小于 2m，最长衬砌长度不大于 6m。塌方段混凝土分块示意见图 5。

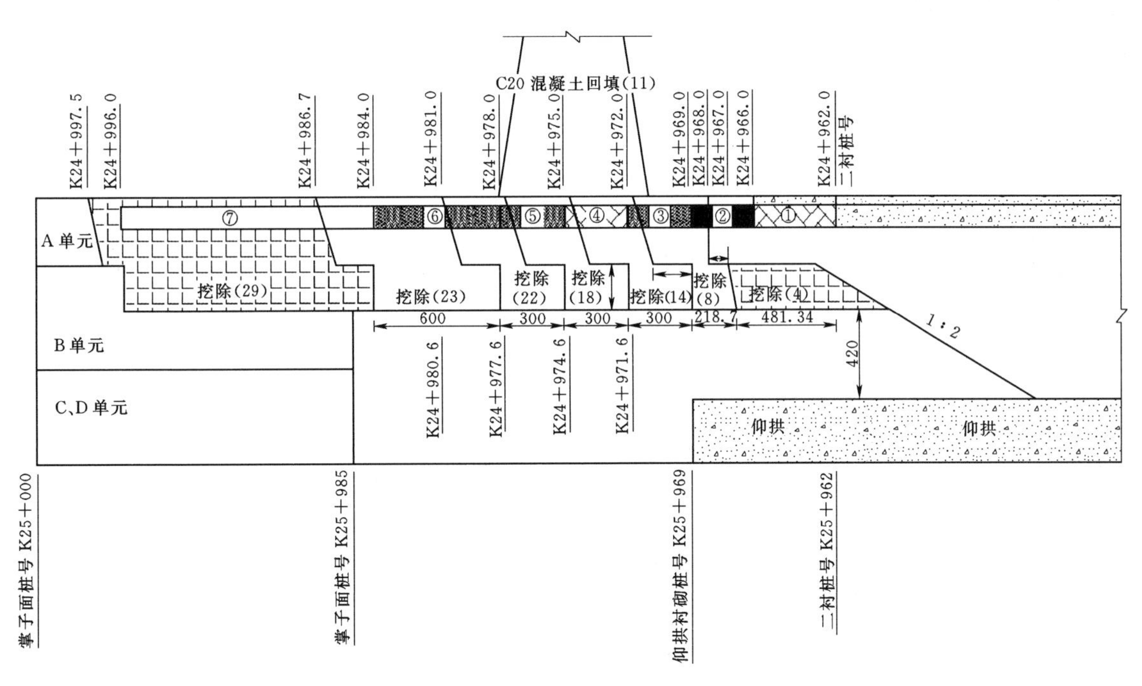


图 5　塌方段混凝土分块示意图（单位：cm）

## 3　结束语

光山 1 号隧道右幅涌水段围岩为黄色土体，自稳能力极差，在遇水后，基础较软，承载力较小。在采取诸多措施后，施工才得以顺利通过。

采用台阶法或 CRD 法施工时，一旦开挖下台阶易导致上台阶钢支撑底脚失稳，顶拱沉降变形较大。为此，采用双侧壁导坑施工，首先对隧道断面底脚及仰拱进行支护及衬砌，保证钢支撑底脚基础的稳定，大大减少了顶拱支护后的变形。为方便中导坑开挖及边顶拱小段混凝土衬砌，仰拱及填充混凝土浇筑未采用全断面浇筑，故必须严格控制各道工序施工质量，尤其要注重钢筋搭接焊及仰拱钢支撑对接的施工质量，以确保仰拱混凝土的整体施工质量。光山 1 号隧道右幅涌水段的施工根据不同的地质条件和水文条件进行调整，其经验可供类似工程参考。

## 参考文献


[1]　JTG F60—2009　公路隧道施工技术规范 [S]. 北京：人民交通出版社，2009.

[2]　JTJ 076—95　公路工程施工安全技术规程 [S]. 北京：人民交通出版社，1995.

[3]　JTG F80/1—2004　公路工程质量检验评定标准 [S]. 北京：人民交通出版社，2004.

[4]　JTG/T F60—2009　公路隧道施工技术细则 [S]. 北京：人民交通出版社，2009.

# 地下水封石洞油库气密性试验分析

吴　波　谭森桂/中国水利水电第十四工程局有限公司华南事业部

【摘　要】某地下水封石洞油库共5组洞罐，采取5组洞罐同时注气，同时气密性试验，在洞罐内温度稳定压力达到100kPa时，连续测量记录了72h的压力、温度和水位数据，并根据理想气体状态方程对记录数据进行修正，修正后各组洞罐气压降均小于设计值180Pa要求，洞库气密性试验合格。

【关键词】地下水封石洞油库　气密性试验

## 1　工程概况

某地下水封石洞油库共布置5组洞罐，每组洞罐由2个洞室及相关联巷道、竖井组成。5组洞罐由广东省市质量计量监督监测所和国家大容量第一计量站共同标定，[1,2]各组洞罐组标定值见表1。

表1　洞罐标定值

| 洞罐编号 | 1# | 2# | 3# | 4# | 5# | 合计 |
|---|---|---|---|---|---|---|
| 标定罐容/($10^4m^3$) | 123.94 | 113.36 | 111.94 | 109.49 | 105.67 | 564.40 |

每组洞罐密封塞施工完成，地下水逐渐充满洞罐底部500mm高的水垫层，超过泵坑围堰的水通过出油竖井布置的管路抽排出洞外。洞罐断面见图1。

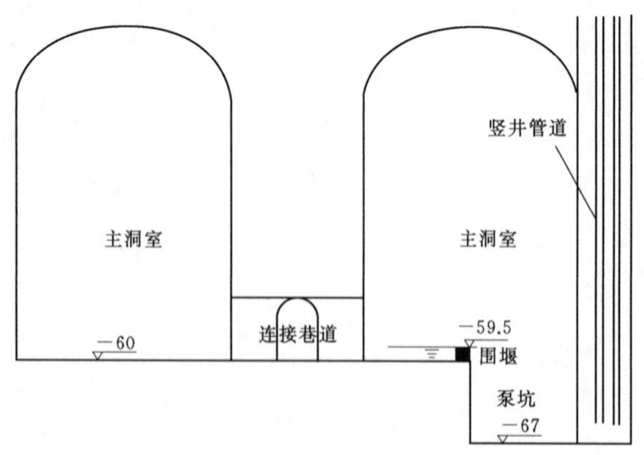


图1　洞罐断面图（单位：m）

当施工巷道和竖井施工全部完成并验收合格后，开始向施工巷道、竖井内注水，气密性试验前竖井注水至20m高程或以上，施工巷道注水至淹没水幕巷道顶1.0m高程时，即可开始对洞罐注气。施工巷道水位示意见图2。

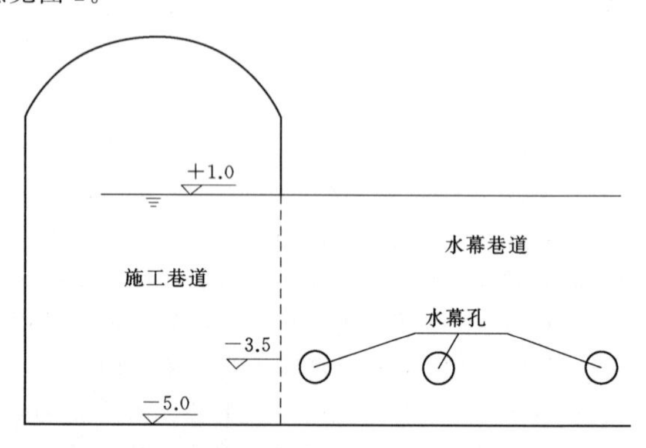


图2　施工巷道水位示意图（单位：m）

## 2　洞罐气密性试验数据

### 2.1　洞罐压力稳定、试验阶段

在试验组洞罐内气体压力达到试验压力100kPa时，关闭试验组洞罐进气球阀，通过温度传感器监测和记录洞库内的温度。当每个记录温度变化值不超过0.1℃/d时，即认为洞罐温度已经稳定。[3]试验阶段数据记录时间72h，期间每2h测量记录洞罐内压力、温度、水量值等一系列数据。记录数据包括：

(1) 标准压力计测量洞罐内的压力。

(2) 数字气压计测量大气压。

(3) 从洞罐内 RTD 读取洞罐内的温度。

(4) 每天 2 次测量从洞罐内排出水的体积，并记录洞罐泵坑内水的液位。

(5) 每天从设在水位监测井的液位计测量水的液位。

### 2.2 注气过程主要记录数据

地下水封石洞油库 5 组洞罐气压稳定后记录 72h 试验数据。各洞罐气密性试验阶段起始、结束记录数据见表 2。

**表 2　洞罐试验阶段起始、结束数据记录表**

| 试验阶段 | 1#洞罐 | | | 2#洞罐 | | | 3#洞罐 | | | 4#洞罐 | | | 5#洞罐 | | |
|---|---|---|---|---|---|---|---|---|---|---|---|---|---|---|---|
| | 压力/kPa | 温度/℃ | 水位/mm | 压力/kPa | 温度/℃ | 水位/mm | 压力/kPa | 温度/℃ | 水位/mm | 压力/kPa | 温度/℃ | 水位/mm | 压力/kPa | 温度/℃ | 水位/mm |
| 起始数据 | 102.24 | 25.55 | 0.1660 | 101.63 | 25.56 | 0.3478 | 101.74 | 25.71 | 0.1182 | 102.20 | 25.94 | 0.2916 | 100.64 | 26.50 | 0.6303 |
| 结束数据 | 102.38 | 25.61 | 0.1996 | 102.32 | 25.43 | 0.4135 | 102.40 | 25.69 | 0.1481 | 102.40 | 25.89 | 0.3172 | 101.59 | 26.24 | 0.7205 |

## 3　洞罐气密性试验数据修正

### 3.1 压力修正公式

洞罐气密性试验根据理想气体状态方程：洞罐温度稳定后，洞罐初始基准容积为 $V_0$（实际洞罐容积扣除水垫层以及泵坑能水的容积），大气压力为 $P_0$，洞罐气体实测表压为 $P_{测0}$，洞罐温度为 $T$，空气在水中的溶解度为 $\alpha$（摩尔浓度），洞罐内的空气总量为 $n$（摩尔量）。第 $n$ 次记录数据时，洞罐容积为 $V_n$（实际洞罐容积扣除水垫层以及泵坑能水的容积），大气压力为 $P_n$，洞罐气体实测表压为 $P_{测n}$，绝对压力为 $P_{绝n}$，修正后绝对压力为 $P_{修绝n}$，修正后相对压力为 $P_{修n}$，洞罐温度为 $T_n$，空气在水中的溶解度为 $\alpha$（摩尔浓度），洞罐内的空气总量为 $n_n$（摩尔量），抽出水的总量为 $V_抽$，泵坑水量比初始水量增加 $\Delta V$。

根据理想气体状态方程，推导出的修正压力[4,5]如下：

$$P_{绝n}=P_n+P_{测n}$$
$$n_n=n-\alpha(V_抽+\Delta V)$$
$$V_n=V_0-\Delta V$$
$$P_{修n}=P_{修绝n}-P_0$$
$$P_{绝n}V_n=n_nRT_n$$
$$P_{修绝n}\times V_0=nRT$$

$$\begin{aligned}P_{修绝n}&=\frac{nRT}{V_0}=\frac{RT}{V_0}\times[n_n+\alpha(V_抽+\Delta V)]\\&=\frac{RT\times\alpha(V_抽+\Delta V)}{V_0}+\frac{RT\times n_n}{V_0}\\&=\frac{RT\times\alpha(V_抽+\Delta V)}{V_0}+\frac{RT}{V_0}\times\frac{P_{绝n}V_n}{RT_n}\\&=\frac{RT\times\alpha(V_抽+\Delta V)}{V_0}+\frac{(P_n+P_{测n})\times(V_0-\Delta V)T}{V_0T_n}\end{aligned}\tag{1}$$

$$P_{修n}=P_{修绝n}-P_0=\frac{RT\times\alpha(V_抽+\Delta V)}{V_0}+\frac{(V_0-\Delta V)\times(P_{测n}+P_n)T}{V_0T_n}-P_0$$

### 3.2 压力修正值

试验连续进行 72h，延续足够长的时间，查找压力降渗漏点，未发现压力降渗漏点。根据记录数据对洞罐气压值进行修正计算，修正因气体溶解、温度、抽水、大气压变化等因素造成的洞罐内气压降低值，修正后的气压降低值作为判定洞罐气密性是否合格的依据。按照公式（1），对各组洞罐气密性试验阶段记录数据修正，修正后数据见表 3。

**表 3　地下水封石洞油库气密性试验数据修正统计表**

| 洞罐编号 | 1# | 2# | 3# | 4# | 5# |
|---|---|---|---|---|---|
| 测试初始气压/kPa | 102.24 | 101.63 | 101.74 | 102.20 | 100.64 |
| 测试初始洞罐温度/℃ | 25.55 | 25.56 | 25.71 | 25.94 | 26.50 |
| 测试结束洞罐温度/℃ | 25.61 | 25.43 | 25.69 | 25.89 | 26.24 |
| 洞罐内渗水量增加/$m^3$ | 464 | 822 | 365 | 299 | 1053 |
| 测试结束气压/kPa | 102.38 | 102.32 | 102.40 | 102.40 | 101.59 |
| 修正值/Pa | −41 | −615 | −501 | −172 | −809 |
| 修正后气压/kPa | 102.339 | 101.705 | 101.899 | 102.228 | 100.781 |
| 修正后压力变化值/Pa | 99 | 75 | 159 | 28 | 141 |

### 3.3 压力修正结论

由表 3 可以看出，经过修正后各组洞罐的压力变化值在 28～159Pa 之间，均小于设计给定的各组洞罐压力变化允许值 180Pa。因此，地下水封石洞油库气密性符合设计要求。

## 4 气密性试验期间监测数据

### 4.1 地下水位监测

地下水封石洞油库项目在洞库周边布设了大量的水位孔监测地下水位变化。在洞罐气密性试验期间，水幕系统注水高程在1.01～16.5m，洞库周围水位孔监测地下水位变化见表4。

表4 地下水位监测表 单位：m

| 序号 | 编号 | 初始水位 | 7月31日水位标高 | 8月31日水位标高 | 水位变化值 | 变化趋势 |
|---|---|---|---|---|---|---|
| 1 | OH1 | 78.55 | 79.83 | 79.35 | −0.48 | 下降 |
| 2 | OH2 | 97.17 | 119.71 | 120.97 | 1.26 | 上升 |
| 3 | OH3 | 36.63 | 43.90 | 39.76 | −4.14 | 下降 |
| 4 | OH4 | 12.49 | 12.69 | 23.79 | 11.10 | 上升 |
| 5 | OH5 | 68.98 | 66.98 | 69.79 | 2.81 | 上升 |
| 6 | OH6 | 121.69 | 115.79 | 115.94 | 0.15 | 上升 |
| 7 | OH7 | 45.39 | 48.95 | 49.39 | 0.44 | 上升 |
| 8 | OH8 | 29.21 | 20.61 | 25.59 | 4.98 | 上升 |
| 9 | OH9 | 10.45 | 15.51 | 16.75 | 1.24 | 上升 |
| 10 | OH10 | 48.76 | 17.68 | 17.49 | −0.19 | 下降 |
| 11 | OH11 | 44.50 | 14.76 | 19.60 | 4.84 | 上升 |
| 12 | OH12 | 51.56 | 24.14 | 29.65 | 5.51 | 上升 |

从地下水位监测表分析：洞库水幕系统注水期间，库区地表水位总体呈上升趋势，水幕系统与地下水系整体联通性好，水位普遍较高，位于洞库山脚、山腰附近的水位孔水位均在15.5m以上，库区水位总体稳定。OH3水位孔水位下降较大，从前期持续监测数据分析，OH3水位孔与水幕系统连通性差，水位变化主要受季节性水位影响。

### 4.2 监测仪器监测

地下水封石洞油库项目在水幕巷道内布设了一点式锚杆应力计21支，四点式多点位移计98套，渗压计65套，监测仪器布置断面见图3。

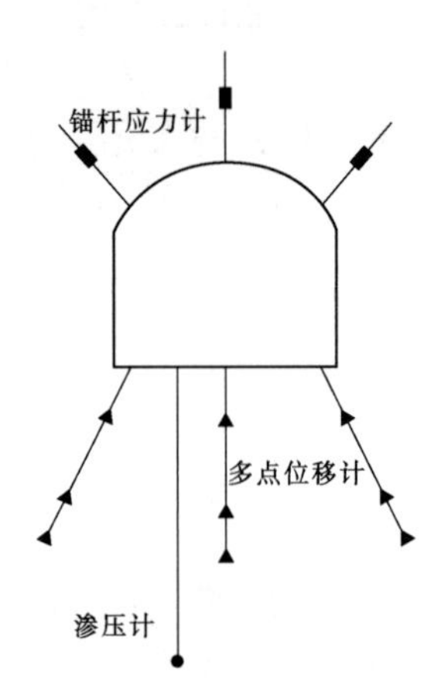


图3 监测仪器布置断面图

气密性试验期间监测仪器监测数据统计见表5。

表5 7月31日—8月31日监测仪器监测数据统计表

| 序号 | 仪器名称 | 埋设位置 | 单位 | 监测仪器数量 | 累计变化总量 | 气密试验期间变化量 | 变化趋势 | 备注 |
|---|---|---|---|---|---|---|---|---|
| 1 | 锚杆应力计 | 水幕巷道1～5 | 支 | 21 | −14.52～28.38MPa | −1.40～0.03MPa | 已稳定 | 一点式 |
| 2 | 多点位移计 | 水幕巷道1 | 套 | 16 | −0.43～1.38mm | −0.03～0.16mm | 已稳定 | 四点式 |
| | | 水幕巷道2 | | 20 | −0.69～3.05mm | −0.07～−0.19mm | | |
| | | 水幕巷道3 | | 19 | 0.28～1.63mm | −0.05～0.06mm | | |
| | | 水幕巷道4 | | 23 | −3.23～2.01mm | −0.04～0.57mm | | |
| | | 水幕巷道5 | | 20 | −1.57～2.36mm | −0.02～0.03mm | | |
| 3 | 渗压计 | 水幕巷道1 | 套 | 13 | | −0.01～0.78MPa | 随着水幕系统注水，渗压计渗透水压力明显增大 | 埋深0.35～65m |
| | | 水幕巷道2 | | 13 | | −0.01～0.73MPa | | |
| | | 水幕巷道3 | | 13 | | −0.08～0.49MPa | | |
| | | 水幕巷道4 | | 13 | | −0.03～1.03MPa | | |
| | | 水幕巷道5 | | 13 | | −0.06～0.69MPa | | |

从监测仪器监测[6,7]表分析：各断面锚杆应力计应力增量每天变化速率为0.00MPa/d，洞室围岩已稳定；各断面多点位移计相对孔低位移量每天变化速率为0.00mm/d，洞室围岩已稳定；受水幕系统注水影响，渗压计渗透水压力明显增大。

## 5 结语

地下水封石洞油库气密性试验期间，库区地表水位总体呈上升趋势，水幕系统与地下水系整体联通性好，水位普遍较高，库区水位总体稳定，洞室围岩稳定。通过试验记录数据分析，在洞罐内气体100kPa压力下，连续运行72h，各组洞罐内气体压力降低值均小于设计值180Pa，说明洞库水封密闭性好，洞库满足储存原油要求。

## 参考文献

[1] 梁雪敏. 大型储油洞穴容量计量技术研究 [D]. 北京：中国计量学院，2014.

[2] 付国宏. 地下水封石洞库容量计量若干问题探讨 [J]. 品牌与标准化，2016，(12)：77-79.

[3] 杨树钢，王璟. 地下储气井气密性试验与压力监测 [J]. 特种设备安全技术，2015，(4)：13-15.

[4] 刘洪波，宋广贞. 地下水封石洞油库气密试验和数据修正 [J]. 建筑工程技术与设计，2017，(9)：2806-2806，2732.

[5] 黄国洪. 气密性试验测定值的分析 [J]. 燃气与热力，1996，(5)：22-27.

[6] 闫志刚. 地下水封油库洞室群应力应变规律与设计优化研究 [D]. 武汉：中国地质大学，2011，(1).

[7] 吕晓庆. 大型地下水封石油洞库变形监测与围岩稳定性评价 [D]. 济南：山东大学，2012.

# 深圳抽水蓄能电站220kV开关站出线构架安装

殷智强　冯　辉/中国水利水电第十四工程局有限公司华南事业部

【摘　要】本文结合深圳抽水蓄能电站工程实例，介绍了220kV开关站出线构架钢立柱及钢横梁吊装时构件的摆放位置及吊装作业时构件吊点的选择，简要分析了吊装安全受力，叙述了出线构架拼装、运输、吊装等施工方法。

【关键词】抽水蓄能电站　开关站　出线构架　安装

## 1　概述

深圳抽水蓄能电站装机4×300MW，220kV开关站出线构架为五柱四跨，跨距为15m，进出线横梁挂线高度为15m，地线柱高度为22m。出线构架总重量25.327t，由支柱、斜撑柱、地线柱、横梁、爬梯、避雷针等构件组成，各分尺寸及重量见表1。

表1　　出线构架部件重量表

| 部件名称 | 部件尺寸/m | 部件数量 | 单件重量/kg | 总计数量/kg |
|---|---|---|---|---|
| 支柱（斜撑柱）Z1 | 15 | 1 | 4732.99 | 4732.99 |
| 支柱Z2 | 15 | 4 | 3078.655 | 12314.62 |
| 地线柱DZ | 4 | 5 | 551.11 | 2755.55 |
| 横梁HL | 15 | 4 | 1192.58 | 4770.32 |
| 爬梯1 PT-1 | 15 | 5 | 112.25 | 561.25 |
| 爬梯2 PT-2 | 7 | 5 | 38.48 | 192.40 |
| 总计 | | | | 25327.13 |

## 2　施工方案

### 2.1　施工工序

钢结构制作→镀锌→运输至施工现场→立柱安装→柱脚基础混凝土回填→横梁安装→立柱管内细石混凝土灌注→柱帽浇筑。

出线构架制作与镀锌在专业钢结构加工厂完成，运输至现场安装，采用平板车分批装运构件，汽车吊现场吊装。

### 2.2　吊装方案

#### 2.2.1　立柱吊装方案

Z1和Z2采用整体吊装方案，吊装高度为24m，最大组合件重量为3.1t。立柱吊装安全风险因素在于主吊设备起吊重、起升高度、吊绳及吊点选择的控制。

选用30t汽车吊为主吊设备，起吊布置详见图1。

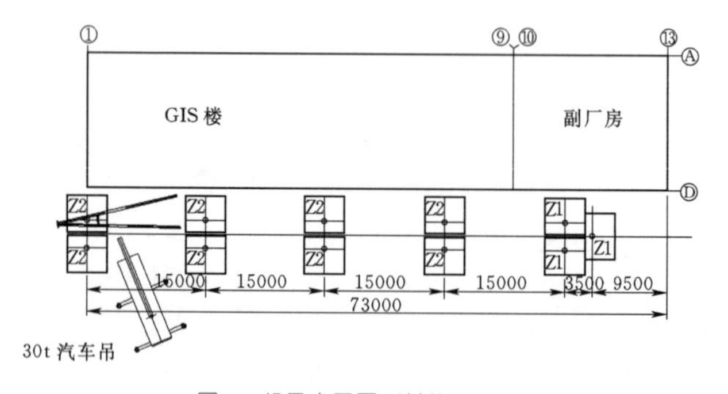


图1　起吊布置图（单位：mm）

30t汽车吊作业工况臂长31m、半径10m时，其额定起重量为6.95t、起升高度22.4m。汽车吊吊钩自重为0.35t，构架与吊钩合重为3.3t，小于汽车吊额定起重量。此工况下汽车吊最大起升高度29m，构架高度16.3m，吊绳高度设置为3.5m，因此起升高度满足要求。

吊设备的吊点选在“A”架上端夹角处，吊绳选用2条6×37（a）、直径20mm、公称抗拉强度1570MPa的钢丝绳，吊绳夹角小于60°。查《一般用途钢丝绳》（GB/T 20118）表19可知，其最小破断拉力为207kN，根据《建筑施工起重吊装安全技术规范》第 14 页吊索的安全系数取 6.0，则其允许拉力为 21.1/6＝3.5t＞3.3t，因此 6×37（a）、直径 20mm、公称抗拉强度 1570MPa 的钢丝绳能够满足吊装要求，吊装作业详见图 2。

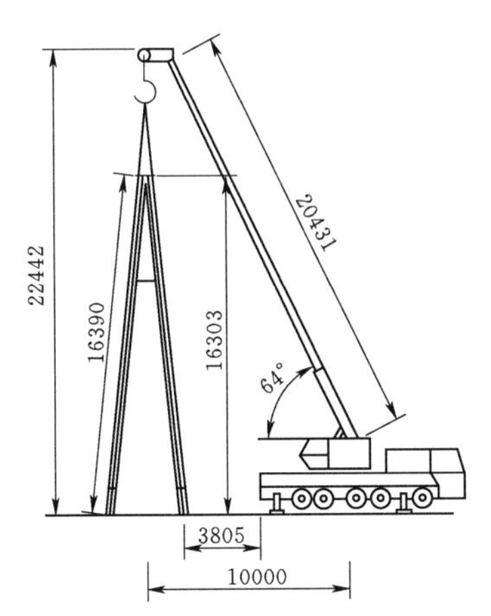


图 2　吊装作业图（单位：mm）

**2.2.2　横梁吊装方案**

横梁吊装采用一台 30t 汽车吊吊装，吊装高度为 17.5m。吊臂长 33m、作业半径 14m 时，额定起重量为 4.1t、起升高度达 30m，横梁重约 1.2t，小于汽车吊额定起重量。

横梁吊装顺序：先吊装 Z1 柱至 Z2 柱间的横梁，后依次吊装其他横梁。

横梁吊装时现场布置及吊机站位，详见图 3。

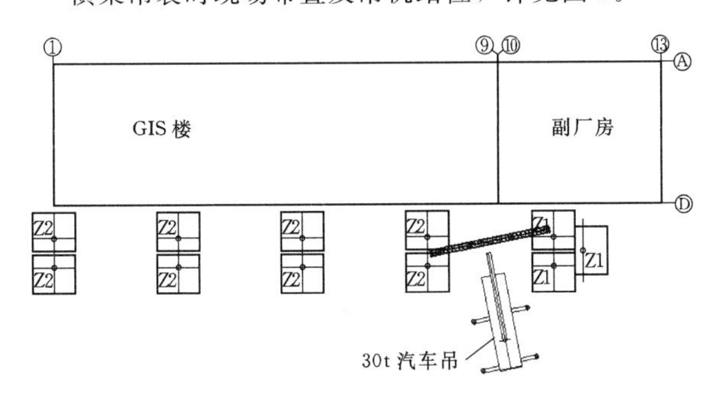


图 3　横梁吊装时现场布置及吊机站位图

横梁抬吊作业吊点，详见图 4。

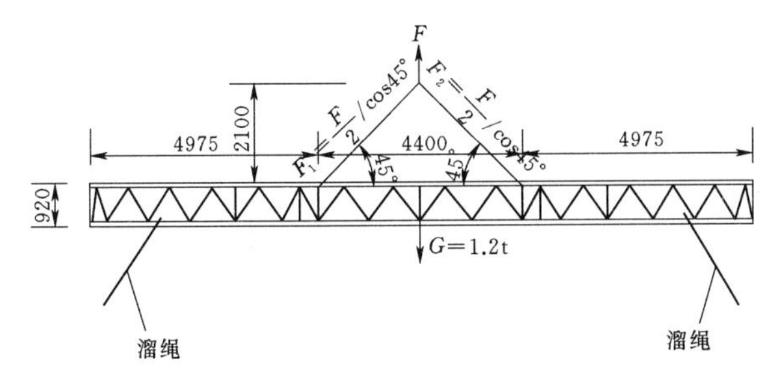


图 4　横梁抬吊作业吊点图（单位：mm）

抬吊作业受力分析。

由　$F_1+F_2=F=G$

$$F_1=F_2=\frac{F}{2}/\cos45°$$

这里 $G=1.2t$，求得：$F_1=0.85t$　$F_2=0.85t$

符合抬吊作业要求。（注：30t 汽吊吊钩重量为 350kg）

每台吊机采用 1 条 6×37（a）、直径 20mm、公称抗拉强度 1570MPa 的吊绳，两对角钢丝绳夹角 45°。查《一般用途钢丝绳》（GB/T 20118）表 19 可知，其最小破断拉力为 133kN，根据《建筑施工起重吊装安全技术规范》第 14 页吊索的安全系数取 6.0，则其允许拉力为 13.5/6＝2.2t。而每根钢线绳所承受的最大静拉力为 0.85t，小于钢丝绳许用拉力，因此 6×37（a）、直径 20mm、公称抗拉强度 1570MPa 的钢丝绳能够满足吊装要求。[1]

## 3　构架安装

### 3.1　构件运输及组装

**3.1.1　构架运输**

支柱及横梁尺寸较大，为便于运输，安装前将各构件运输至安装现场，在现场进行组对、拼装。运输使用 30t 汽车吊进行装卸，18t 平板货车进行运输。在装车运输过程中，用钢丝绳对构件进行固定；为保护镀锌层，构件下部垫方木，钢丝绳与构件接触处用布块分隔。[2]

**3.1.2　构架拼装**

（1）根据施工布置图中地面拼装的位置，在相应的部位放置好道木并初步找平。

（2）拼装位置不能妨碍吊车的进出，并确保在吊机的有效作业半径范围内。

（3）核对构件上的编号，依次布置，吊装部位用布块包扎，保护镀锌层。

（4）拼装时，每隔 6m 设一个支撑点，构件离地约 30cm，保证操作空间，管段垫衬坚实，防止滚动；对于支点下方有土质较松软部位，采取加强措施，并考虑到支点的下沉。

（5）杆件的挠度采用拉线测量，对于已排直的杆件当天不能及时拼装的，第二天拼装时重新复测其直线度。

**3.1.3　构架组装**

钢结构的组装遵守下列规则：

（1）进场螺栓连接件按施工图中的材料表清册做好标记，以免配错。

（2）螺栓连接件方向遵循水平面从下而上，侧面从里而外的原则进行。

（3）法兰连接面严禁垫垫片；如构件调整不平整需要，最多不得超过 2 个垫片，严禁以大螺母代替垫圈。

(4) 任何安装孔不得用气割扩孔。

(5) 螺栓连接件露出的丝扣大于2～3扣，如用双螺母时允许丝杆与螺母平齐。

(6) 螺杆与法兰及构件面垂直，确保螺栓平面与法兰及附件间无空隙。

(7) 紧固法兰连接螺栓时，对角均匀紧固，紧固力矩达到规范和设计要求。

(8) 钢结构组装所垫的支点按设计要求进行放置，以保证组装质量。

构件组装的一般连接件采用热镀锌螺栓，横梁与A型柱及法兰之间采用大六角高强度螺栓；直立柱根据安装尺寸水平放置，将口子对准后进行焊接，坡口对接；斜立柱与附件一起焊接，尺寸控制在标准范围内。顶部的圆盘及地线至柱用螺栓连接。

## 3.2 构件吊装

### 3.2.1 立柱吊装

立柱采用30t汽车吊吊装，吊点设在立柱钢管汇交处，吊索为一对$\phi$20的钢丝绳，在吊点附近设2条临时缆风钢丝绳，并用2条棕绳（在柱脚上方约1.5m处）作为吊装过程中控制方向的溜绳。

试吊时以慢速起吊至离地约100mm，检查吊索、溜绳、浪风绳的绑扎是否合理、牢固，确认正常后才能正式起吊。

起吊时起升速度匀速缓慢，边起升边将立柱底部向杯口移位，整个过程要缓慢平稳；立柱竖直后，使用溜绳以控制方向，当立柱底部高度超过杯口基础面后，停止起升，对准杯口缓慢放入，吊索适当减少受力。

就位后进行初步的垂直度调整，在杯口处用楔形垫块固定，并拉好临时缆风绳固定在有足够强度的构筑物上，或在地面上设置地锚加以固定。确认立柱已固定牢固后，利用临时爬梯上至柱顶，解开吊索及溜绳。[3]

### 3.2.2 钢横梁吊装

横梁采用两点起吊，两根绳与横梁夹角各为45°，用$\phi$16钢丝绳起吊。在横梁两端各设置1条白棕绳，用以控制横梁在起升时的晃动，以便就位。

起吊时起升速度匀速缓慢，保持水平。横梁就位时先对原有桥架侧的螺栓孔，再对新增侧的螺栓孔，可通过适当的调整立柱进行横梁的对孔；连接螺栓全部套上后，用适当力矩进行紧固。

完成所有吊装及就位后，对立柱的垂直度进行复核调整，调整完毕后对所有的连接螺栓复紧一遍，并局部进行补漆。

## 3.3 其他工作

完成所有吊装及就位工作后，对立柱的垂直度进行复核调整，调整完毕后对所有的连接螺栓复紧一遍，并局部进行补漆。对安装调整后的构架进行验收，验收合格后，对杯口进行二期混凝土回填。最后拆除临时缆风绳，拆除时先松开地面的固定点，把钢丝绳收回至立柱下方并盘好，然后拆除立柱上方固定点，用白棕绳缓慢地放至地面，并清理施工现场。[4]

## 3.4 质量检查标准

(1) 钢构件吊装完成后，无因运输、堆放和吊装等造成变形及涂层脱落杆件平直，挠曲矢高小于长度的1/1000，且每米内未超过1mm。

(2) 主要受力点焊缝长（单面）为50mm，一般焊缝长为30mm。

(3) 电镀涂装满足图纸设计要求，涂层均匀、不挂流、颜色一致、色泽鲜明、光亮、不起皱皮疙瘩且厚度满足设计和规范要求。

(4) 螺栓紧固牢固、可靠，高强度螺栓的初拧、终拧扭矩符合设计要求和有关现行标准规定。普通螺栓外露丝扣不少于2扣，高强度螺栓外露丝扣2～3扣。

## 3.5 安全施工措施

### 3.5.1 主要危险因素

(1) 吊车打脚处未压实，吊车脚受力时塌陷。

(2) 起吊物绑扎不合理，造成构件倾覆或不受控。

(3) 监护不足，与生产无关人员进入作业现场。

(4) 斜拉重物、重物埋在地下或重物紧固不牢，绳打结、绳不齐。

(5) 指挥联络信号不明确。

### 3.5.2 安全措施

(1) 吊装前对所有的施工人员进行安全交底。

(2) 专职安全员到现场进行安全监护。

(3) 确定作业负责人，统一指挥，明确分工。

(4) 吊装前必须对所吊物体的重量进行准确计算，确定所吊物体的重量不超过设备起重量的最大值。对于所吊物体重量已接近或达到起重设备的最大值，为安全起见，先进行同等重量的试吊，以检验起重设备能否满足实际情况的需要。

(5) 吊装前对起重设备进行检查，特别是对安全装置和钢丝绳进行仔细的检查。确保安全装置灵敏可靠，钢丝绳能满足吊装要求。

(6) 起重设施必须保持良好可用工作状态，严禁带病作业。

(7) 起重设施地基符合安全作业要求。

(8) 起重作业区设警示标识。

(9) 起重作业区无其他无关的人员。

(10) 起重作业时工作人员按有关规程作业。

(11) 严禁起重设施超载、斜吊、斜坡作业及满负荷行驶作业。

## 4 结论

深圳抽水蓄能电站220kV开关站出线构架安装工程，在专业加工厂制作，对生产条件进行了有效的控制，构件质量得到了保证，提高了生产效率；构件运输到现场后，严格遵守流程进行安装施工，提高了工程质量并降低了安全隐患；现场机械化程度高，减少了现场施工及管理人员数量，节约了人工费，提高了劳动生产率。

## 参考文献

[1] 袁驷. 结构力学［M］. 北京：高等教育出版社，2006.
[2] 史惠敏. 大型钢构件的运输［J］. 建筑施工，2001.
[3] 马海臣. 建筑钢结构工程吊装安全技术［M］. 北京：中国建筑工业出版社，2012.
[4] 鲍广鉴. 钢结构施工技术及实例［M］. 北京：中国建筑工业出版社，2005.

# 装配式吊装施工在管廊预制叠合段中的应用

李卫平　栾纯立　冯丽东/中国水利水电第十四工程局有限公司华南事业部

【摘　要】 预制装配式管廊具有工期短、质量优、成本低、环保绿色等特点，在地下综合管廊工程中得到了广泛应用，其中预制装配式管廊吊装是施工关键，应引起高度重视。本文根据杭州江东大道地下综合管廊工程项目建设，介绍了预制装配式综合管廊吊装施工方法和要求，可为类似工程提供借鉴。

【关键词】 装配式　管廊　吊装

## 1　引言

随着我国城市建设的加快，地下综合管廊工程的应用越加广泛。综合管廊预制装配技术与普通建筑结构的预制装配技术类似，是将管廊部件预制后在现场拼装成整体结构的一种综合管廊施工方式。与现浇式相比，在综合管廊施工中采用预制装配技术，可有效缩短施工周期，减少人工成本，提高构件质量，减少对的影响，并且可以有效降低施工风险，被认为是综合管廊的“绿色建造”技术。[1]

## 2　工程概况

江东大道地下综合管廊Ⅲ标段工程，起点里程 K5＋425，终点里程 K6＋980，管廊总长 1555m，管廊与现状江东大道距离约 12m。管廊横断面为双舱断面形式，标准段管廊总尺寸为 7.75m×4.40m。管廊沿线共设 4 个机械排风口兼逃生口、4 个燃气舱投料口、4 个水缆舱投料口、7 个支线引出端。综合管廊为钢筋混凝土箱式结构，采用明挖顺筑法施工。沿线与规划地铁 7 号线相交，在青六路口与规划青六路管廊相交。

预制叠合段装配式预制构件，其中最重的构件为预制叠合底板，重量为 6.62t，构件吊装设备采用 80t 汽车吊，采用汽车吊吊装对周边作业半径内其他建筑影响较小。

## 3　施工方案

### 3.1　预制构件吊装现场设置

现场运输道路为钢筋混凝土施工便道，为满足构件运输车停放要求，每个吊车停放点附近设置一个 PC 板车停放点。为保障吊装施工连续，每车 PC 吊装即将完成时，将下一车 PC 板停放至现有 PC 板车旁，吊装完成后，立即撤离现有 PC 板车。

### 3.2　预制构件运输与保护

预制构件运输车采用低平板运输车并采用专门设计托架，根据预制工厂与管廊项目距离选择最佳行驶路线，因为构件运输车为重型车辆，提前对构件运输车辆是否经过禁运、限行、限高、限宽等路段调查，避免因运输不及时导致工程不必要的延误。

预制构件采用平放运输，平放不宜超过三层。运输托架、车厢板与预制混凝土构件的接触面和预制构件与预制构件接触面之间应放入柔性材料以免构件损坏，构件边角与锁链接触部位的混凝土应采用柔性垫衬材料避免预制构件棱角损坏。每垛构件采用强力锁紧捆绑带进行竖向及十字形横向叠加捆绑，保证构件在运输途中不发生位移。

预制构件运输到现场后，按预制构件编号、施工吊装顺序将预制构件的挂车一并停在现场，保证构件安装连续性。现场施工计划、工厂构件生产计划、构建运输计划三者应协调一致，保证现场 PC 板车即到即吊，避免二次搬运，吊装完成后，PC 车立即撤离现场，确保道路通畅。

### 3.3　吊装设备及吊具选型

预制叠合段装配式预制构件最重的构件为底板，重量为 6.62t，采用汽车吊单机起吊作业，以最重件底板吊装进行设备选型。

#### 3.3.1 起重设备选择

（1）最大起重量。

$$Q_{吊}\geqslant Q_1+Q_2$$

根据设计图纸计算取底板最重按 6.62t，即 $Q_1=6.62t$，$Q_2=1.5t$（吊钩、锁具取 1t，吊架按 0.5t 计），则 $Q_{吊}=6.62+1.5=8.12t$。

（2）吊装半径。

$$d\geqslant d_1+d_2+d_3/2$$

式中 $d$——起重机吊装工作的最小半径；

$d_1$——构件起吊后重心到吊车停放基坑边的距离；

$d_2$——吊车支腿伸开后距离基坑边的安全距离；

$d_3$——支腿伸开后的支腿之间的距离。

底板吊装时：取 $d_1=3.875m$，$d_2=1.5m$，$d_3=7.6m$。则起重机起重最小工作半径 $d\geqslant 9.175m$。

顶板吊装时：取 $d_1=5.075m$，$d_2=1.5m$，$d_3=7.6m$。则起重机起重最小工作半径 $d\geqslant 10.375m$。

根据现场吊装施工的需求，选择吊装半径 $d\geqslant 10.375m$。

根据现场实际情况，预制板吊装时，选取吊车工作半径 $d\geqslant 13m$，参考 80t 汽车吊起重性能表，汽车吊工作时，工作半径 $d=13m$ 时，允许起吊重量为 $10.2t\geqslant 8.12t$，汽车吊满足工作需求。

#### 3.3.2 吊索吊具选择

（1）钢丝绳。拉力按下式计算。[2]

$$N=K_1\times G/n\times 1/\sin\alpha\leqslant P/K_2$$

式中 $N$——每根钢丝绳索具的受拉力；

$G$——构件重量为 79.58kN；

$n$——吊索根数；

$\alpha$——吊索钢丝绳与板水平夹角（60°）；

$P$——吊索钢丝绳的破断拉力；

$K_1$——吊装时动载系数，取 1.2；

$K_2$——吊索钢丝绳的安全系数，取 6。

吊装时最不利工况为 3 点受力，则：

$$N=K_1\times G/n\times 1/\sin\alpha=36.76kN$$

拟选用 6×37 丝 $\phi$24mm，钢丝绳，公称抗拉强度 $1700N/mm^2$，破断拉力总和 358kN。

$$S_P=\Psi\sum S_i$$

式中 $S_P$——钢丝绳的破断拉力，kN；

$\sum S_i$——钢丝丝绳规格表中提供的钢丝破断拉力的总和，kN；

$\Psi$——钢丝捻制不均折减系数，对 6×37 绳，$\Psi=0.82$。

则：

$S_P=0.82\times 358=293.6kN$。

$N=36.76kN<P/K=293.6/6=48.93kN$。

选用 6×37 丝 $\phi$24mm 钢丝绳，抗拉强度 $1700N/mm^2$，破断总拉力 358kN，可满足要求。

（2）卡环。吊装最大支撑时拉力 $N=36.76kN$，卡环允许荷载 $[F_K]=40d_1^2$，选用 4.5 型卡环，查《路桥施工计算手册》得知 $d_1=37mm$，则：$[F_K]=40\times 37^2=54.76kN>36.76kN$ 满足要求。[3]

（3）卸扣。管廊预制底板和顶板采用四点起吊，按最不利情况三点承重进行计算，则每个卸扣需承受荷载 $\sigma=6.62/3=2.21t$，选择 3t 的卸扣即可满足吊装需求。

### 3.4 承载力验算及地基处理

80t 汽车吊长宽高分别为 14.6m、2.8m、3.8m。根据设计要求，地面超载荷载按 $30kN/m^2$ 考虑。汽车吊全配重重量 $G$ 为 63t、起吊重量 $Q$ 为 8.12t，则汽车吊在地面的最小受力面积为：

$$S=(63+8.12)\times 9.8/30=23.23m^2$$

考虑到汽车吊工作时的特殊性，单个支腿受力面积 $S=23.23/4=5.8m^2$，考虑到支腿与地面的接触面积，因此吊装时需对地基进行处理。根据现场实际情况，靠近基坑一侧的道路已有不同程度的损坏，且存在局部沉降，因此吊装施工时为保证吊车平稳，现场临近基坑侧拟铺设碎石至道路同一标高且压实。然后再采用 4 块 2.5m×2.5m×0.02m 的钢板平铺在支腿下面，钢板上再放置枕木用于支撑吊车支腿，则此时荷载值为 $\sigma=(63+8.12)\times 9.8/2.5/2.5/4=27.88kPa\leqslant 30kPa$，满足吊装要求。

### 3.5 抗倾覆验算

为保证汽车吊在吊装过程中的稳定，需进行抗倾覆验算，即需使稳定力矩大于倾覆力矩。以 6.62t 预制板为验算对象，查《起重机设计规范》，应满足下式：

$$\sum M=K_G M_G-K_Q M_Q+K_W M_W\geqslant 0$$

式中 $K_G$——自重加权系数，取 1；

$K_Q$——起升荷载加权系数，取 1.15；

$K_W$——风动载加权系数，取 1；

$M_G$、$M_Q$、$M_W$——汽车吊自重、起升荷载、风动荷载对倾覆边的力矩，kN·m。

则：

$\sum M=1504.04kN\cdot m>0$，故稳定性满足要求。

稳定力矩 $=K_G\times M_G=2394kN\cdot m$；倾覆力矩 $=K_Q\times M_Q+K_W\times M_W=889.96kN\cdot m$；稳定系数＝稳定力矩/倾覆力矩 $=2394/889.96=2.69\geqslant 1.333$，满足规范要求。

### 3.6 吊架验算

预制板吊架采用I16 的工字钢焊接而成，吊架的长×宽分别为 6000mm×1588mm，中间设置两道加劲肋，以保证吊架的稳定，其重量为 0.374t，见图 1。

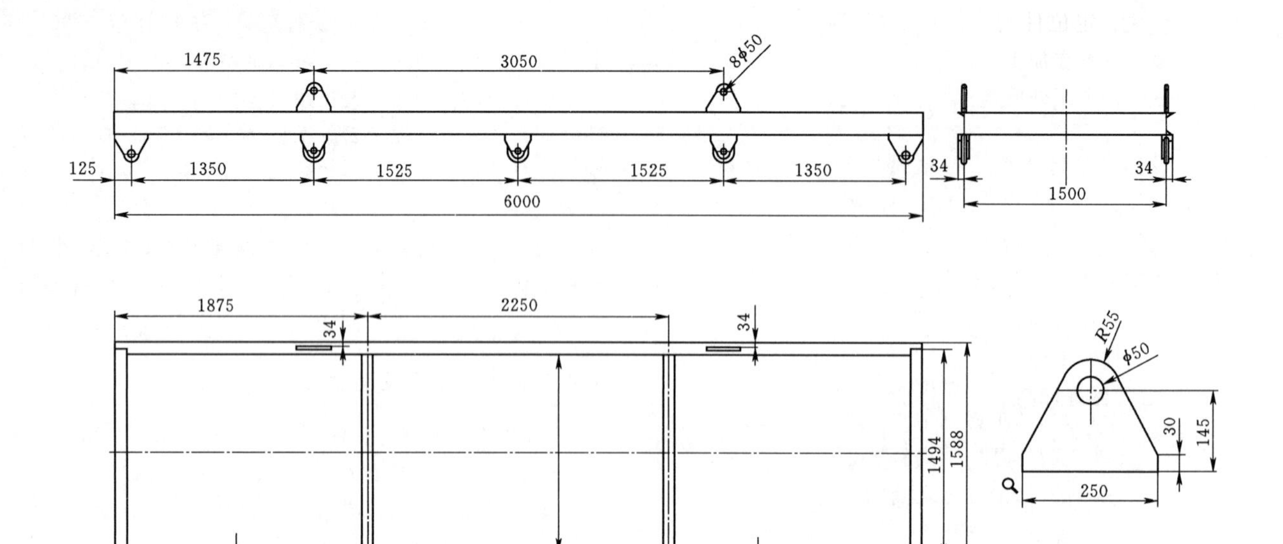


图1 吊架结构图

(1) 梁的静力计算。集中力：标准值 $P_k = P_g + P_q = 18.55\text{kN}$；设计值 $P_d = P_g \times \gamma_G + P_q \times \gamma_Q = 25.57\text{kN}$。

(2) 受荷截面。I16 工字钢截面特性：$I_x = 1130\text{cm}^4$，$W_x = 141\text{cm}^3$，$S_x = 80.8\text{cm}^3$，$G = 20.5\text{kg/m}$，翼缘厚度 $t_f = 9.9\text{mm}$，腹板厚度 $t_w = 6\text{mm}$。

(3) 相关参数。材质：Q235；$x$ 轴塑性发展系数 $\gamma_x$：1.15；梁的挠度控制 $[v]$：$L/250$。

(4) 内力计算结果。

支座反力 $R_A = P_d = 25.57\text{kN}$；

支座反力 $R_B = R_A = 25.57\text{kN}$；

最大弯矩 $M_{\max} = P_d \times a = 17.26\text{kN} \cdot \text{m}$。

(5) 强度及刚度验算结果。

弯曲正应力 $\sigma_{\max} = M_{\max}/(\gamma_x \times W_x) = 106.44\text{N/mm}^2$；

A 处剪应力 $\tau_A = R_A \times S_x/(I_x \times t_w) = 30.47\text{N/mm}^2$；

B 处剪应力 $\tau_B = R_B \times S_x/(I_x \times t_w) = 30.47\text{N/mm}^2$；

最大挠度 $f_{\max} = P_k \times a \times L \times L \times [3 - 4 \times (a/L) \times 2]/24 \times 1/(E \times I) = 12.61\text{mm}$；

相对挠度 $v = f_{\max}/L = 1/349$；

弯曲正应力 $\sigma_{\max} = 106.44\text{N/mm}^2 <$ 抗弯设计值 $f$：$215\text{N/mm}^2$；

支座最大剪应力 $\tau_{\max} = 30.47\text{N/mm}^2 <$ 抗剪设计值 $f_v$：$125\text{N/mm}^2$；

跨中挠度相对值 $v = L/349 <$ 挠度控制值 $[v]$：$L/250$。

## 4 施工过程

### 4.1 施工顺序

构件吊装顺序及施工工序之间形成流水作业，按如下顺序安排施工。

(1) 底板一次吊装完成，底板吊装过程中穿插底板钢筋铺设。

(2) 每段墙板吊装完成后进行底板混凝土浇筑，浇筑后搭设顶板支撑后进行顶板吊装。每段吊装完成后方可进行墙板与顶板混凝土浇筑。

(3) 止水带安装及预埋件安装在预制构件吊装过程中穿插进行，各专业协同作业，防止遗漏。

预制构件吊装施工按照底板→墙板→顶板的施工顺序进行。

### 4.2 弹线定位、测设标高

(1) 轴线定位。标准段轴线与已完成的施工段位于同一直线上，施工段的轴线只需在已完成施工段进行延长即可。根据控制轴线依次放出 PC 构件的所有轴线、墙板两侧边线和端线、节点线等。

轴线放线偏差不得超过 3mm。放线遇有连续偏差时，如果累计偏差在规范允许值以内，应从建筑物中间一条轴线向两侧调整。

根据墙板线和垫块定位图，在墙板线内标注出垫块位置，垫块靠轴线边对称放置。每块墙板下放置 2 组垫块，垫块位置应位于同一直线上。每组垫块按最小垫块个数组合，放置时避开墙板钢筋等其他预留孔洞位置。垫块距墙板端不超过 300mm。

(2) 标高测设。根据已完成施工段提供的标高点引至现场施工段，用水准仪测出各安装 PC 构件位置的标高，将测量实际标高与引入设计标高对比，根据设计预留缝隙高度选择合适的垫块作为预制构件安装标高，并将其位置和尺寸在楼面上标明。

（3）垫块、定位件测设。每块墙板下放置2组垫块，每组垫块放置在加工定位件上。每块墙板边设2个加工定位件，每个距外墙板端300mm。

### 4.3 预制构件吊装

（1）顶/底板吊装。顶/底板施工流程：顶板支架搭设/确认构件起吊编号→安装吊钩→起吊→落位→调整、取钩。

顶板支架采用普通碗扣式钢管内支撑体系，对照地面构件编号及拖车上即将起吊的构件编号是否统一，注意安装顶/底板做好标高的测量；对顶/底板面做相对应的安装编号。

选择挂钩位置，将吊钩挂与桁架筋弯折钢筋上，挂点布置均匀，采用四点起吊，当把构件调起50cm后，检查各吊点的受力是否均匀、构件是否水平。

将构件调离地面后，观测构件是否基本持平，在吊运过程中，用缆风绳控制构件方向，防止构件随风摆动，构件将至基坑内后吊车方可摆动，吊运就位。

照底板边线将底板缓慢落位至定位线上，调整墙板轴线，确保两块底板之间的缝隙满足要求。顶/底板调整完成后，可取钩并复核构件的水平位置、标高、垂直度等，是否在误差控制允许范围内。

（2）预制墙板吊装。预制墙施工流程：确认构件起吊编号→安装吊钩→翻板起吊→安装定位→调整固定→取钩。

对照地面构件编号及拖车上即将起吊的构件编号是否统一，注意安装底板时做好标高的测量；对预制墙做相对应的安装编号。

根据墙板的大小及重量，选定合适的钢丝绳、钢梁、吊钩，并按照要求将吊钩安装在吊环上。挂钩之前应检查吊钩是否牢靠，吊钩与吊环连接是否稳固，吊环是否对称布置。

叠合墙板采用两点起吊，选择合适的吊装工具将墙板吊离板车后，放置在模板上。将吊钩安装至墙板起吊端，吊车缓慢起吊，或者采用吊车主副钩配合的方式进行翻板。

吊车缓慢起吊，上下墙板底部位钢筋位置用模板隔开，防止上下层钢筋卡住；墙板立直后，吊车将墙板吊运至安装位置；起吊时，用缆风绳控制构件方向；吊运时，必须将构件吊至基坑内后。吊装时要一次吊装到位，避免二次吊装对构件带来损害。

在距离安装位置50cm高时停止构件下降，检查地面上所示的构件垫块厚度与位置是否与设计相符，根据底板面所放出的墙板边线、端线使墙板就位，墙板外侧和各边线重合。对照墙板底部箍筋位置调整底板面筋位置，吊车缓慢下钩，人员控制墙板准确落入定位件卡口内。

墙板采用两道斜撑固定，用铝合金挂尺复核墙板垂直度后旋转斜撑调整，进行实测实量工作，直至构件垂直度达到设计要求；按照构架上预留套筒位置安装斜支撑，斜支撑底部钩入底板预留支撑环上，锁死支撑底部卡环；调整斜支撑长度，调整墙板垂直度。

操作人员站在人字梯上并系好安全带取钩，安全带与防坠器相连。防坠器要有可靠的固定措施。

## 5 结语

预制叠合段装配式预制构件吊装工程，是管廊预制叠合段的重要施工工序，直接影响施工质量与施工进度。在狭小范围空间内预制件吊装，采用汽车吊与吊架结合的方式，能够实现在保证安全、质量的同时进行高效施工，在市政综合管廊施工中具有广泛的推广应用价值。

## 参考文献

[1] 陆文皓. 装配式综合管廊的应用与发展现状研究[J]. 建材世界，2017.

[2] 江正荣. 建筑施工计算手册[M]. 北京：中国建筑工业出版社，2013.

[3] 周水兴，何兆盖，邹毅松，等. 路桥施工计算手册[M]. 北京：人民交通出版社，2001.

[4] GB/T 3811—2011 起重机设计规范[S]. 北京：中国标准出版社，2008.

# 拖拉管在市政管线工程中的应用

耿绍龙　栾纯立　颜凡新/中国水利水电第十四工程局有限公司华南事业部

【摘　要】拖拉管施工可以不中断交通，不开挖路面，不拆迁；对地面、构筑物无影响；不破坏环境，在城市管线工程中应用广泛，且省时、高效、安全，综合造价低。本文结合工程实际，阐述拖拉管施工技术及工艺流程。

【关键词】市政工程管线　拖拉管　施工技术应用

## 1　引言

市政地下管道施工中，经常遇到河流、公路等障碍物及地质情况不好的情况，无法直接开挖，通常采用顶管施工，需建钢筋混凝土工作井、接收井等，工序多，工期长，造价高。采用非开挖定向钻进技术拖拉管施工，能有效地缩短工期，降低工程成本。

非开挖定向钻进施工是将定向钻机设在地面上，在不开挖土壤的条件下，采用探测仪导向，控制钻杆钻头方向，达到设计轴线的要求，经多次扩孔，拖拉管道回拉就位，完成管道敷设的施工方法。[1]

## 2　工程概况

新建河景路工程与既有新湾大道道路平面交叉，交叉口处的污水管线采用拖拉管施工工艺，管线横穿新湾大道，拖拉管施工具体部位为污水检查井 W55～W56 区间（K11＋121～K11＋181）管径 400mm PE 实壁管全长 65m，管径 0.4m，左右管内底高程为 2.16m，拖拉管埋深 4.0m，穿越地层为粉土层，土层厚度 5.3～10.6m。

## 3　设备及材料选型

### 3.1　设备选型

本次拖拉管施工，其钻孔曲线由典型轨迹（曲线段—直线段—曲线段）组成，详见图 1。

其管道回拖时，产生的最大回拖力：

$$P=P_1+P_F$$

$$P_1=\pi\times D_k^2/R_a/4=\pi\times 0.61^2\times 1000/4=292.25\text{kN}$$

$$P_F=\pi\times D_0\times L\times f_1=\pi\times 0.406\times 65\times 5.6=464.28\text{kN}$$

则　$P=292.25+464.28=756.53\text{kN}$

式中　$P$——最大会拖阻力；

$P_1$——扩孔钻头迎面阻力；

$P_F$——管外壁周围摩擦阻力；

$D_k$——扩孔钻头外径，一般为管道外径 1.2～1.5 倍；取 1.5 倍，则 $D_k=0.61$m；

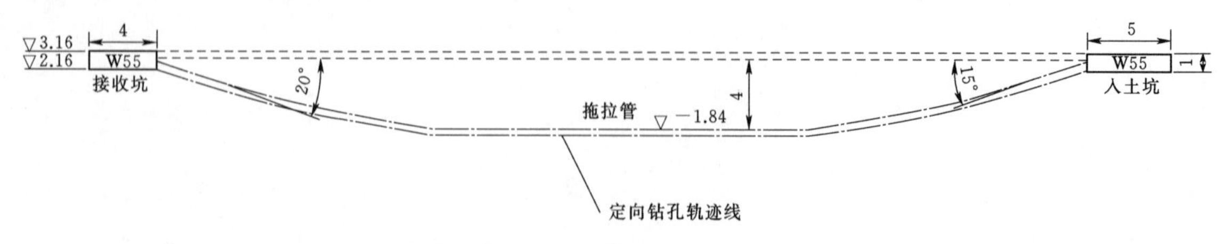


图 1　拖拉管施工纵断面示意图（单位：m）

$R_a$——迎面土挤压力（$kN/m^2$），一般情况下，黏性土可取 500～600$kN/m^2$；砂性土可取 800～1000$kN/m^2$；

$D_0$——管节外径（m）；此处 PE400 实壁管，外径为 406mm；

$L$——回拖管道总长度（m）；

$f_1$——管节外壁单位面积的平均摩擦阻力（$kN/m^2$），玻璃钢夹砂管在粉性土一般为 5.6。

由于最大回拖力为 757kN，管道直径为 DN400，长度为 65m，管道埋深约 4m，因此采用钻通－60/85 型非开挖铺管钻机。

### 3.2 材料选择

本工程采用防腐蚀性好、流体阻力小、化学性能稳定等特性的 HDPE 平壁管。HDPE 管抗外压能力强（能承受较大拉力）、柔韧性好（能较好地适应沉降，抗震能力强）、单位质量轻（在牵引过程中可减小与孔壁的摩擦力），非常适合牵引施工。为确保工程质量，满足各项设计要求，管材的外观质量及尺寸应符合下列要求：

（1）管材外观颜色一致，内壁光滑平整，无划伤、毛刺等缺陷。

（2）接前管材的端面应平整且与管中心轴线垂直，管接口外径与管材外径一致，不得有明显突出（小于 5mm）。

（3）管材外壁应有统一的标识（生产企业、产品名称、公称直径、环刚度及生产日期等）。

（4）管材的公称内径必须满足设计管径的要求，本工程使用 DN400 的管材。

（5）定向钻进敷设施工的 HDPE 平壁管采用对接热熔接口。

## 4 施工工艺及方法

拖拉管施工工艺：地探测量→挖工作坑→挖泥浆池→钻机就位→PE 管连接→试钻→导向孔钻进→分级扩孔→拖管→拆卸钻机→砌筑检查井→闭水试验→验收。

### 4.1 地探测量

（1）在施工测量中，若遇设计图与现场情况有出入，应会同监理方将情况报建设方，并及时通知设计方。

（2）在工程施工中，按要求设置观测点，施工方与监理方定期测量各点沉降量，及时掌握周边道路与结构物的沉降量。

（3）根据施工图纸，进行测量放样。并根据施工范围的地质情况、埋深、管径确定一次牵引的管道长度，并设计好钻杆轨迹。

### 4.2 工作坑、泥浆池

（1）工作坑。本工程新湾支线牵引管 1 处，设置工作坑 1 个，接收坑 1 个，工作坑及接收坑将根据现场实际情况进行布置，入土工作坑尺寸为 3m×5m×1m，接收坑尺寸为 3m×4m×1m。工作坑及接收坑均采用机械开挖，开挖完成后在工作坑内浇筑 20cm 厚 C20 混凝土垫层。

（2）泥浆池。泥浆池设置于工作坑附近，尺寸为 3m×3m×2m，池内铺塑料布，配备泥浆用水采用就近沟渠抽取，泥浆池防护采用 $\phi$32 小钢管＋绿色金属网的形式，防护栏地面上高度为 1.2m。

### 4.3 PE 管连接

（1）沿作业带将管道顺序摆放、首尾错开，以便组对连接。

（2）组对连接。

（3）管道连接采用热收缩套连接法，所用热收缩套由厂家配套供应。

（4）管套的施工环境为常温。管材连接处表面的灰尘和脏物应清理干净，并使之对接无缝。

（5）应用液化石油气喷枪火焰从热收缩套中间沿圆周方向均匀加热，并使热收缩套完全收缩后再分别向两端延伸加热。加热时套管允许受热温度不超过 250℃。在局部收缩完后再重新加热表面凹凸不平的其他部分，直至使其完全平整。最后应对收缩套的两端各 50mm 处再加热一遍，以使两端热熔胶充分熔化。

（6）在管道连接完毕后，根据长度用 $\phi$12 圆钢筋做四条加强筋与管子拖拉头及管尾封堵头连接，并且在每根管子连接部位用钢板做一个抱箍与加强筋连接，抱箍宽 50mm、厚 5mm，以增强管道的抗拉力及抗压力。

（7）在施工中，当天收工后，必须将管末封口，防止泥浆、雨水、杂物进入管内。

### 4.4 试钻

（1）钻机就位。钻机安装在入土点和出土点的连接线上。钻机安装牢固、平稳，经检验合格后，进行系统连接、试运转，保证设备正常工作，并应根据穿越管径的大小、长度和钻具的承载能力调整拖拉力。

（2）泥浆配制。多数定向钻机采用泥浆作为钻进液。钻进液可冷却、润滑钻头、软化地层、辅助破碎地层、调整钻进方向、携带碎屑、稳定孔壁、回扩和拖管时润滑管道；还可以在钻进硬地层时为泥浆马达提供动力。按照穿越地质、穿越长度及穿越管径，需在钻导向孔、预扩及回拖中采取措施，具体措施除保证传统配比外，再按一定比例加大泥浆材料用量，从而达到提高泥浆黏度，保证孔壁稳定。泥浆配置黏度请参照表 1。

表1　泥浆黏度值表

| 项目 | 黏土 | 亚黏土 | 粉砂 | 细砂 | 中砂 | 粗砂 | 岩石 |
|---|---|---|---|---|---|---|---|
| 钻导向孔 | 30～40 | 35～45 | 40～45 | 40～45 | 45～50 | 50～55 | 45～50 |
| 273～426 | 30～40 | 35～45 | 40～45 | 40～45 | 45～50 | 55～60 | 50～55 |
| 426～529 | 40～45 | 40～45 | 45～50 | 45～50 | 50～55 | 55～60 | 50～55 |
| ＞529 | 45～50 | 45～50 | 50～55 | 55～65 | 55～65 | 65～70 | 65～75 |

根据不同穿越段地层特性及管径的规格，泥浆黏度值从表1进行选择；根据设计提供的地质情况，拟采用化学泥浆混配钻进液，并根据工程实际情况适时改变。同时，预备膨润土及各种添加剂，防止意外情况发生。

1）泥浆配合比。膨润土：35%～40%、增稠剂：聚丙烯酰胺2%、烧碱：0.8%、携带剂CMC：2%。

2）水：55%～60%。回拉扩孔时，泥浆作用特别重要。孔中缺少泥浆会造成塌孔等意外事故，使导向钻进失去作用并为再次钻进埋下隐患。考虑到地层泥浆较易流失，泥浆流失后，孔中缺少泥浆，钻杆及管材与孔壁间的摩擦力增大，导致拉力增大。因此要保持在整个钻进过程中有“补充泥浆”，并根据地质情况的变化及时调整泥浆配比。

3）钻机试钻。试钻不少于15min且钻头喷嘴有泥浆流动后方可钻进，并检查钻机是否工作正常，钻机定位应准确、水平、稳固。各系统运转正常、钻杆和钻头清扫完毕后试钻，钻进1～2根钻杆后检查各部位运行情况，各种参数正常后按次序钻进。

## 4.5　导向孔钻进

导向孔轨迹设计主要受以下几个因素的影响：原有地下管线和构筑物、地层条件、铺管直径、周边环境等。

（1）导向孔施工方法。穿越施工时先进行导向孔施工，探明地质条件，为主管施工创造有利条件。导向孔的钻进是整个定向钻施工的关键，钻导向孔的钻具组合是：

钻具连接：钻机→$5\frac{1}{2}$″S135级钻杆→7″泥浆马达→$9\frac{1}{2}$″斜掌钻头。

控制穿越精度对工程成功至关重要，根据穿越的地质情况，选择合适的钻头和造斜工具，开动泥浆泵对准入土点进行钻进，每钻一根钻杆要测量若干次钻头的实际位置，以便及时调整钻头的钻进方向。确定钻头的实际位置与设计位置的偏差，并将偏差值控制在允许的范围之内，保证所完成的导向孔曲线符合设计要求。

在导向孔钻进过程中，根据工程地质条件应采用定向钻专用钻具，以保证工程顺利施工。入土角度不宜超过15°，出土角度一般不宜超20°，相邻两节钻杆允许转向角根据土质条件，钻杆长度、材料等因素确定，土质越软弱，角越小，取值一般控制在1.5°～3.0°。[2]

按照事先确定好的泥浆配比用一级钠基膨润土加上泥浆添加剂，同时据钻进过程中钻机扭矩的大小来判断地质硬度，进而随时改变泥浆的黏稠度，泥浆的配比严格遵循泥浆黏度值表。

（2）强化各施工过程泥浆性能调整。

1）斜孔段：泥浆的流动性能要好，结构性要强，保证钻屑携带和孔眼清洁；控制泥浆的失水，防止塌孔。需增大固壁剂、降低失水剂含量。

2）水平孔段：要及时提高润滑剂剂量，适当降低黏度和切力，保证泥浆的流变性能良好，使钻屑顺利返出地面；增强泥浆的润滑性，减小钻机旋转及推进阻力。

根据测量的轴线，操作定向钻机水平钻进，采用定向钻进导向系统控制钻头的方向，穿越过程中按事先画好的标志，每隔5m校正一次钻头的位置，以确保穿越精度，并根据情况进行调整，保证导向孔符合设计曲线，若发现钻头偏离设计轨迹或有偏离轨迹的趋势，通过调整钻头的倾角、旋转角等参数改变钻头方向。钻进过程中，使用钻进液冲洗钻屑并保持孔壁稳定。同时在施工过程中，密切注意钻进过程中有无扭矩、钻压突变、泥浆漏失等异常情况，发现问题立即停止施工，待查明原因后采取相应措施后施工。

## 4.6　分级扩孔

钻具连接：钻机→S135级钻杆→扩孔器→S135钻杆。

导向孔完成后，钻头在出钻点出钻，卸掉动力钻头、钻头和探测棒，安上回扩器（扩孔器直径选择$\phi$450），试泥浆，确定回扩器泥浆喷孔没有堵塞后开始扩孔。回扩器和钻杆必须确保连接到位、牢固才可回扩，以防止回扩过程中发生脱扣事故。回扩过程中始终保持工作坑内泥浆坑内液面高度高于地下水位标高。若不能满足此要求，需提前采取措施降低地下水位。

在钻杆回拉扩径的过程中，必须通过钻杆注入膨润土浆，以减少摩擦，降低回转扭矩和回拉阻力，同时膨润土浆还有固壁防止孔洞塌土、冷却钻头的作用。更重要的是通过旋转回扩头切削下来的泥土，会融在膨润土浆里，形成泥浆，流到出口工作坑里。工作坑设泥浆泵，把泥浆抽到泥浆池。对泥浆各性能参数，不定期进行检测，按照施工要求及时调整泥浆性能指标。为了确保顺利穿越，在穿导向孔和扩孔过程中，始终保证泥浆输送畅通，确保工程的顺利进行。

（1）回扩过程中要密切注意泥浆浓度的配比，保证切削下的碎屑随泥浆排出孔洞。同时注意钻机的各种仪表参数，根据参数及时撤出钻杆，更换扩孔器牙轮，防止出现掉轮事故。若出现掉轮，要用打捞器及时打捞。

(2) 根据不同地质配制不同浓度的泥浆，保证每次回扩孔时回拖力的数值和扭矩值控制在钻机正常工作参数之内。

(3) 回扩过程必须根据不同地质情况以及现场出浆状况确定回扩速度、泥浆浓度及压力，确保成孔质量。

(4) 导向孔和各级预扩孔要保证在回拖时，管道在孔道内不蹩劲，处于弹性漂浮状态，管道防腐层与孔壁之间无硬性摩擦。

(5) 如发现某次扩孔的扭矩过大，应用相同尺寸的扩孔器重新扩孔 1～2 次。

### 4.7 管道回拖

当扩孔完成之后，采用单斗挖掘机将钻头挖出，装上麻花钻杆、切割刀、扩孔器、旋转接头、U 形环、穿越管进行回拖工作。确认扩孔器内各通道及泥浆喷嘴是否畅通，合格后方可连接。全部连接完后应送泥浆冲洗，检查各泥浆喷嘴是否正常，合格后方可进行回拖施工。回拖过程中要认真观察泥浆运行情况及旋转接头、U 形环、回拖头的连接情况，确保各部连接紧固。

管线清管试压、钻导向孔、预扩孔、管线回拖施工为 24h/d 连续作业。在牵引管过程中，需严格控制时间，时间过长，会导致孔中泥浆水分渗漏、缺失及沉淀，加大回拖阻力。施工时，操作人员要根据设备数据均匀平稳的牵引管道，不可生拉硬拽。

## 5 施工监测

### 5.1 拖拉管施工区域的位移监测

本工程周边无其他建筑物、构筑物，仅需对新湾大道进行监测。施工影响范围内的区域直接布设监测点进行监测，监测点固定好后，用测量仪器测得监测点的初始标高。由于拖拉的施工过程中受挤土效应，拖拉管施工会产生相应位移，故在拖拉施工区域进行水平及垂直位移监测，位移监测点设置要求为纵向间距 10m。

### 5.2 监测精度

根据《建筑变形测量规范》(JGJ 8—2016) 中的有关规定，确定沉降观测按二级变形测量级别的技术要求施测，观测点测站高差中误差为±0.5mm，基辅分划读数之差限差为 0.5mm，基辅分划所测高差之差限差为 0.7mm，环线闭合差不大于 1.0mm，单程双测站所测高差较差不大于 0.7mm，检测已测测段高差之差不大于 1.5mm。[3]

### 5.3 监测预警

由于本次施工有部分管道要穿路面，为了保证路面的安全，以及车辆的正常通行，在路上设置监测点，以做施工依据。若施工过程中，监测数据达到报警值，立即停止施工，同时上报监理和业主。经研究决定后，才准继续施工，避免盲目施工而造成的事故。监测预警值详见表 2。

**表 2　监测预警表**

| 序号 | 监测内容 | 报警值 | 累计报警值 | 备注 |
|---|---|---|---|---|
| 1 | 路面隆起 | 1cm/d | 5cm | |
| 2 | 路面沉降 | 1cm/d | 4cm | |

## 6 结语

管线横穿新湾大道施工已顺利完成，在拖拉管施工过程中既未中断新湾大道交通也未额外修筑保通路，极大地方便了当地人民的生活出行，取得了良好的社会效果和经济效果。随着城市的发展，这种施工方法将会在城市管道施工中发挥重要作用。

### 参考文献

[1] 程国富，牟小慧．非开挖定向钻进技术拖拉管在市政工程中的应用 [J]．城市建设理论研究，2012.

[2] 上海市城市建设研究院．沪水务〔2006〕1108 号排水管道定向钻进敷设施工及验收技术规范（试行）[S]．上海：上海市水务局，2006.

[3] 建设综合勘察研究设计院有限公司．JGJ 8—2016 建筑变形测量规范 [S]．北京：中国建筑工业出版社，2016.

# 抛丸打磨在混凝土路面抗滑处理上的应用

贾彦奇/中国水利水电第十四工程局有限公司华南事业部

【摘　要】 抛丸机是以电动机械抛丸器为动力，利用高速旋转的叶轮把丸砂抛掷出去，高速撞击处理面表面，达到表面处理的要求。抛丸机可清理金属工件表面的各种残留物，可对铸件进行落砂、除芯和清理等。开平市省道S274路面加铺改造施工中，首次将抛丸打磨工艺应用在钢筋混凝土路面提高抗滑系数上。由于该路面在刻纹前对混凝土表面进行了收光，后经横向力系数检测车测定路面抗滑性检测路面纵向抗滑系数较大，横向抗滑系数较小，在道路转弯处，经常发生车辆侧滑现象，对行车安全造成较大危害。通过采用抛丸打磨工艺对该路面进行分段处理，经抛丸处理后路面抗滑性能有效改善，抗滑系数满足规范要求，整体处理效果良好。

【关键词】 抛丸机　抗滑系数　抗滑处理

## 1　概述

随着世界上第一台路面抛丸机在美国佰莱泰克（BLASTRAC）诞生，其应用领域迅速扩展到混凝土表面涂装处理和船舶甲板金属表面处理上，并且直接引导了该行业的标准制订和行业施工方法的规范。随着佰莱泰克抛丸处理设备的精益求精和技术成熟，抛丸处理工艺和设备已经进入欧美发达国家公路养护、桥梁施工和机场维护等领域。[1]我国在这方面的研究和应用却相对较少，只有在少数项目中使用了抛丸处理工艺，而在高速公路、市政道路及混凝土抗滑构造应用上还是一个空白。

抛丸机是利用抛丸机抛头上的叶轮在高速旋转时的离心力，把磨料以很高的线速度射向被处理的钢材表面，产生打击和磨削作用，早期主要用于除去钢材表面的氧化皮和锈蚀，并产生一定的粗糙度；近些年用途逐渐扩展到机场跑道除胶、去除标志线。抛丸处理的准备工作简单且效率高，抛丸打磨流程在密封的环境中进行，操作可随时清理、随时撤离，特别是冬季施工不受影响。本项目实施的省道S274线是江门地区的主要交通道路之一，连接云浮市的新兴县、开平市、台山市，纵贯江门市南北向，是江门中部地区主要交通动脉。省道S274线早期为二级公路，路基宽12m，1994—1996年为适应改革开放后经济发展的需要，对省道S274线进行了第一次全面改造，升级为一级公路。本次抛丸打磨的范围位于该路段，计划实施总长12.79km，路基宽度23.0m，双向4车道，主车道采用水泥混凝土路面。在维持原有平面位置不动的条件下，全线路面按一级公路标准进行改造设计，利用旧水泥混凝土路进行路面加铺。

主要技术指标如下：

（1）自然区划：IV7。

（2）设计年限：30年。

（3）标准轴载：BZZ-100。

（4）根据交通量预测，远景2034年交通量为36494pcu/d，设计年限内一个车道（按20年计算）的累计当量轴次：$7.67\times10^{6}$，属于重交通。

该段路面混凝土浇筑施工过程中，施工队伍为了提高路面的外观质量和抗滑性能，混凝土面板先收光后再进行刻纹。交通放行后，道路管理单位接到多次居民投诉，反映路面过于光滑车辆在转弯时经常发生滑移现象。混凝土路面交工验收质量要求只对抗滑构造深度有规定，而对路面的横向抗滑系数没有明确规定，具体规定见表1。该路段参照沥青路面横向抗滑系数进行检测，由于混凝土路面在刻纹前进行了表面收光，侧向抗滑系数须进行处理。处理方案借鉴京沪高铁桥面系施工经验，为使梁面与聚氨酯防水层结合紧密，并增加摩擦力，在涂刷聚氨酯前采用抛丸工艺对梁面进行处理，抛丸处理后，梁面混凝土浮浆清除，微露粗砂。选择200m作为试验段，试验检测机构现场检测打磨效果明显，确定采用该方案全面展开施工。

表 1　　各级公路混凝土路面铺筑质量要求

| 项次 | 检查项目 | | 允许值 | |
|---|---|---|---|---|
| | | | 高速公路、一级公路 | 其他公路 |
| 1 | 弯拉强度/MPa | | ≥设计值 | |
| 2 | 板厚度/mm | | 代表值≥−5；极值≥−10，$C_V$ 值符合设计规定 | |
| 3 | 平整度 | σ/mm | ≤1.2 | ≤2.0 |
| | | IRI/(m/km) | ≤2.0 | ≤3.2 |
| | | 3m 直尺最大间隙/mm | ≤3（合格率应≥90%） | ≤5（合格率应≥90%） |
| 4 | 抗滑构造深度/mm | 一般路段 | 0.70～1.10 | 0.50～0.90 |
| 5 | 抗滑构造深度/mm | 特殊路段 | 0.80～1.20 | 0.60～1.00 |

## 2　抛丸打磨原理

抛丸机可通过调整磨料的粗细、压缩空气压力的大小（即抛射的线速度）、抛丸的时间从而获得不同的抛丸光洁度和清理质量。经过抛丸处理后摩擦系数可以达到 0.7～0.75（Mu 65km/h），纹理深度 0.45；抛丸设备能够一次将混凝土表面的浮浆、杂质清理和清除干净。最重要的是在同时对混凝土表面进行了打毛的处理，使其表面形成均匀粗糙的表面，从而大大提高防水层和混凝土基层的黏结强度，而且在此过程中，能够充分暴露混凝土的裂纹等病害，以便提前采取补救措施。针对一些抗滑要求高的混凝土路面，抛丸工艺是一种施工简单、设备投入小、操作成本低、效果显著而又环保的处理方法。[2]使用抛丸设备周期性的清理混凝土路面，可以大大改善路面的摩擦系数由于污染以及轮胎痕迹而降低的情况，使混凝土路面的抗滑性大大提高，显著降低事故率。

离心式抛丸机处理路面是针对有坚硬表面的杂质所采用的高效、清洁、无尘的方法，这种方法最常采用。抛丸处理设备内部为一个可高速旋转的叶轮，磨料、粉尘及杂质均被清理至杂物回收机，清理后的钢丸可再被回收利用，工作原理见图 1。经抛丸处理过的混凝土表面洁净而又坚硬，还有比较均匀的纹理。在无障碍的水平表面上，这种方法尤为适用。

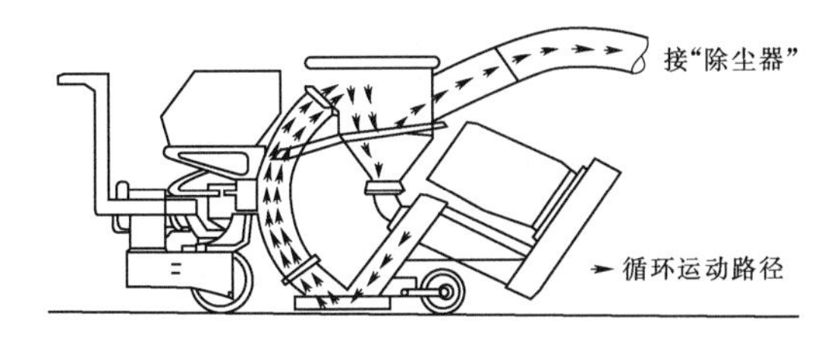


图 1　抛丸机工作原理

抛丸打磨在密封条件下进行，有吸尘装置，有效减少粉尘污染，是效率很高的自动化流水线作业，它的主要优点是：

（1）可以根据被处理面的不同状况来设定清理速度和清理深度，均匀性好，清理过的表面整齐美观。

（2）封闭式作业，无粉尘飞扬。

（3）适用于 5mm 以上钢板或混凝土板面。

（4）速度快，工作效率高，质量稳定。

## 3　工艺流程

对路面侧向抗滑系数进行分段检测，检测不合格的段落交通围蔽后采用抛丸打磨处理。

（1）施工工艺流程，如图 2 所示。

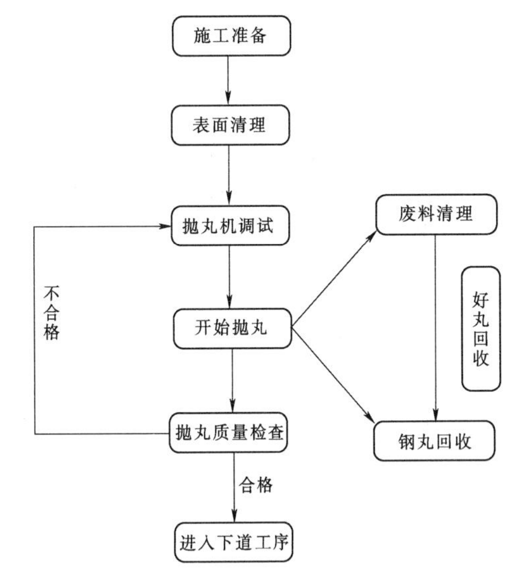


图 2　抛丸施工工艺流程图

（2）施工方法。抛丸机操作时通过控制和选择丸料的颗粒大小、形状，以及调整和设定机器的行走速度，控制丸料的抛射流量，得到不同的抛射强度，获得不同的表面处理效果。抛丸处理工艺和抛丸处理设备根据需要处理的表面的不同，通过三个参数来控制处理后的表面状况：选择丸料的大小和形状；设备的行走速度；丸料的流量大小。以上三个参数互相配合，可以得到不同的处理效果，确保抛丸处理后表面的理想粗糙度。

1）基层处理设备采用具备同步清除浮浆及吸尘功能的设备、带有驱动行走系统的自循环回收的抛丸设备来进行桥面混凝土基层处理。轻度打磨抛丸机速度选用2～3档，行走速度5～10m/min，丸料规格采用S390。

2）大面积抛丸施工前应进行工艺试验，试验段长度为200m。通过试验段确定最佳丸料规格、丸料流量即最佳电机负载、抛丸设备行走速度等关键工艺参数。抛丸工艺参数确定后，按照工艺顺序进行大面积抛丸打磨处理，处理完成后注意清理现场浮浆垃圾。

3）在围蔽道路范围内抛丸打磨按照分段纵向折回进行，施工顺序如图3所示。

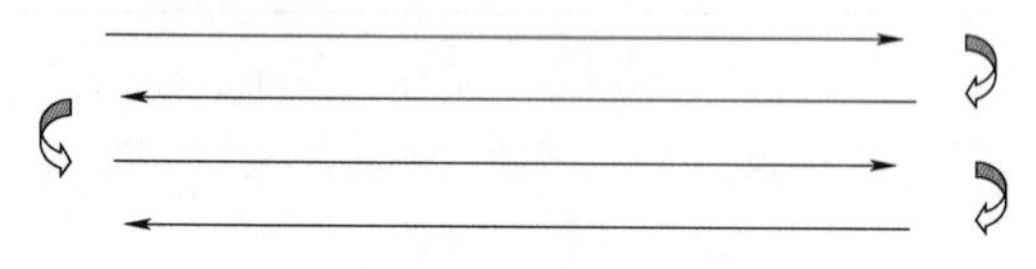

图3　抛丸施工顺序示意图

4）抛丸过程应连续作业，如因特殊原因造成抛丸停机，在下次重抛之前将机器倒退30cm左右，再重新开始抛丸，待机器行走过去后，应及时检查搭接区域抛丸质量，如有遗漏再进行补抛。

5）路面边缘及标线和防撞墙边缘无法抛丸处理的，可使用角磨机进行局部处理。

6）抛丸处理粗糙度应符合规定，以满足路面侧向抗滑系数为准。如果粗糙度过大，破坏路面表层结构，加快路面的损坏；如果粗糙度过小，通车后路面抗滑系数降低，会造成行车安全事故。[3]

7）在道路分缝和不平整段落，应采取临时充填和增加回收遍数措施，减少丸料的损耗，要求丸料的损耗在10%～20%之间。在不泄露丸料的前提下，尽量压边抛丸，减少打磨处理面积。

## 4　路面抛丸打磨后检测

由于混凝土路面相关规范中对路面横向摩擦系数无明确规定，省道S274的路面抗滑性能验收参照沥青路面相关系数确定。根据《公路沥青路面设计规范》(JTG D50—2006）关于路面抗滑的相关规定，表面层抗滑性能以横向力系数和路面宏观构造深度为主要指标，高速公路、一级公路在交工验收时，其抗滑技术指标宜符合表2的要求。

表2　抗滑技术指标

| 年平均降雨量/mm | 检测指标值 | |
|---|---|---|
| | 横向力系数 | 构造深度/mm |
| >1000 | ≥54 | ≥0.55 |
| 500～1000 | ≥50 | ≥0.50 |
| 250～500 | ≥45 | ≥0.45 |

分段抛丸打磨处理后及时进行侧向抗滑系数检测，确保抗滑系数满足规范要求。路面抗滑能力的检测分为摩擦系数检测和构造深度检测，摩擦系数检测又分为摆式仪法和横向力系数检测车测定法。[4]该路段采用测试横向力的方法检测摩擦系数，用标准的摩擦系数测定车，其测定轮与行车方向呈一定的偏角，且以一定速度在潮湿路面行驶时，试验轮受到的侧向摩擦力与作用在试验轮上的载重之比值，作为横向力系数。[5]

在进行抛丸施工之前，项目部委托广东当地有资质的权威检测机构对省道S274施工范围全线进行了侧向抗滑检测。按照沥青路面侧向抗滑标准，检测不合格段落总长约6km，需处理面积约8万$m^2$。根据设计规范关于公路路面质量标准的相关规定，一级公路路面抗滑系数SFC值应大于等于50，实测30～45，抗滑系数不满足要求。经抛丸打磨处理后，抗滑系数显著提高，实测抗滑系数48～60，提高了20左右，合格率在90%，满足规范要求。[5]

## 5　结论

抛丸打磨应用于路面抗滑处理案例较少，此次在省道S274项目上对混凝土路面进行打磨以提高抗滑性能，无论从处理效果，还是从成本控制上，均取得良好成效。抛丸打磨工艺优点如下：首先，抛丸打磨适用于提高混凝土路面的抗滑系数，适用于因各种原因造成的混凝土路面抗滑性能不佳的情况。对于新修混凝土路面刻纹构造深度不足，或因长期行车抗滑构造磨损造成的混凝土路面光滑，均可采用抛丸打磨提高路面抗滑性能；其次，抛丸打磨工艺效率高，对交通影响较小，每天可打磨2000～3000$m^2$，适用于重交通状态下的路面打磨项目；抛丸打磨处理在密封状态下进行，有除尘装置，可有效减少环境污染。再次，抛丸打磨处理路面抗滑表面均匀，抗滑性能有效提高，并可以通过打磨遍数控制处理程度；最后，抛丸打磨后丸料可回收，材料浪费少，可有效节约施工成本。

## 参考文献

[1]　刘海川，迟鹏．抛丸工艺在桥面工程的应用［J］．公路，2010，(11)．

[2]　罗宏俭．水泥混凝土桥面抛丸技术应用研究［J］．中外公路，2009，(1)．

[3]　官黎明，董欣鑫，黄晖．桥面抛丸处理技术在临连高速公路中的应用［J］．公路交通科技（应用技术版），2011，(3)．

[4]　柳和气，罗志强．沥青路面抗滑技术研究［J］．广东工业大学学报，2004，(3)．

[5]　杨众，郭忠印，侯芸．沥青混凝土防滑磨耗层防滑性能加速试验方法的研究［J］，华东公路，2002，(2)．

# 泥水盾构在海床塌陷环境下的换刀及脱困

李应川　刘长林　王　宁/中国水利水电第十四工程局有限公司华南事业部

【摘　要】 某核电工程海底排水隧洞采用矿山法+泥水盾构工法施工。泥水盾构在海底掘进过程中，由于工程地质复杂多变，即上软下硬及全强风化带地层交替出现，导致盾构掘进过程中刀具非正常损坏及海床塌陷，必须进行换刀后才能继续掘进。本文简要介绍了某核电工程泥水盾构在海床塌陷环境下的换刀及脱困，供其他类似工程参考借鉴。

【关键词】 泥水盾构　海床塌陷　带压换刀　脱困

## 1　工程概况

某核电工程采用以海水为冷却水的直流供水系统，其中供水系统由泵房和综合管廊等组成，排水系统由一座虹吸井和一座成型直径6.1m，全长3.5km的海底排水隧道组成。排水隧洞盾构段长度约2.8km（海域范围）。隧洞最大埋深约22.3m，最小埋深不足10.0m，最大水深约26m。隧洞穿越地层主要为中粗砂、残积土、全风化花岗岩、强风化花岗岩、中风化花岗岩、微风化花岗岩，工程地质复杂多变，上软下硬及全强风化带地层交替出现，盾构刀具磨损、损坏异常严重。

本工程采用德国海瑞克公司生产的复合式泥水平衡盾构机，盾构机由主机和5节后配套拖车组成，总长约94m。盾构机刀盘开挖直径7.76m，刀盘开口率31%。刀具配置如下：19寸双刃滚刀4把、19寸单刃滚刀38把、边刮刀8把、刮刀40把。刀盘设计及刀具配置见图1。

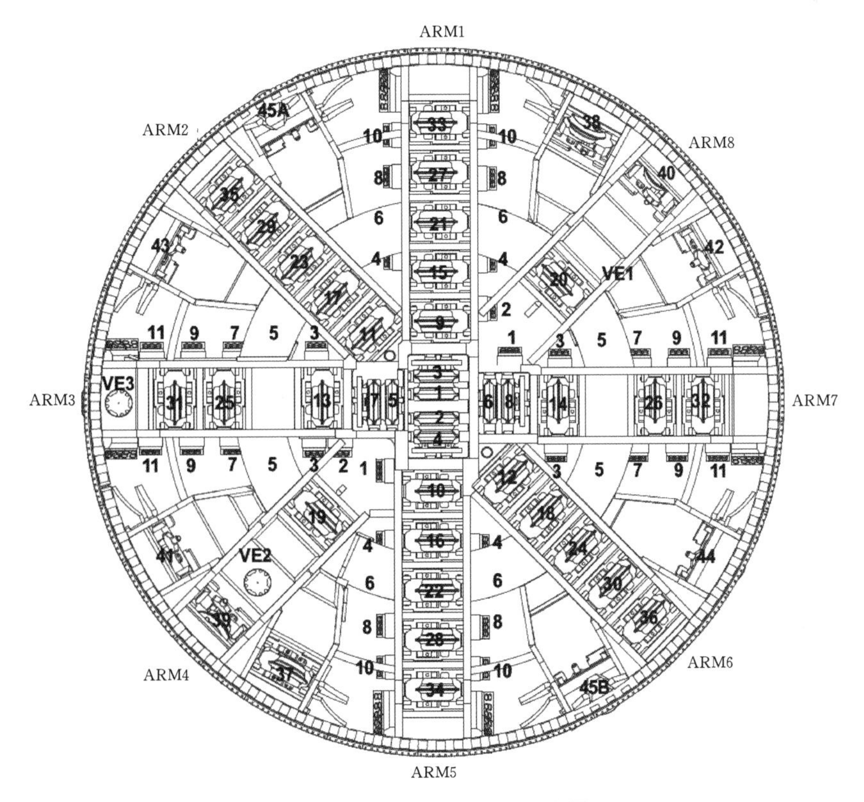


图1　刀盘设计及刀具配置示意图

## 2 塌陷及刀具损坏情况

2017年11月28日盾构掘进过程中发现推力和刀盘扭矩过大，此时盾构机刀盘位置里程为SSK0+268.5桩号，盾构机进入海域约100m，刀盘上方地形为海域回填形成的导流堤。

出现该情况后，立即停止了掘进作业，通过对泥水处理系统分离出的渣样进行分析，并对刀盘前端的地质情况评估后，决定采用常压开仓进行刀具检查。

常压开仓后，刀盘前端地质情况呈左软右硬，掌子面地层整体稳定；透过切口环间隙发现前盾10～11点钟上方位置有空洞，且在9点钟位置有线状清水；经检查共有6把滚刀损坏严重需进行更换。之后开始常压更换刀具，在更换完成3把刀具后换刀人员发现切口环9点钟位置的线状清水有加大的迹象，并带有间歇性的流砂，立即停止了换刀作业，并关闭仓门加入泥浆保压。

随后立即开始带压进仓的相关工作，但在对开挖仓内的泥浆置换制作泥膜过程中，开挖仓内的压力传感器突然波动，且气垫仓内的液位突然升高，导致Samson系统进排气管内均有泥浆喷出，出现该情况后立即关闭了Samson系统，此时地面工程技术人员发现刀盘正上方地面出现直径约6m，深度约2m的锥形塌坑，地面塌坑位置位于海域回填形成的导流堤上，未造成人员伤害及设备损坏。

塌陷位置海域回填已形成的导流堤顶部高程为3.5m，隧洞顶部高程为－31.9m，即隧洞顶部覆盖层厚度约35.4m；塌陷位置自上至下地层依次为回填开山石、细砂、中粗砂、全强风化花岗岩、微风化花岗岩；海平面高程为0.8m，即隧洞顶部承受的水头约32.7m，海水深度约7.4m。

## 3 施工方案

### 3.1 总体方案

根据塌陷位置的实际情况，采用洞内和地面分别进行处理的方法，施工顺序是先洞内后地面。

(1) 洞内处理方案。

1) 在盾尾后部桥架位置采用双液浆施作止水环，阻止管片后部的来水。

2) 利用盾体四周预留的径向孔向盾体四周注入膨润土泥浆及盾尾油脂。

3) 利用盾构机上的同步注浆泵向开挖仓内注入高黏度的膨润土泥浆。

(2) 地面加固方案。

1) 在地面塌陷位置，以刀盘为界，前后3m位置及刀盘外侧1m位置打设探孔，探明刀盘周边情况。

2) 对刀盘前后各8m，盾体两侧各3m、盾体顶部10m范围内的土体采用WSS工法注水泥水玻璃双液浆加固。[1]

地面加固工作完成后，根据检测和监测情况优先采用常压开仓换刀；如不具备常压开仓条件，则注入膨润土泥浆加压建立泥膜，带压进仓作业。[2]

### 3.2 洞内处理施工

(1) 止水环施工。盾构机掘进过程中已进行了同步注浆及二次注浆。本方案实施过程中的止水环施工即在此前注浆的基础上进行注浆效果的检查及补注浆，使其在盾尾后部管片四周形成止水环，阻止后部管片来水前窜进入开挖仓内。

止水环注浆采用水泥水玻璃双液浆，水泥浆水灰比1：1（质量比），水玻璃浓度约40波美度，水泥—水玻璃浆液配合比1：1（体积比），浆液凝结时间：20～30s，注浆压力控制在0.4～0.5MPa。

(2) 盾体四周注膨润土及盾尾油脂。利用盾体四周预留的径向孔向盾体四周注入膨润土及盾尾油脂，注入膨润土和盾尾油脂的作用主要是堵水和防止地面注浆时浆液包裹住盾体。

根据盾构机设计图纸，盾体四周共设计径向孔8个，本方案实施过程中采用盾体上部的4个径向孔进行膨润土及盾尾油脂的注入。

(3) 开挖仓内注膨润土。将地面膨化好的泥浆输送至盾构机1号拖车上的同步注浆罐内，然后利用盾构机上的同步注浆泵将高黏度的膨润土泥浆注入开挖仓内，泥浆黏度约50～60s。

### 3.3 地面加固施工

#### 3.3.1 探孔施工

为了进一步探明盾体及刀盘四周是否存在空腔，以及该区域的地质情况，确保后续注浆的质量，在地面注浆施工前先进行探孔施工，共设置探孔3个。

探孔施工采用锚索钻机钻孔，钻进过程中安排专人记录钻进速度及压力等参数，并做好记录，如探明存在空腔，立即汇报，并根据探测情况进行处理，具体如下：

(1) 确认空腔的高程，并在空腔周围继续施作探孔，确认空腔大小。

(2) 通过钻杆及其他工具量测空腔底部松散体表面距离盾体的高度，如该高度大于1.0m，则利用探孔向空腔内灌入高黏度的膨润土，直至将空腔填满，静置1～2d后在原孔位重新钻孔，钻至设计孔深，按地面注浆参数进行注浆加固。

#### 3.3.2 土体加固施工

(1) 加固体参数。

1) 加固体范围：以刀盘为界，前后各8m，盾体两侧各3m，即隧洞掘进方向长16m，宽13.7m（见图2）。

2）注浆孔位布置：孔间距 3.0m×3.0m，梅花形布置，即沿隧洞掘进方向共布置 11 排 50 个孔，具体孔距可根据现场注浆情况加密调整。

3）加固深度：盾体四周 1.5m 以外至盾体顶部 10m 范围内，即注浆孔深度 8.5～13.9m（沿盾构机轮廓变化）。

另外，根据常压开仓情况判断，盾构机刀盘右侧围岩相对较好，注浆终孔标准采用双控：①钻至设计孔深；②钻孔进入微风化花岗岩 1m 终孔。

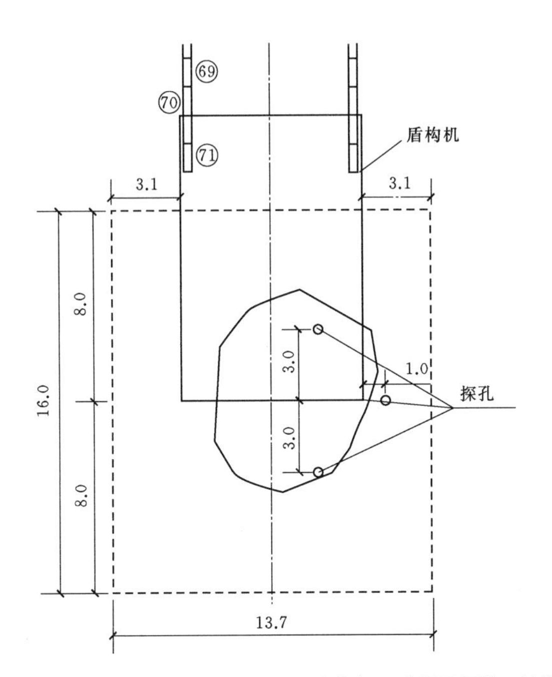


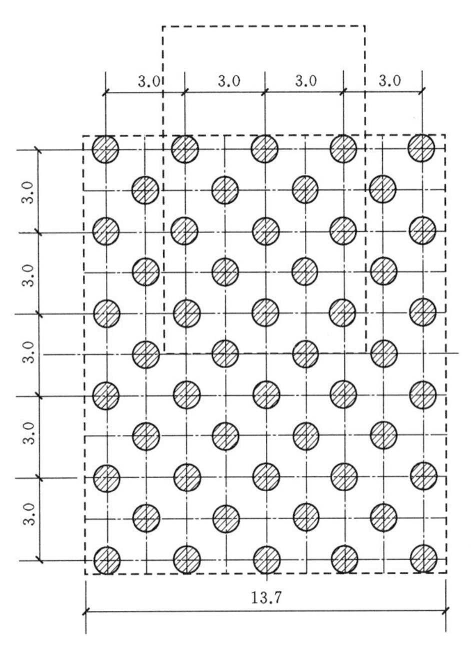


图 2　注浆加固范围及探孔、注浆孔布置示意图（单位：m）

（2）注浆参数。

1）注浆工法：WSS 工法，[3]注水泥水玻璃双液浆。

2）注浆孔造孔：由于本工程加固位置上部为回填的块石区域，因此上部回填区域先采用履带式潜孔钻机或郑州宇通重工有限公司生产的锚杆钻机引孔（设备型号：YAT820A），然后再采用 ZJ1000/2500 全液压钻灌一体机钻孔至设计孔深。

3）浆液配合比：水泥浆水灰比 1∶1（质量比）；水泥水玻璃浆液配合比 1∶1（体积比）。

4）浆液凝结时间：20～30s，具体可根据情况调整。

5）注浆压力：泵压按照 2.5～3.5MPa 控制，实际注浆过程中以开挖仓内的压力不超过刀盘主驱动密封允许的压力为控制标准，一旦开挖仓内的压力趋近于刀盘主驱动密封允许的压力时，立即停止注浆并观察开挖仓压力变化情况。[4]

6）控制标准：注浆期间采用注浆压力和注浆量双重标准控制，即注浆量达到设计值或注浆压力达到设计值，可停止注浆。

**3.3.3　土体加固方案实施情况说明**

土体加固方案实施过程中，由于注浆孔底部与开挖仓的距离较近，注浆过程中在浆液的填充作用下开挖仓内的压力持续增高，并且浆液的注入量与压力的变化不成比例，即在注入很少浆液的情况下开挖仓内的压力已接近刀盘主驱动密封允许的压力，必须停止注浆，待开挖仓内的压力降低后再进行注浆，且等待时间较长。另外，孔底段注浆时开挖仓内的压力变化敏感，必须上提钻杆对上部土体进行注浆。

由于受到刀盘主驱动密封允许压力的限制，每个孔的注浆工作必须以注浆-洗管-注浆-洗管，反复多次进行，因此每个孔的注浆时间需要很长。历时 22 天共完成了 12 个孔的注浆工作，共注入水泥水玻璃双液浆约 236.5$m^3$（水泥 88t，水玻璃 80t），且注入量大的土体位置距离开挖仓的距离达 6～8m。已实施的注浆孔布置如图 3 所示。

通过对前期的注浆情况分析如下：

（1）如按照原设计方案完成所有注浆孔的注浆工作所需的时间将较长，盾构机长期停机将面临其他次生风险。

（2）注入量大的土体位置距离开挖仓的距离较远，即使完成了原设计方案中所有注浆孔的注浆工作，也很难起到支撑刀盘前端掌子面的作用，仍需要带压换刀。

鉴于以上的分析，决定停止地面注浆加固工作，选择专业的超高压带压进仓队伍，再次尝试带压进仓作业。

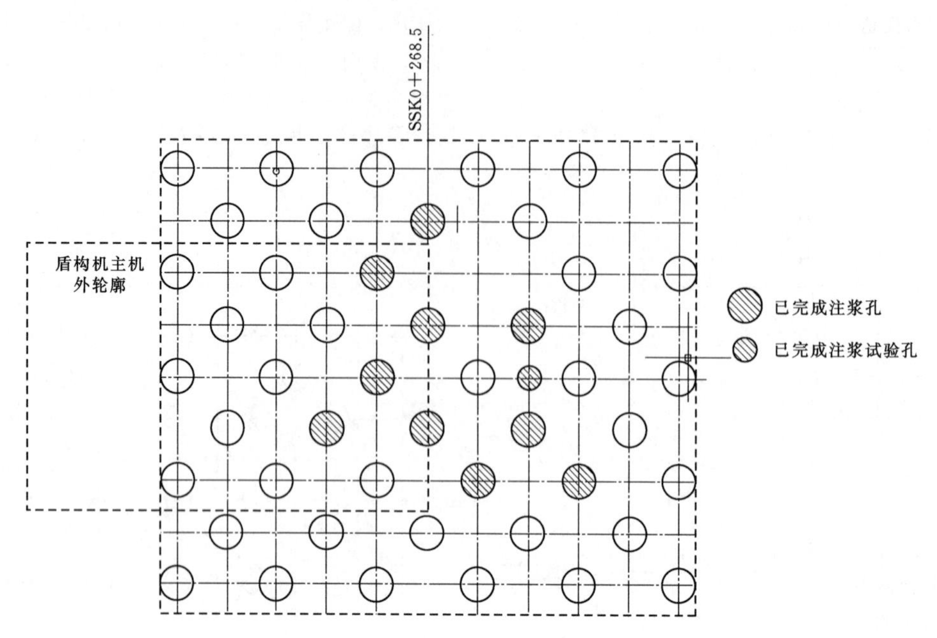


图3　已实施的注浆孔位置图

### 3.4　超高压带压作业施工

#### 3.4.1　进仓压力确定

通过对塌陷期间开挖仓的压力变化情况进行分析，并结合塌陷位置的工程地质和水文地质情况，确定的带压进仓压力为4.6bar❶。

#### 3.4.2　专业进仓队伍选择

目前城市地铁实施过程中带压进仓压力较低，一般在3.0bar以下，由于本工程为海底隧洞，且带压进仓压力较高，因此可供选择的进仓队伍很少。经进行市场调研，并到厦门地铁进行实地考察，最终选择了国内目前唯一的专业带压作业队伍"上海打捞局"担任本次带压进仓换刀作业。

#### 3.4.3　带压进仓施工

（1）保压试验。

1）洗仓及泥浆护壁。前期塌陷导致开挖仓和气垫仓内均被泥沙填满，首先启动泥浆环流系统，利用泥浆环流将开挖仓和气垫仓内的泥沙带出，同时降低气垫仓内的液位至Samson系统进排气管以下高度使Samson能正常工作。待上述工作完成后，利用同步注浆系统及开挖仓内的进浆管路向开挖仓内注入能形成泥膜的高质量的泥浆，并从开挖仓内取泥浆测试泥浆指标，如泥浆指标达到要求（黏度约40s）则停止注入，如不满足则继续注入，直至泥浆指标满足为止。

2）降低液位。将气垫仓液位降低至0m，打开开挖仓和气垫仓之间的联通阀，使气体窜至开挖仓，并调整气压设置值，最终达到两仓液位相平，上部为气体，下部为泥水，此时气压为平衡掌子面中部水土压力。

3）开挖仓密封效果检查。开挖仓排浆之后，保持气压工作状态持续2h，通过观察气压的变化情况来判断掌子面是否稳定，从而确定是否具备进仓条件。

通过洗仓及泥浆护壁等一系列准备工作，经检查开挖仓密封效果满足要求，具备带压进仓条件。经分析，开挖仓密封效果能满足要求主要原因还是前期实施的注浆作业在刀盘顶部约6m位置形成了保护壳体。

（2）带压进仓工作时间及减压时间。本次带压进仓设定的压力4.6bar已超出国家现行规范《盾构法开仓及气压作业技术规范》（CJJ 217—2014）中规定的压力值3.6bar，因此本次带压进仓工作时间及减压时间按照《空气潜水安全要求》（GB 26123—2010）以及《空气潜水减压技术要求》（GB/T 12521—2008）中的相关要求执行。

带压进仓工作时间按照规范选择潜水深度48m，工作时间60min，减压时间约2.5h，具体减压时间按照潜水医生制定的吸氧工况下的减压方案执行。[5]

（3）进仓组织及人员。针对本次带压换刀的特点，由具有丰富管理经验的管理人员和熟练的潜水人员组成带压进仓团队，确保带压进仓作业的安全顺利实施。带压进仓作业组织机构及人员安排见图4和表1。

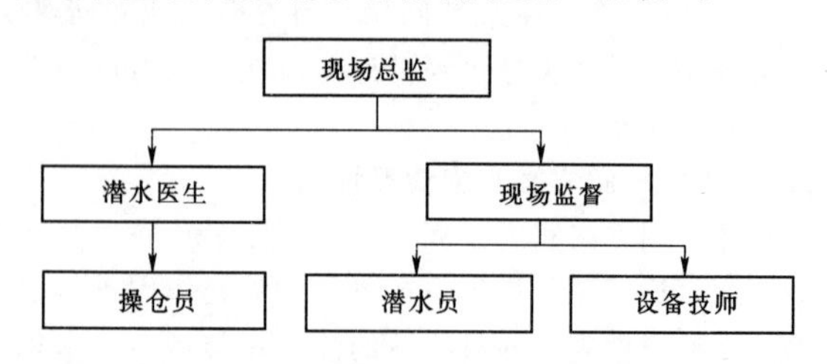


图4　带压进仓作业组织机构图

❶　1bar=0.1MPa。

表 1　　带压进仓作业人员安排

| 编号 | 人员 | 人数 | 备　注 |
| --- | --- | --- | --- |
| 1 | 现场总监 | 1 | 全面项目管理 |
| 2 | 现场监督 | 2 | 高压作业指挥 |
| 3 | 设备技师 | 2 | 高压作业设备维保 |
| 4 | 操仓员 | 2 | 按照医生制定的减压计划进仓操作 |
| 5 | 潜水医生 | 2 | 高气压作业现场医务保障，现场适压作业健康评估，制定加减压方案 |
| 6 | 潜水人员 | 18 | 现场高压作业 |
| 7 | 合　计 | 27 | |

**注**　潜水人员每仓安排 3 人；按照每仓工作时间以及减压时间计算，每天可安排 5 仓作业，考虑到其他突发情况的发生，备用 1 仓，因此共配置 6 仓潜水人员。

（4）带压进仓作业的任务。

1）清理气垫仓内的泥浆。

2）更换已损坏的 3 把单刃滚刀。

3）检查及复紧其他刀具螺栓。

（5）带压进仓作业情况总结。本次带压进仓作业历时 9d，共带压进仓 29 仓，其中 14 仓用于清理气垫仓内的泥浆和为安全打开开挖仓和物料仓仓门做准备工作，13 仓用于更换 3 把单刃滚刀，2 仓用于检查及复紧其他刀具螺栓。用于更换 3 把刀具的总时间为 744min，即每把刀具更换的时间约 248min，约 4h（4 仓），其中刀箱清理 1 仓，刀具拆除 1 仓，运刀及刀具就位 1 仓，刀具安装 1 仓。

## 4　结束语

在面临海床塌陷及刀具损坏的双重困难下，通过采用洞内处理和地面加固，并结合超高压带压进仓作业，安全顺利地完成了泥水盾构在海床塌陷环境下的换刀，较快地实现了盾构机在海底的脱困。该方案的顺利实施，可为其他类似工程提供借鉴。

## 参考文献


[1]　周阳宗，智效龙，刘进志，等. 复合地层下盾构换刀技术研究［J］. 施工技术，2014（S1）：381－384.

[2]　陈健，刘红军，闵凡路，等. 盾构隧道刀具更换技术综述［J］. 中国公路学报，2018，31（10）：40－50.

[3]　杜贻蛟. WSS 注浆技术在城市地铁盾构施工中加固土体的应用［J］. 工程建设与设计，2016（13）：168－170.

[4]　曹金鼎，刘晓正，庞林，等. 泥水盾构机带压开仓技术［J］. 市政技术，2018，36（6）：102－104＋134.

[5]　王连山，奚正平. 超高压环境下盾构施工带压进仓技术研究［C］//海峡两岸隧道与地下工程学术与技术研讨会，2013.

# 全站仪三维坐标测量在大跨度公路隧道监测中的应用

李　顺　卢向林　郭玉树/中国水利水电第十四工程局有限公司华南事业部

【摘　要】隧道监控量测工作是隧道新奥法施工的重要组成部分，本文介绍了利用全站仪配自贴式反射片三维坐标测量的原理及数据分析过程，阐述了该方法在大跨度公路隧道中能够解决拱顶下沉点点位较高，周边位移测线较长，人员、机械设备及环境干扰大等传统尺量缺点，能够快速、准确、经济地完成隧道监控量测工作，为大跨度隧道的监控量测工作提供相关经验，具有重要的意义。

【关键词】监控量测　三维坐标测量　大跨度隧道

## 1　概述

南山路隧道下穿白水带风景区，采用双连拱暗挖隧道形式，成南北走向，为双向六车道连拱隧道，北低南高；全长449m（含北端明洞19m，南端明洞20m），隧道围岩主要为Ⅲ、Ⅳ和Ⅴ级，且为浅埋偏压型隧道，开挖按新奥法原理组织施工，施工工序多、工序衔接要求高，洞身Ⅳ、Ⅴ级围岩段采用三导洞法施工，先中导洞、后左右侧壁导洞预留核心土的施工顺序；Ⅲ级围岩段采用中导洞法施工，先中导洞、后正洞上下台阶法的施工顺序。考虑隧道全断面面积大，拱顶下沉点过高，周边位移测线跨度大，监测点点位过高，若按传统尺量法需大型机械设备协助，且要求测线范围内无障碍物，监测工作与现场施工在时间与空间上冲突较多等诸多原因，最终选择全站仪配自贴式反射片三维坐标测量方法。

## 2　工作准备及监测步骤

### 2.1　工作准备

采用徕卡TS09Plus1″全站仪、徕卡MINI棱镜、徕卡自贴式反射片（20mm×20mm）组成现场监测系统。[1]预埋件采用2mm镀锌钢板切割为30mm×30mm矩形铁片，并焊接于$\phi$22长250mm钢筋的一端，接去自贴式反射片胶层封层后贴于矩形铁片上，于现场立架完成后将其固定于初支上，固定前可先用纸将反射片包裹后用胶带缠住，锚喷结束后接去胶带和纸即可。或可将反射片采用锚固剂直接锚固于隧道初期支护表面。

### 2.2　监测步骤

#### 2.2.1　高程基准点建立

使用地面首级高程控制点作为高程基准，将高程从洞外高程基准点引测至洞内相对稳定处（如仰拱填充面或二衬面）的工作基点，水准测量按《国家一、二等水准测量规范》中的二等水准测量规程施测，每千米测量偶然中误差不大于1mm，水准高程测量的主要技术要求见表1。外业观测数据采集为人工观测，仪器自动记录。观测期间应定期进行高程复核，以保证该工作基点稳定不变。

表1　水准高程测量主要技术要求

| 等级 | 视线长度 | 前后视距差 | 前后视距累计差 | 视线高度 | 两次读数所测高差较差 |
|---|---|---|---|---|---|
| 二等 | ≥3m且≤50m | ≤1.5m | ≤6m | ≥0.55m且≤2.8m | ≤0.6mm |

注　表中的限差在测量工作开始前输入到电子水准仪中，在观测过程中如果测量值超限，仪器将自动提醒。

#### 2.2.2　数据采集

采用全站仪三维坐标测量法进行观测。首先将仪器架设于与监测断面及高程基准点通视的位置，然后按检定证书标定的加（乘）常数设置仪器参数及测量棱镜模式（设置为反射片模式）。利用全站仪默认测站点为基础建立的独立三维坐标系统，照准监测点进行正、倒镜法测取监测点三维坐标值（$X$、$Y$、$Z$），取正、倒镜一测回测值算术平均值为最终测值。将棱镜架设于最近的高程基准点上，修改棱镜模式后测取基准点三维坐标值（关键在于 $Z$ 值）。完成以上工作后即可结束本断面监测工作，重复上述步骤观测下一断面即可。

**2.2.3 数据解算**

采用徕卡专业数据传输软件进行数据传输，传输完成后采用办公软件进行数据分析。

（1）周边位移。周边位移解算原理为：通过两个监测点三维坐标值解算两点间空间距离，本次解算两点间距离与上次及初次解算两点间距离对比，进行数据回归分析，[2]其计算公式为：

$$S=\sqrt{(X_A-X_B)^2+(Y_A-Y_B)^2+(Z_A-Z_B)^2} \quad (1)$$

式中 $S$——周边位移测线值；

$X_A$、$Y_A$、$Z_A$——周边位移测线左端点三维坐标值；

$X_B$、$Y_B$、$Z_B$——周边位移测线右端点三维坐标值。

（2）拱顶下沉。拱顶下沉解算原理为相对高差法，同一个断面的所有监测点（$X$、$Y$、$Z$）值需在同一个测站上测量，并同时测量工作基点（$X$、$Y$、$Z$）值，仪器中显示的 $Z$ 值即为该点在该测站假设坐标系下的假设高程。工作基点一般测取两个，分别布置于隧道左右两侧，其中一个用作解算基点，一个用作复核基点，或可取二者平均值为基准。将本次测站工作基点测量得到的 $Z$ 值与该工作基点的实际高程值相减计算出该测站的高程改正高差 $\Delta H$，再将本测站测量的所有监测点的 $Z$ 值均加上 $\Delta H$，即可得到各监测点实际高程值，[3]其计算过程如下：

$$\Delta H=H_{实测}-H_{设计} \quad (2)$$

$$H_1,H_2,\cdots,H_i=\Delta H+Z_1,Z_2,\cdots,Z_i \quad (3)$$

式中 $H_{实测}$——基点本测站实测 $Z$ 值；

$H_{设计}$——基点设计高程值；

$H_1$，$H_2$，…，$H_i$——各监测点设计高程值；

$Z_1$，$Z_2$，…，$Z_i$——各监测点本测站实测 $Z$ 值。

## 3 反射片观测精度测试

模拟隧道监测断面布置模型，[4]本次测试场地选择在办公楼（共 3 层），借助三楼窗户模拟布置拱顶下沉点 3 个，借助二楼窗户模拟布置第一条周边位移测线，于一楼模拟布置第二条周边位移测线，相应测点及测站布置见图 1。从墙面下场地上垂直墙面量取 10m、15m、20m、25m、30m 几个距离并做好相应标记，于同一条标记线上分别于模拟隧道左侧边墙位置、中线位置及右侧边墙位置三点设站，每站对所有模拟布置反射片各测 5 测回，每测回正倒镜各测一次取平均值为该测回最终值，每测点及测线共得左、中、右三个位置数据 15 个，共得 5 组数据，统计数据详见表 2。

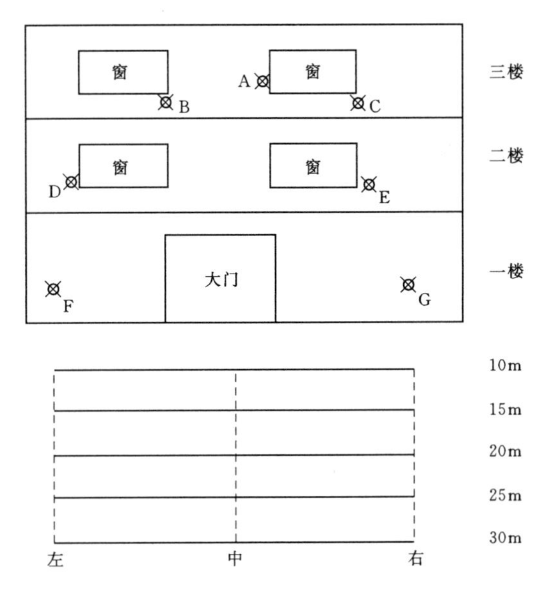


图 1 反射片观测精度测试测点及测站布置示意图

表 2 不同设站距离测量数据统计表

| 设站距离/m | 测点/测线 | 同一设站距离测站设左、测站设中、测站设右共 15 次观测值比较 | | | | | 同一设站距离测值平均值与所有测值平均值之差/mm | 备注 |
|---|---|---|---|---|---|---|---|---|
| | | 高程/测线长度平均值/m | 高程/测线长度最大值/m | 高程/测线长度最小值/m | 最大最小值之差/mm | 标准差/mm | | |
| 10 | A | 14.6817 | 14.6820 | 14.6814 | 0.6 | 0.17 | −0.20 | 高程 |
| | B | 14.1971 | 14.1973 | 14.1970 | 0.3 | 0.09 | −0.10 | 高程 |
| | C | 14.1490 | 14.1491 | 14.1488 | 0.3 | 0.11 | −0.20 | 高程 |
| | D-E | 10.1277 | 10.1279 | 10.1275 | 0.4 | 0.13 | 0.21 | 距离 |
| | F-G | 15.1994 | 15.1995 | 15.1991 | 0.4 | 0.12 | 0.00 | 距离 |
| 15 | A | 14.6819 | 14.6821 | 14.6817 | 0.4 | 0.12 | 0.00 | 高程 |
| | B | 14.1973 | 14.1976 | 14.1970 | 0.6 | 0.15 | 0.10 | 高程 |
| | C | 14.1492 | 14.1496 | 14.1489 | 0.7 | 0.23 | 0.00 | 高程 |
| | D-E | 10.1277 | 10.1280 | 10.1272 | 0.8 | 0.25 | 0.21 | 距离 |
| | F-G | 15.1995 | 15.1997 | 15.1991 | 0.6 | 0.28 | 0.10 | 距离 |

续表

| 设站距离/m | 测点/测线 | 同一设站距离测站设左、测站设中、测站设右共15次观测值比较 | | | | | 同一设站距离测值平均值与所有测值平均值之差/mm | 备注 |
|---|---|---|---|---|---|---|---|---|
| | | 高程/测线长度平均值/m | 高程/测线长度最大值/m | 高程/测线长度最小值/m | 最大最小值之差/mm | 标准差/mm | | |
| 20 | A | 14.6818 | 14.6820 | 14.6816 | 0.4 | 0.12 | −0.10 | 高程 |
| | B | 14.1974 | 14.1975 | 14.1972 | 0.3 | 0.10 | 0.20 | 高程 |
| | C | 14.1492 | 14.1494 | 14.1490 | 0.4 | 0.12 | 0.00 | 高程 |
| | D-E | 10.1275 | 10.1279 | 10.1272 | 0.7 | 0.20 | 0.01 | 距离 |
| | F-G | 15.1993 | 15.1996 | 15.1991 | 0.5 | 0.16 | −0.10 | 距离 |
| 25 | A | 14.6820 | 14.6823 | 14.6818 | 0.5 | 0.14 | 0.10 | 高程 |
| | B | 14.1971 | 14.1974 | 14.1967 | 0.7 | 0.22 | −0.10 | 高程 |
| | C | 14.1493 | 14.1496 | 14.1490 | 0.6 | 0.19 | 0.10 | 高程 |
| | D-E | 10.1275 | 10.1280 | 10.1270 | 1.0 | 0.44 | 0.01 | 距离 |
| | F-G | 15.1993 | 15.1997 | 15.1990 | 0.7 | 0.36 | −0.10 | 距离 |
| 30 | A | 14.6819 | 14.6822 | 14.6817 | 0.5 | 0.17 | 0.00 | 高程 |
| | B | 14.1970 | 14.1972 | 14.1968 | 0.4 | 0.17 | −0.20 | 高程 |
| | C | 14.1492 | 14.1495 | 14.1489 | 0.6 | 0.19 | 0.00 | 高程 |
| | D-E | 10.1273 | 10.1278 | 10.1268 | 1.0 | 0.40 | −0.20 | 距离 |
| | F-G | 15.1994 | 15.2001 | 15.1989 | 1.2 | 0.44 | 0.00 | 距离 |

根据表2的数据，同一测点（测线）同一组数据间较差最大为1.2mm，同一测点（测线）所有数据间较差最大为1.2mm，30组数据标准偏差均在0.44mm内，各同一设站距离平均值与所有观测值平均值之差最大0.21mm，基于对以上人工瞄准反射片中心测试数据的分析，模拟测试结果能够满足《建筑变形测量规范》(JTJ 8—2016) 中，全站仪固定测线的收敛变形观测较差及测回差2mm的要求；且远小于规范限差值。通过同一距离测值平均值与所有测值平均值之差可以看出，在本次室外模拟观测中，测站距离监测点25m时，测量精度最佳。

## 4 隧道监测及监测结果

### 4.1 隧道监测仪器及监测方法

本工程隧道监测采用徕卡TS09Plus1″全站仪为主要测量工具，徕卡自贴式反射片（20mm×20mm）作为监测点。首先将仪器架设于隧道内监测断面及高程基准点间通视的任意位置，然后按检定证书标定的加（乘）常数设置仪器参数及测量棱镜模式（设置为反射片模式），完成仪器各项调平及参数设置后，首先对各监测点进行仪器粗略瞄准确认，以保证该测站位置能与整个断面各监测点通视，精确照准时先利用仪器的红外光导向功能粗瞄，将红外光对准反射片正中后再进行人工精确瞄准。利用全站仪照准各监测点进行正、倒镜法测存监测点三维坐标值（$X$、$Y$、$Z$）。监测点测量完毕后将棱镜架设于离测站距离最近的高程基准点上，修改棱镜模式后测存高程基准点三维坐标值（$X$、$Y$、$Z$，关键在于$Z$值）。完成以上工作后即可结束本断面监测工作，重复上述步骤观测下一断面即可。外业测量完成后，按2.2.3节进行数据解算分析。

### 4.2 监测数据及结果

根据隧道开挖进程，综合考虑多方面因素后，选取2016年10月7日至2017年1月23日监测期间K0+830及K0+800两个断面作为典型断面，监测点布置见图2，对监测数据进行三维坐标解算分析，监测数据见表3，统计出的累计拱顶沉降量及累计周边位移收敛量见表4，其相应拱顶沉降量及周边位移收敛量累计变化曲线图见图3。

实际开挖过程中由于监测点布置受开挖空间及时间上影响，同一断面测点（测线）的布置时间并不一致，但根据表4中典型断面数据及相应变化曲线图可以看出，上、下台阶的开挖均对断面变形有一定程度影响，监测数据在后期围岩趋稳阶段出现小范围的波动现象，但波动值均远小于1mm，可认为该值来自测量误差并忽略不计，各测点/测线总体变形曲线与理论变形曲线相符。

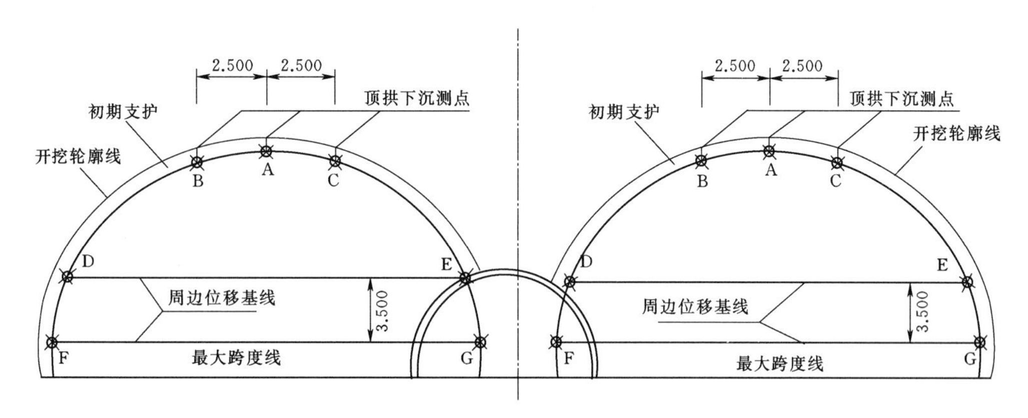


图2　监控量测断面布置图（单位：m）

**表3　K0＋800、K0＋830 变形监测数据表**

| 时间 | K0＋830 变形观测值/m | | | | | 时间 | K0＋800 变形观测值/m | | | | |
|---|---|---|---|---|---|---|---|---|---|---|---|
| | A | B | C | D－E | F－G | | A | B | C | D－E | F－G |
| 10月7日 | 26.5744 | 25.9387 | 25.7563 | | | 11月25日 | 26.6247 | 26.0234 | 25.9385 | | |
| 10月9日 | 26.5721 | 25.9361 | 25.7525 | 15.6742 | | 11月26日 | 26.6241 | 26.0224 | 25.9367 | 14.8790 | |
| 10月14日 | 26.5663 | 25.9304 | 25.7466 | 15.6696 | | 12月2日 | 26.6187 | 26.0186 | 25.9353 | 14.8749 | 16.3533 |
| 10月21日 | 26.5613 | 25.9258 | 25.7420 | 15.6635 | | 12月9日 | 26.6129 | 26.0135 | 25.9296 | 14.8735 | 16.3515 |
| 10月28日 | 26.5607 | 25.9251 | 25.7414 | 15.6613 | 16.7764 | 12月16日 | 26.6102 | 26.0103 | 25.9256 | 14.8725 | 16.3485 |
| 11月4日 | 26.5606 | 25.9248 | 25.7410 | 15.6609 | 16.7757 | 12月23日 | 26.6070 | 26.0080 | 25.9230 | 14.8713 | 16.3467 |
| 11月11日 | 26.5568 | 25.9201 | 25.7383 | 15.6602 | 16.7719 | 12月30日 | 26.6058 | 26.0062 | 25.9206 | 14.8707 | 16.3459 |
| 11月18日 | 26.5545 | 25.9166 | 25.7371 | 15.6604 | 16.7696 | 1月6日 | 26.6040 | 26.0053 | 25.9194 | 14.8706 | 16.3458 |
| 11月21日 | 26.5548 | 25.9168 | 25.7370 | 15.6601 | 16.7689 | 1月13日 | 26.6037 | 26.0045 | 25.9185 | 14.8706 | 16.3457 |
| | | | | | | 1月20日 | 26.6031 | 26.0037 | 25.9178 | 14.8700 | 16.3449 |
| | | | | | | 1月23日 | 26.6030 | 26.0040 | 25.9177 | 14.8698 | 16.3444 |

**注**　表中的A、B、C对应为三点高程值，D－E、F－G对应为测线长度。

**表4　K0＋800、K0＋830 变形监测成果计算表**

| 时间 | K0＋830 变形量/m | | | | | 时间 | K0＋800 变形量/mm | | | | |
|---|---|---|---|---|---|---|---|---|---|---|---|
| | A | B | C | D－E | F－G | | A | B | C | D－E | F－G |
| 10月7日 | 0.0 | 0.0 | 0.0 | | | 11月25日 | 0.0 | 0.0 | 0.0 | | |
| 10月9日 | －2.3 | －2.6 | －3.8 | 0.0 | | 11月26日 | －0.6 | －1.0 | －1.8 | 0.0 | |
| 10月14日 | －8.1 | －8.3 | －9.7 | －4.6 | | 12月2日 | －6.0 | －4.8 | －3.2 | －4.1 | 0.0 |
| 10月21日 | －13.1 | －12.9 | －14.3 | －10.7 | | 12月9日 | －11.8 | －9.9 | －8.9 | －5.5 | －1.8 |
| 10月28日 | －13.7 | －13.6 | －14.9 | －12.9 | 0.0 | 12月16日 | －14.5 | －13.1 | －12.9 | －6.5 | －4.8 |
| 11月4日 | －13.8 | －13.9 | －15.3 | －13.3 | －0.7 | 12月23日 | －17.7 | －15.4 | －15.5 | －7.8 | －6.6 |
| 11月11日 | －17.6 | －18.6 | －18.0 | －14.0 | －4.5 | 12月30日 | －18.9 | －17.2 | －17.9 | －8.3 | －7.4 |
| 11月18日 | －19.9 | －22.1 | －19.2 | －13.8 | －6.8 | 1月6日 | －20.7 | －18.1 | －19.1 | －8.4 | －7.5 |
| 11月21日 | －19.6 | －21.9 | －19.3 | －14.1 | －7.5 | 1月13日 | －21.0 | －18.9 | －20.0 | －8.5 | －7.6 |
| | | | | | | 1月20日 | －21.6 | －19.7 | －20.7 | －9.0 | －8.4 |
| | | | | | | 1月23日 | －21.7 | －19.4 | －20.8 | －9.2 | －8.9 |

**注**　表中的A、B、C对应为三点拱顶下沉变形量，D－E、F－G对应为测线周边位移收敛变形量。

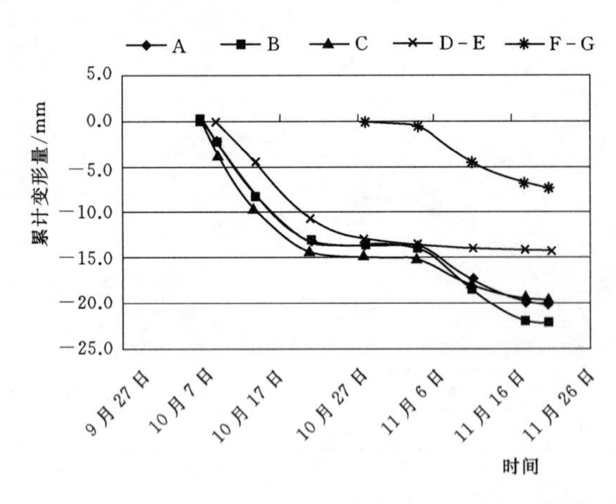


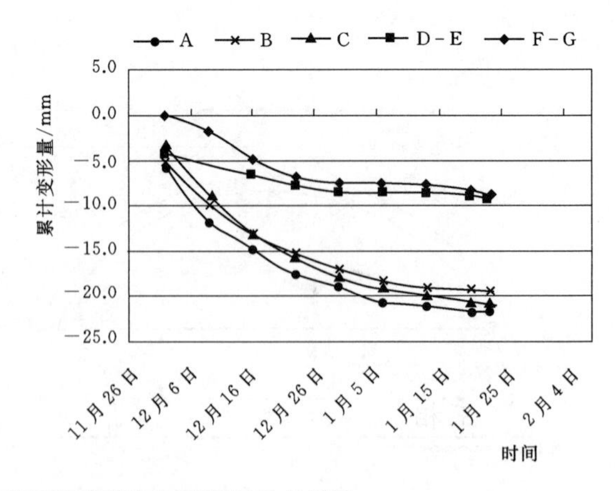


图3 K0+830、K0+800拱顶沉降量及周边位移收敛量累计变化曲线图

## 5 结语

通过对该三维坐标测量方法的应用及分析，实际隧洞监测工作中与传统的尺量方法比较，该方法具有如下特点：

（1）全站仪观测反射片三维坐标测量法能够满足《建筑变形测量规范》（JTJ 8—2016）中，全站仪固定测线的收敛变形观测较差及测回差2mm的要求。

（2）监测过程中，监测点布置灵活，且反射片本身反光明显，在洞室内易查找。

（3）监测过程中，仪器设站位置灵活，且测点（测线间）无需通视，只需测点与测站间通视即可。

（4）大跨度公路隧道中，全断面开挖时，拱顶监测点高度较高（约10m），周边位移测线距离较长（约16.5m），采用非接触式量测，在监测中能免去各种因素对尺长误差的影响，且不需大型机械配合。

（5）数据解算简单，且不再是单一的一个点、一条线的数据，收敛与拱顶下沉监测相结合，可根据需要通过两点间坐标值进行多个拱顶下沉点、多条收敛测线的解算，数据解析多元化。

该方法在复杂的大跨度公路隧道施工中，操作简单、便捷，解决了传统尺量监测方法中挂尺难、高空作业、大跨度尺误差大等诸多问题，可与部分施工平行作业，无需大型机械配合，减少较多监测时间，数字化程度高，避免了较多人为误差，在隧道监控量测工作中是一种较为便捷、快速、经济的监测方法。

## 参考文献

[1] 樊钢，李怀萍．反射片测量精度的检测［C］//2004年全国测绘仪器综合学术年会论文集．成都：中国测绘学会，2004，120-121．

[2] 张正禄，李广云，潘国荣，等．工程测量学［M］．武汉：武汉大学出版社，2005．

[3] 顾孝烈，鲍峰，程校军，等．测量学［M］．上海：同济大学出版社，2011．

[4] 杨为民，朱海华．测距反射片测量精度的实验研究［J］．现代制造技术与装备，2016（2）：23-25．

# 双线隧道 CRTSⅠ型双块式无砟轨道先导段施工工艺总结

王相森　王　鹏/中国水利水电第十四工程局有限公司华南事业部

【摘　要】目前国内无砟轨道施工方法各异，本文重点研究“轨排框架法”的无砟轨道先导段施工方法，先导段施工是无砟轨道施工组织的关键环节，在很大程度上直接影响无砟轨道的施工质量和施工进度，提前收集归纳总结无砟轨道施工程序、工艺流程等为后续正式开展无砟轨道施工积累经验。

【关键词】无砟轨道　先导段　施工工艺　总结

## 1　概述

端西隧道位于福建省沙县高砂镇境内，进口里程 DK37＋353，位于高砂镇渔珠村，出口里程 DK43＋569，位于高砂镇官庄村，隧道全长 6216m。

端西隧道设一座斜井，斜井斜长为 414.83m，综合纵坡 8.69%，斜井位于高砂镇端溪村，洞口位于线路前进方向右侧，与正洞左线交于 DK39＋814 里程处，与线路小里程方向夹角为 59°，采用无轨运输双车道断面。

端西隧道正线全部采用 CRTSⅠ型双块式无砟轨道，自上而下依次由钢轨、扣件、双块式轨枕、道床板组成，结构高度为 515mm，采用《高速铁路轨道工程施工质量验收标准》(TB 10754—2010)。

无砟轨道先导段施工范围为端西隧道斜井往出口方向左线 DK39＋850～DK40＋850 (1000m)，其中 DK39＋850～DK40＋243.29 (393.29m) 段为直线段，DK40＋243.29～DK40＋850 (366.71m) 段为左偏曲线，坡度均为 6.984‰。该先导段采用轨排框架法施工，共分 15 仓浇筑完成。实际施工时段为 2016 年 9 月 21 日至 10 月 7 日，工期 17d，进度约 60m/d。

## 2　先导段施工程序与工艺流程

### 2.1　施工程序

(1) 隧道内 CRTSⅠ型双块式无砟轨道施工过程中的控制项目可分为工程测量、材料试验、工程结构、质量标准和质量报表、各类静态检测数据等。[1]

(2) 轨排架的每榀长度为 6.5m，每循环无砟轨道平均浇筑长度 65m，即每循环无砟轨道浇筑 10 榀轨排框架。每次安装调整 11 榀排架，留至少一榀排架作为约束端，以控制下一循环排架中线、标高的位移。每根轨枕拼装中心间距为 0.65m，即每榀排架拼装轨枕块 10 根。

### 2.2　施工工艺流程

施工工艺流程详见图 1。

## 3　施工方法

### 3.1　隧道基底凿毛及清理

(1) 隧道内道床板施工前，应对道床板 2.8m 范围内的仰拱、底板顶面用铣刨机进行凿毛，要求平面见新面不应小于 75%，并保证在立面上存在一定凹凸关系。采用高压水枪对顶面浮灰、浮渣进行清理。清理完成的隧道顶面应干净无积水。

(2) 质量控制要点：道床板下部无浮灰、浮渣及杂物，干净无积水，中线偏差不超过 2mm，模板内边线偏差±2mm。

### 3.2　隧道底板测量放线及绑扎底层钢筋

(1) 在隧道底板面测量放线，并用墨线标记出两侧模板线、轨道中心线、底层钢筋位置线。道床板底层钢筋下垫 C40 混凝土垫块，梅花形布置，每平米不少于 4 个，底层纵横钢筋间采用绝缘卡节点隔离，相邻钢筋的搭接头应相互错开，搭接长度不小于 700mm。钢筋绑

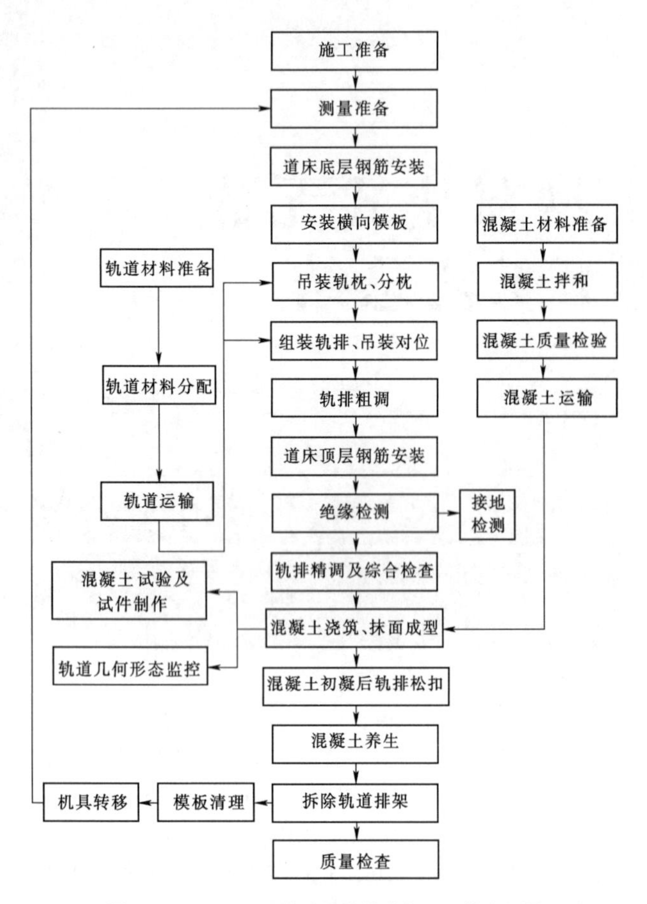


图1　CRTSⅠ型双块式无砟轨道施工工艺流程图

扎完成后及时剪除绝缘扎带尾端并进行二次清理。

（2）质量控制要点：采用全站仪放样，钢卷尺量出钢筋位置线并标识；按梅花形布置垫块，每平米不少于4个；纵横向钢筋采用绝缘卡连接并绝缘，搭接长度不小于700mm；施工过程中防止钢筋变形，维持物流通道的通畅。[2]无砟道床钢筋布置图详见图2。

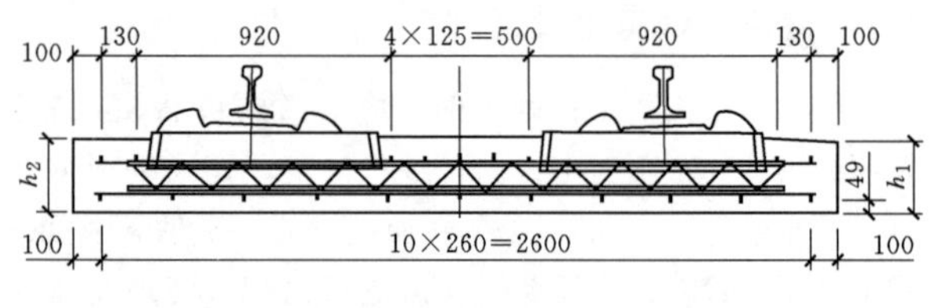


图2　无砟道床钢筋布置图（单位：mm）

## 3.3　模板安装及固定

（1）底层钢筋绑扎完成并验收合格后，进行纵向模板的安装。纵向模板采用整体钢模板。模板安装前需检查钢筋保护层厚度是否满足要求，模板清洁及脱模剂涂刷情况，变形或损坏的模板不得使用。模板初步定位后，根据模板撑杆的长度，用冲击钻在隧道仰拱面钻孔，钻孔深度8～10cm，并植入直径不小于16mm的钢筋，钻孔间距控制为1.2m。在模板和撑杆定位后，对模板进行准确定位，模板的上下撑杆必须呈三角形布置，顶撑部位为模板底部和上部，所采用的撑杆必须具备“一撑一拉”的功能，能够调整模板横向的左右位移，确保模板准确定位。模板校正时，采用水平尺对模板的垂直度进行控制。模板定位完成后，必须逐根检测撑杆的受力情况。[3]

（2）由于隧道仰拱面会出现不平整的现象，模板底面会出现空隙，为防止浇筑混凝土时跑浆，采用泡沫胶或砂浆对空隙进行封堵。

（3）根据道床板每板的计划施工长度对端头进行施工缝位置的封堵。由于上下层钢筋的位置相对固定，封堵端头宜采用开孔的定型钢模板，模板与钢筋冲突的位置，不得移动钢筋位置或截断纵向钢筋。

（4）质量控制要点：模板安装不能扰动轨排状态，模板应干净无污染，必须使用脱模剂刷涂均匀，钢筋保护层厚度满足要求，模板安装偏差控制在±2mm，模板垂直度满足要求。无砟道床模板安装过程中利用的固定装置详见图3。

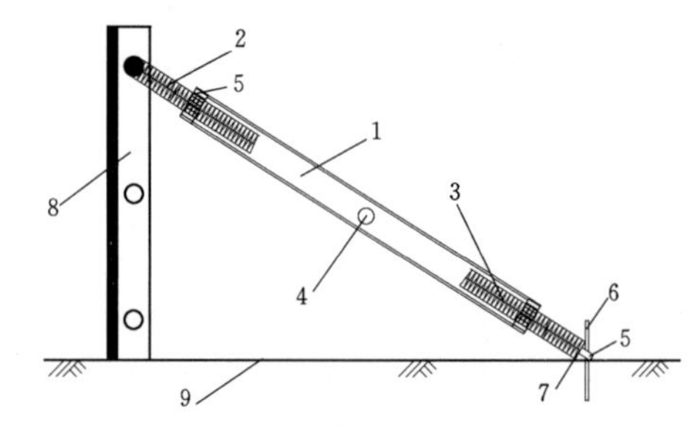


图3　无砟道床模板固定装置示意图

1—$\phi$30mm调节丝杠杆件（长度自定）；2—$\phi$20mm调节丝杠（正牙）；3—$\phi$20mm调节丝杠（反牙）；4—预留转动孔；5—$\phi$20mm内径螺母；6—钢筋；7—焊接；8—道床板模板；9—地面

## 3.4　轨排组装及粗铺

（1）轨排由框架组合装置、工具轨、轨排连接鱼尾板、高程调节螺杆、轨向调节撑杆、超高调节组件等组成。

（2）散枕在散枕平台上进行，散枕前应在散枕平台上做好卡具，对轨枕间距、轨枕垂直度进行卡控。隧道内轨枕控制间距650mm，每个轨排框架为10根轨枕（6500mm框架）。轨枕按间距分布后，应清理承轨面上的浮灰或杂物，然后去掉扣件螺栓的封口胶套。轨排框架就位前，应检查钢轨的清理情况，钢轨底部、侧面应干净且无附着物。轨排就位前，按扣件系统的安装顺序逐个安装其部件，钢轨就位后用开口扳手初步拧紧，确保钢轨与轨枕连接牢固。[4]

（3）单个轨排组装完成后，进行轨排的粗铺就位。龙门吊（或随车吊）在粗铺轨排时应缓慢进行，减小粗铺的误差。轨排就位后，应根据测量数据对轨排的中线、高程进行粗调。粗调采用起道器移动轨排的水平、高程位置。

(4) 轨排粗铺定位完成后，及时旋紧高程螺杆，并安装轨向调节螺杆使其受力，然后松掉起道器。使用扭力扳手，对扣件进行紧固，紧固扭矩控制在160N·m，并使扣件弹条“三点”与钢轨压板密贴。

(5) 两个轨排连接处采用鱼尾板进行连接，鱼尾板安装过程需用大锤反复敲击鱼尾板，使其与钢轨密贴并拧紧鱼尾板螺栓。两轨排间轨缝间距为8～10mm。

(6) 质量控制要点：轨枕铺设间距均为650mm；轨排框架进场前必须逐榀检查，不合格或变形的构配件严禁使用；扣件安装必须按照安装说明进行，道钉扭矩满足要求；鱼尾板连接按要求进行，与钢轨应密贴且两轨排间轨缝间距为8～10mm。轨排粗铺过程中利用的轨枕吊装门架详见图4。

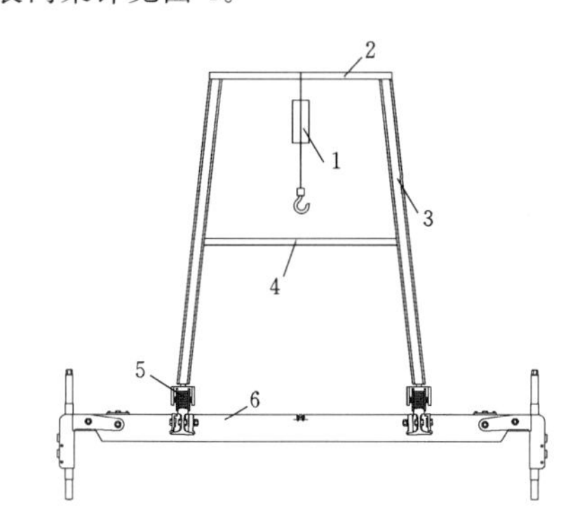


图4 轨枕吊装门架示意图

1—电动吊葫芦；2—工字钢（顶部横向）；3—118工字钢（两侧斜向）；4—工字钢（中部横向）；5—轨排行走轮；6—轨排

## 3.5 轨排粗调

(1) 使用全站仪（条件允许下可采用精调小车）进行轨排粗调，旋动竖向支撑螺杆进行高程方向的粗调，调节左右撑杆调节轨道中线位置。按照先中线后水平的顺序循环进行。粗调原则：先中线后高程，高程误差宁低勿高。

(2) 质量控制要点：粗调后的轨道位置误差控制在高程－5～0mm、中线±5mm。

## 3.6 上层钢筋绑扎及接地焊接

(1) 轨排粗调完成后按设计要求绑扎上层钢筋。对纵向钢筋与横向钢筋及轨枕桁架上层钢筋交叉处以及上层纵向钢筋搭接范围的搭接点按设计要求设置绝缘卡并绑扎。因特殊的电绝缘需要，钢筋按照设计要求布设完成后，需进行绝缘和综合接地处理。钢筋绑扎完成后，应逐个检查绝缘卡的固定情况，并剪掉绝缘卡的多余部分。

(2) 隧道内不大于100m的道床设置为一个接地单元，布置形式为三纵一横，即三根纵向钢筋（上层两边最外一根及上层中间钢筋）分别搭接焊接，并与一根横向钢筋用L形钢筋焊接在一起。钢筋焊接长度单面焊不小于200mm，接地钢筋电阻小于1Ω。三根纵向钢筋与下一单元进行绝缘断开（不焊接且接头处用绝缘卡绑扎）处理一次，形成接地单元。

(3) 道床板接地端子应对应电缆槽边墙接地端子位置设置，并尽可能靠近。

(4) 钢筋绝缘检测：道床板钢筋绑扎及接地钢筋焊接完成后应进行绝缘性能检测，检测采用不低于500V兆欧表，非接地钢筋中任意两根钢筋的电阻值不小于2MΩ。

(5) 质量控制要点：接地钢筋焊接长度不小于200mm，接地端子与模板密贴，接地单元长度不大于100m，接地端子焊接宜选择与沟槽侧壁接地端子正对的位置，接地钢筋系统的绝缘性能应满足设计要求。

## 3.7 轨道精调

(1) 所用轨道几何状态测量仪、全站仪、棱镜等均应满足精度要求，并定期校核准确，测量前应复核所用线形设计资料、CPⅢ成果资料无误，并输入准确。每次轨道精调时需与上次或前一站重叠一个轨排长度。

(2) 轨道精调小车放置于轨道上，安装棱镜。使用全站仪测量精调小车棱镜。小车自动测量轨距、超高、水平位置，接收观测数据，通过配套软件，计算轨道平面位置、水平、超高、轨距等数据，将误差值迅速反馈到轨道状态测量仪的电脑显示屏幕上，指导轨道调整。轨道精调几何尺寸验收标准详见表1。

**表1　　轨道精调几何尺寸验收标准表**

| 序号 | 检查项目 | 验标要求 |
|---|---|---|
| 1 | 轨距 | 1435±1mm |
| 2 | 轨距变化率 | $L/1500$ |
| 3 | 轨向（10m、48a） | 2mm |
| 4 | 高低（10m、48a） | 2mm |
| 5 | 水平 | 2mm |
| 6 | 扭曲（3m） | 2mm |
| 7 | 高程 | 2mm |
| 8 | 轨道中线 | 2mm |
| 9 | 线间距 | ＋5－0mm |

(3) 质量控制要点。为确保铺设长轨后的轨道几何尺寸满足验标要求，施工过程中需要提高轨道的控制精度等级；所有仪器设备必须按相关标准实行定期标定；精调区域尽量减少其他施工作业；轨排精调后应尽早浇

筑混凝土，如间隔时间过长或环境温度变化超过15℃或受到外部条件影响必须重新检查或调整轨排至合格后方能浇筑混凝土；精调时与上一浇筑段搭接测量一个轨排框架长度。[5]

### 3.8 道床板混凝土浇筑

(1) 轨排精调完成后，应及时浇筑混凝土。当间隔时间过长，或环境温度变化超过15℃，或受到外部条件影响时，必须重新检查或调整轨排。

(2) 浇筑前清理浇筑面上的杂物，浇筑前洒水润湿后的仰拱面上不得有积水。为确保轨枕与新浇混凝土的结合良好，需在浇筑前6h内在轨枕表面喷水3～4次。用防护罩覆盖轨枕、扣件。

(3) 隧道内双线施工时，一线采用罐车加溜槽直接浇筑道床板混凝土，二线施工时采用龙门吊加料斗的方式浇筑。料斗接料后转至待浇筑的轨排上方（下料口离轨顶不可过高），开启阀门下料。下料过程中须注意及时振捣和防止污染，下料应均匀缓慢，不得冲击轨排。混凝土浇筑前应检测混凝土的坍落度、含气量及温度指标，合格后方可卸料。浇筑时采用一端向另一端连续进行，当混凝土从轨枕下自动漫流至下一根轨枕后，方可前移至下一根轨枕继续往前浇筑。

(4) 混凝土振捣完成后，及时修整、抹平混凝土裸露面，混凝土入模后用木抹完成粗平，1h后再用钢抹精平。为防止混凝土表面失水产生细小裂纹，在混凝土初凝前（入模后5h左右）进行第三次抹面，抹面时严禁洒水润面。抹面过程中要注意加强对轨道下方、轨枕四周等部位的施工。抹面完成后，及时清刷轨排、轨枕和扣件，防止污染。抹面过程中要注意加强对轨道下方、轨枕四周等部位的施工。加强对表面排水坡及高程的控制，确保坡度符合设计要求，表面排水顺畅，不得积水。

(5) 抹面完成后，及时清刷轨排、轨枕和扣件，防止污染。

(6) 混凝土浇筑初凝后用螺栓扳手将螺杆放松1/4圈，同时松开扣件及鱼尾板（松开扣件的时机根据现场温度和混凝土初凝时间决定），释放轨道在施工过程中由温度和徐变引起的变形。[6]

(7) 在轨排框架拆除前，重新复紧扣件、夹板螺栓，进行成果采集，并安排专人组织分析。

(8) 质量控制要点：按要求进行混凝土坍落度、含气量等指标的检查；表面按设计设置横向排水坡，人工整平、抹光，其外形尺寸应满足允许偏差；下料时应及时振捣，防止集料过多导致轨排上浮；混凝土灌注过程中设备或机具禁止碰撞轨排，若有扰动必须立即停止灌注，及时通知复测精调。道床板外形尺寸验收标准详见表2。

表2　道床板外形尺寸验收标准表

| 序号 | 检查项目 | 允许偏差/mm |
|---|---|---|
| 1 | 顶面宽度 | ±10 |
| 2 | 中线位置 | 2 |
| 3 | 道床板顶面与承轨台面相对高差 | 5 |
| 4 | 平整度 | 3mm/1m |

### 3.9 道床养护及拆模

(1) 混凝土浇筑完成后，采取土工布覆盖洒水，并在其上覆盖塑料薄膜的养护方式，洒水次数根据天气情况定，确保混凝土表面能保持充分潮湿状态。养护时间不少于7d。

(2) 道床混凝土抗压强度不低于5MPa，方可拆除纵向模板，所有拆下的模板及附件应集中存放于两线路中部。

(3) 道床板施工后在道床板外侧侧面刷写浇筑日期。养护过程中应做好养护记录和测温工作。

### 3.10 轨排框架拆除及倒运

(1) 当道床板混凝土强度达到5MPa以上后进行拆模。首先顺序旋升螺柱支腿1～2mm，然后松开轨道扣件，按照拆除顺序拆除排架，拆卸模板，最后经过确认扣件全部松开后，龙门吊（随车吊）吊起排架运至轨排组装区清理待用，进入下一循环施工。

(2) 安排专人负责对拆卸的模板、排架及配件等用毛刷进行清洁处理，配件集中储存在集装筐中，备下次使用。道床板混凝土未达到设计强度75%前，严禁在道床板上行车和碰撞轨道部件。

(3) 质量控制要点：轨排拆除前，重新复紧扣件、夹板螺栓进行成果采集，并安排专人组织分析，几何复测平顺性通过后方可拆除轨排。

## 4 先导段施工发现的问题及改进措施

(1) 道床板纵向模板与场地接触面虽然采用砂浆封堵，但还有小部分漏浆，需改进。

改进措施：纵向模板支立好后，采用砂浆封堵模板底部与场地的空隙，封堵时在纵向模板内侧支挡钢板，确保砂浆不侵入底座板结构内。

(2) 道床板顶面排水坡度控制不是太精确。

改进措施：采用方钢焊接坡度尺，坡度尺放置于钢轨顶面，通过滑移坡度尺来控制道床板顶面排水坡度。

(3) 混凝土抹面质量标准要求高，现场施工质量不理想。

改进措施：施工混凝土后立即用轨面刮平器刮平，第一遍用木抹子边抹边拍，适度增减混凝土，目的是磨平并将粗粒料拍打下去，表面剩余细粒料；第二遍，紧随其后采用长铁抹子细抹，把细粒料均匀抹平，并对个别点存在粗料区再次排压提浆，保证混凝土表面细粒料均匀充足，便于抹光时保证光面质量；第三遍与第四遍在混凝土初凝后，两遍压光，有效地保证混凝土外观质量。

（4）道床板浇筑后总体复测后出现上浮。

改进措施：根据道床板浇筑前精调数据及浇筑后复测数据分析，竖曲线总体出现上浮，建议精调时下调竖曲线数据，控制在－0.3mm以内。[7]

（5）道床板顶面平整度合格率偏低。

改进措施：要求混凝土浇筑过程采用刮平尺进行精确刮平控制道床板流水坡，然后利用轨枕承轨台面高程、道床板模板放样高程进行有效控制道床板平整度，以提高平整度合格率。

（6）隧道富水区道床板顶面出现水析。

改进措施：底层钢筋绑扎前彻底清除基面泥浆，并排除积水查找基面渗水部位，采用小型取芯机在中心水沟侧壁钻孔，卸载静水压力引排，防止道床板面出现水析。

（7）道床板出现裂缝。

改进措施：混凝土浇筑前首先清除轨枕浮尘、水泥浆，采用喷雾器有效湿润轨枕，混凝土浇筑完成待初凝后及时松开鱼尾板连接器及轨枕扣件四分之一圈，并喷雾养护，后续及时采用土工布覆盖、洒水养护。

（8）道床板边角破损。

改进措施：道床板边模拆除不可直接进行敲打模板边缘，应采用方木靠垫边模后敲打拆除，其他作业（吊装）操作过程应加强成品防护，派专人督促、监督。

（9）道床板底部烂根现象。

改进措施：对于基面不平整部位，应采用砂浆条进行封堵边模缝隙，并对靠道床板面里侧砂浆条抹平处理，混凝土浇筑过程中应加强监督及时进行振捣，防止漏振。

## 5 结语

通过无砟轨道先导段施工，对施工技术人员和操作工人起到了较好培训作用，使他们对无砟轨道施工工艺流程及质量卡控要点有了更全面的熟悉和掌握，对优化后续无砟道床施工工艺及资源配置提供了可靠的依据。该先导段施工中发现的问题及解决措施，也为后续施工积累了宝贵的经验。

## 参考文献

［1］ 王红亮．隧道内CRTSⅠ型双块式无砟轨道轨排框架法施工工艺［J］．铁道建筑，2012（4）：81－84．

［2］ 陈剑锋．CRTSⅠ型双块式无砟轨道施工工艺和安全控制措施研究［J］．江西建材，2016（8）：160－161．

［3］ 中国水利水电第十四工程局有限公司．一种无砟轨道道床板模板固定装置：CN20161208578.7［P］．2017－08－11．

［4］ 中国水利水电第十四工程局有限公司．一种铁路无砟轨道施工轨排上行走的轨枕吊装门架：CN201621170897.3［P］．2017－05－10．

［5］ 刘彬．武广铁路客运专线CRTSⅠ型双块式无砟轨道施工工艺及质量控制［J］．铁道标准设计，2010（1）：58－63．

［6］ 陈骁文．双块式无砟轨道施工工艺及施工精度控制［J］．铁道建筑，2009（2）：108－110．

［7］ 丁思刚．客运专线双块式无砟轨道施工工艺［J］．安徽建筑，2009，16（2）：106＋128．

# BIM 技术在玉江村辅道桥段工程中的应用

祝永迪　崔　健　吴培章/中国水利水电第十四工程局有限公司华南事业部

【摘　要】 建筑信息模型（BIM）包含了项目全生命周期的全部相关信息，对于工程设计、施工、运行、维护都具有至关重要的意义，正逐步应用于土木建筑、水利工程建设中。以厦漳同城大道台投段工程为例，借助 Revit 软件，通过建立路桥参数化族库，完成了精细化路桥三维模型；同时利用 Navisworks 软件，将精细化 BIM 模型应用于施工进度管控、各方协同合作、施工工序优化、成本精细管理中，为 BIM 技术在公路桥梁工程中的应用提供了经验与借鉴。

【关键词】 BIM　公路桥梁　参数化族库　进度管控　工序优化　成本管理　各方协同

## 1　引言

随着基础建设工作的稳步推进，我国公路桥梁建设技术取得了大幅度的提高，杭州湾大桥、港珠澳大桥等大型工程越来越多，这对我国桥梁设计与施工水平提出了更高的要求。现阶段桥梁工程项目的设计工作和施工规划仍然主要依靠二维 CAD 图纸来表达，可视化程度低，而公路桥梁工程构造复杂、构件种类和数量繁杂，传统二维图纸表达方式下材料统计工作繁冗复杂，涉及的数据种类较多、数据量较大，并且仅仅依靠传统二维图纸很难在工程施工前提前发现设计中的冲突问题，且图纸修改重复工作量大。因此，公路桥梁工程的信息化、数字化建设至关重要。

建筑信息模型（Building Information Modeling，简称 BIM）具有高度的可视化和信息集成特性，是参数化的三维建筑模型。[1] BIM 模型具有可视化、协调性、模拟性、参数化的特点，可贯穿于项目全生命周期且可持续发展，[2] 模型及附属信息在设计、施工、运行、维护等各阶段是实时、动态发展的。BIM 技术已经取得了一定的研究和应用成果，但对于公路桥梁工程，BIM 研究和应用目前尚处于探索阶段。[3] 本文拟将 BIM 技术引入到公路桥梁工程中，以厦漳同城大道玉江村段工程为研究对象，建立了参数化 BIM 族库，研究了 BIM 技术在工程量明细清算、三维漫游、4D 施工模拟、碰撞检测等方面的应用，为 BIM 在桥梁工程中的进一步应用提供了可借鉴的方法和思路。

## 2　工程概况及背景

### 2.1　工程简介

厦漳同城大道台商投资区段线路全长 7.192km，工程按照一级公路兼城市快速路建设，分为主道和辅道上下两层。其中玉江村辅道桥（见图 1）位于流传特大桥第 12 联下部，玉江村辅道桥桥长 86.04m，上部结构为 20m 跨预制混凝土空心板梁连续结构，全桥分为 4 孔，每孔跨径为 20m；下部桥台采用承台分离式桥台、桩基础，桥墩采用柱式墩、桩基础，玉江村辅道桥预制板梁采用汽车吊吊装施工。玉江村辅道桥上部为流传特大桥第 12 联，流传特大桥为 30m 跨预应力混凝土现浇箱梁。

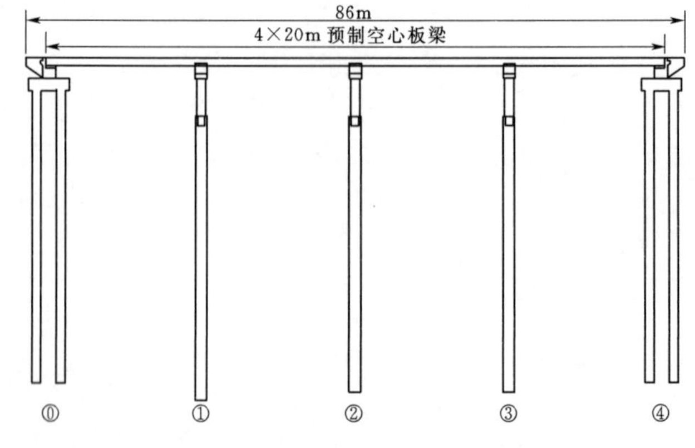


图 1　玉江村辅道桥总体布置示意图

### 2.2　研究背景

由于前期征地、地质条件差等原因，桩基无法按期完成，导致玉江村中桥辅道桥上部预制梁架设滞后。在当地政府等部门要求项目主线先通的情况下，优先施工流传特大桥，导致特大桥下部的玉江村辅道桥架梁空间受限（吊装空间仅8.5m）。本文以玉江村辅道桥段工程为例，建立辅道桥及上部流传特大桥BIM模型，并进行受限空间内4D架梁模拟、碰撞检测等相关应用。

## 3 BIM模型建立

### 3.1 路桥参数化族库

Autodesk Revit[1]是BIM建模的核心软件之一，Revit中参数化族[2,3]是BIM建模的基础，参数化族是某一类别中图元的类，是根据参数（属性）及的共用、使用上的相同和图形表示的相似来对图元进行分组，一个族中不同图元的部分或者全部属性可以有不同值，但属性设置相同。族库的特点是通过已建好的参数化族样版直接建模，只需要调整族参数就可以得到需要的构件，从而极大地减少了重复性工作，提高了建模效率。由于桥梁工程构建复杂的特殊性，现阶段还没有完善的公路桥梁族库，需要通过外部载入族文件的方式完善。

Revit中创建族时，需要通过族参数属性提供的各类参数选项，选择合适的参数类型，设置准确的参数数据，从而保证族的几何形式和属性信息符合实际工程的需求[4]。图2所示为参数化族库创建流程。创建参数化族库的步骤为：首先根据族的用途和类型选择合适的族样板文件，在族编辑器中创建参照平面并添加尺寸标注，然后通过拉伸、融合、旋转、放样、放样融合等操作创建族的几何形状，将几何图形与参照平面锁定，创建尺寸标注标签并添加族类型参数，最后添加其他工程相关属性参数并根据需要进行嵌套操作。

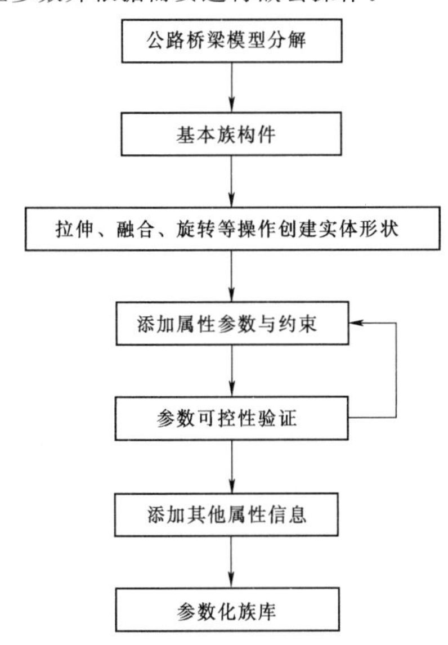


图2 参数化族库创建流程

根据构件几何形状元素及功能分类，玉江村辅道桥段工程共创建9类族：空心板梁族、桩基族、墩帽族、箱梁中板族、箱梁边板族、系梁族、桥墩族、墩柱族、桥台族。为阐述Revit中创建参数化族库的方法，以桩基族为例进行说明。玉江村辅道桥段工程桩基几何尺寸各不相同，其中玉江村辅道桥桩基直径为1.50m和1.20m，流传特大桥桩基直径为1.80m，且不同桥墩编号对应桩基长度各不相同。由于桩基几何形状相似，可创建一个桩基族，设置尺寸标注和约束（见图3），添加$D$（桩基直径）、$L$（桩基长度）和$M$（桩基材质）三个属性参数，通过修改参数生成符合工程设计的桩基构件。图4为参数化驱动形成的三种不同$D$（桩基直径）和不同$L$（桩基长度）的桩基模型。

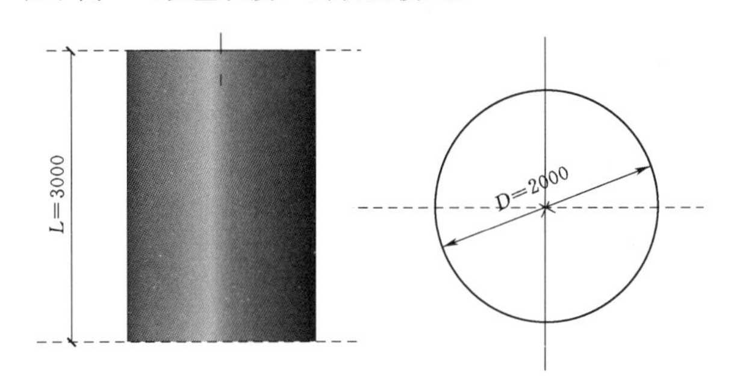


图3 桩基族尺寸标注与约束

(a) $L=35$m，$D=1.2$m (b) $L=36$m，$D=1.5$m (c) $L=28$m，$D=1.8$m

图4 桩基参数化驱动模型示例

### 3.2 全桥模型建立

BIM 构件族库（见图 5）建立完成后，全桥 BIM 模型根据工程实际要求遵照从下到上的逻辑放置构件模型，以桩基坐标为基准确定玉江村辅道桥及流传特大桥相对位置关系。

图 5　BIM 构件族库

（1）载入族文件。新建项目文件，将项目相关族文件依次载入到项目文件中，在项目浏览器中可以查看已载入的参数族。

（2）设置参照。将桩基坐标的 CAD 图纸插入到项目文件中作为桩基位置基准，分别在平面图和立面图中绘制轴网和标高，最终确定全桥模型各构件放置位置。

（3）放置桩基。按照桩基坐标 CAD 图纸确定的桩基位置放置桩基，设置参数化族的尺寸属性、材质属性等。

（4）依次载入承台、桥墩、墩帽、主梁等其他部件，并设置相关族参数，全桥 BIM 模型如图 6 所示。

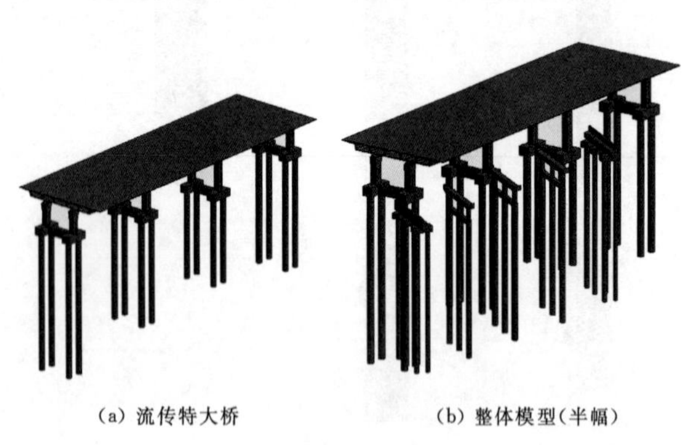


图 6　玉江村辅道桥段 BIM 模型

## 4　BIM 在桥梁施工中的应用

### 4.1　施工进度管控

基于 Navisworks 软件平台，将施工进度计划与 BIM 模型中相应构件集成起来，实现基于 BIM 的 4D 施工进度模拟（管控流程如图 7 所示），根据可视化施工进度模拟结果，不断调整与优化施工进度计划和各阶段工程资源配置，得到最优施工进度计划。一方面，4D 施工进度模拟可以以时间作为基本单位，对施工进度进行模拟，与现场施工环境相结合，根据施工现场情况进行实时调整，对比分析不同施工方案，最终确定最佳施工方案；另一方面，通过 BIM 技术实现了施工方案的可视化模拟，可以进行各方施工操作空间共享、施工材料堆放运输优化、机械等施工资源优化配置，全面合理地进行施工方案的优化管理，提高施工资源利用率，保证工程施工进度，有效地提高工程施工质量。

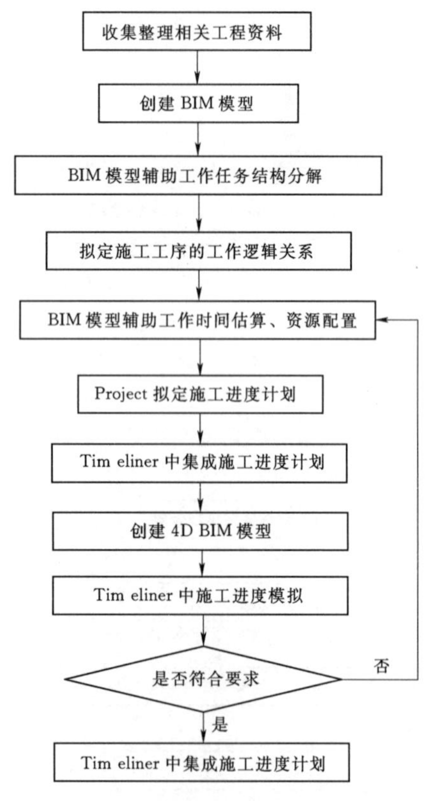


图 7　施工进度模拟管控流程

### 4.2　施工各方协同合作

公路桥梁工程施工过程中需要施工方、设计方、供应商等各方共同参与，借助 BIM 技术协同性、信息化的特点，将各专业模型和施工组织计划汇总到同一 BIM 模型中，分析各专业使用进度计划的合理性和各方协调性，能够对工程整体进行统一管理。施工各方通过 BIM 模型紧密联系，任何一方对施工方案的修改、现场进度等施工信息都可以及时、高效、全面地反映在 BIM 模型中，各方可以通过 BIM 模型及时、全面地了解所有工程信息，从而进行高效的协同合作，以便于做出符合工程利益的管理决策。借助 BIM 技术，可以有效实现各方协同合作，从而对工程成本、施工进度、工程质量等工程各方面进行协同控制，保证项目安全高效进行。

### 4.3 施工工序优化

公路桥梁工程中不同施工工序能够实现不同的施工效果，合理的施工工序对于施工安全、施工进度及最终的工程施工质量有重要的意义，因此借助 BIM 技术对施工工序进行合理优化显得尤为必要。利用 BIM 技术对工程施工工序进行模拟分析，对施工工序进行科学的管理和规划，细致的展现和分析各个工序的施工过程，提前发现施工工序中的潜在冲突和质量风险，及时进行方案调整并确定最科学合理的施工方案，从而实现“先模拟后建设”，保障工程有序施工，降低工程管理成本，保证工程如期完成。

针对玉江村辅道桥预制梁吊装空间受限的工程难点，借助 BIM 技术进行预制梁吊装施工模拟，并进行吊装过程中的碰撞检测，确保吊装方案的合理性和安全性，有效保障工程安全高效施工（吊装模拟如图 8 所示）。

图 8 预制梁吊装模拟

### 4.4 成本精细化管理

传统工程量计算一般采用二维 CAD 图纸文件对工程量进行手工统计和测量和依据 CAD 文件建模导入造价计算软件进行自动统计两种方式。[5] 两种传统算量方式均存在着缺陷，前者需要耗费大量时间与人力且易产生认为误差；后者三维算量模型需要根据 CAD 图纸的更改而及时更新以保证数据有效，由于公路桥梁工程构件种类复杂、数量繁多，三维算量模型的更新重复工作量大。BIM 技术具有参数化的特点，BIM 模型是一个包含工程信息的数据库，可以通过对各参数化族构件进行自动统计分析来实现公路桥梁工程的工程量自动统计，从而快速、准确的实现工程成本的统计、更改、优化以及精细化管理。

## 5 结语

本文以厦漳同城大道玉江村段工程为例，建立了公路桥梁工程 BIM 参数化族库，探索了 BIM 技术在公路桥梁工程中的应用。本案例表明，BIM 技术可以为公路桥梁工程设计与施工提供高效可靠的支持，基于 BIM 技术进行施工进度管控、各方协同合作、施工工序优化、成本精细化管理，可以全面提高桥梁工程的施工效率，解决施工方案中存在的问题和不足。

## 参考文献


[1] 赵红红. 信息化建筑设计——AUTODESK REVIT [M]. 北京：中国建筑工业出版社，2005.

[2] 黄亚斌，徐钦. Autodesk Revit 族详解 [M]. 北京：中国水利水电出版社，2013.

[3] 平经纬，刘晓燕. Revit 族设计手册 [M]. 北京：机械工业出版社，2016.

[4] 高强. 基于 BIM 平台的参数化桥梁模型的创建和应用 [C] //中国岩石力学与工程学会，中国水利水电勘测设计协会，云南省岩土力学与工程学会. 第二届全国岩土工程 BIM 技术研讨会论文集，2017：8.

[5] 裴艳，王君峰. 基于 BIM 技术的精细化算量实现方法研究 [J]. 工程经济，2016，26 (04)：39-44.

# 盾构空推过圆形矿山法隧道施工技术

曹耀东　王　宁　刘长林/中国水利水电第十四工程局有限公司华南事业部

【摘　要】 随着地下空间的开发，盾构技术已广泛应用地铁、隧道、市政管道、核电等工程领域。根据国内盾构施工现状调查，盾构空推拼管片过矿山法段和盾构空推不拼管片过站施工技术在地铁工程中广泛应用，而盾构空推不拼管片过圆形矿山法段施工技术较为少见。本文结合某核电工程，介绍了盾构空推不拼管片过圆形矿山法段的施工方法。

【关键词】 盾构　空推　圆形　矿山法　施工技术

## 1　工程概况

某核电工程采用以海水为冷却水的直流供水系统，低放废液将随温排水排至海域。一期工程建设 2 台核电机组，每台机组修建 1 条海底排水隧洞，2 条排水隧洞在海底呈灯泡形线型布置，平面最小曲线半径 300m（见图 1）。隧洞全长约 3.5km，其中两端陆域侧硬岩段采用矿山法施工，1 号排水隧洞侧矿山法段长度约 230m，2 号排水隧洞侧矿山法段长度约 508m，合计 738m；海域侧采用泥水盾构工法施工，长度约 2774m。盾构空推过 1 号矿山法隧洞后始发，掘进完成后空推过 2 号排水隧洞吊出。矿山法隧洞设计为圆形断面，初支成型直径 7.9m；盾构隧洞外径 7.4m，内径 6.7m。

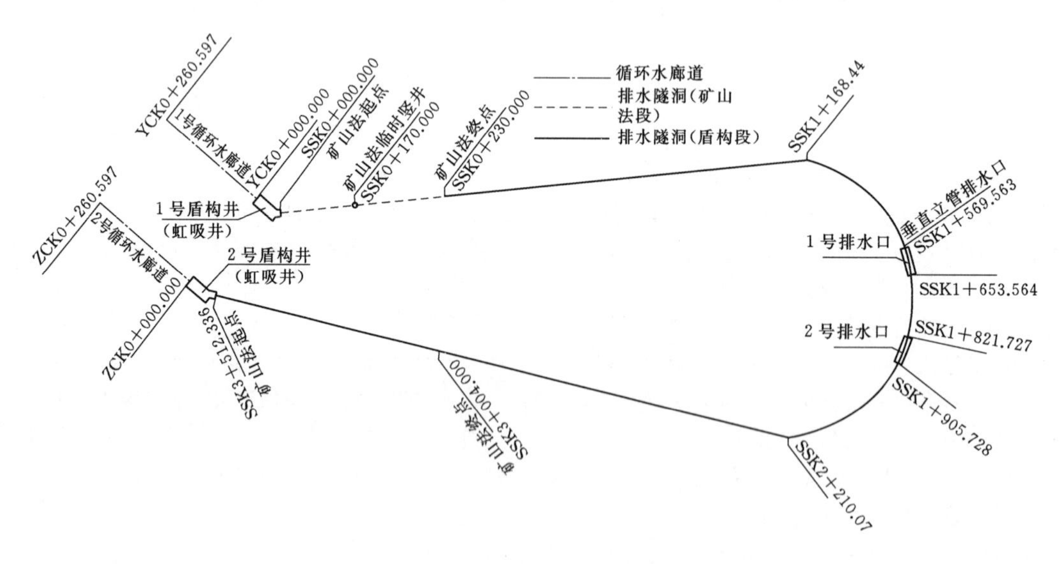


图 1　排水隧洞平面图

本工程采用德国海瑞克公司生产的复合式泥水平衡盾构机，盾构机由主机和 5 节后配套拖车组成，总长度约 94m。其中主机由刀盘前盾、中盾和尾盾组成，长度 11.41m。刀盘开挖直径 7.76m。盾构机始发及出洞都必须空推过矿山法隧洞段。

## 2　空推方案选择

根据设计方案，盾构机在 1 号盾构井内组装调试，空推通过 230m 长的成型矿山法隧洞到达矿山法段掌子面后开始始发掘进；盾构机掘进完成后，空推通过508m长的成型矿山法隧洞到达2号虹吸井后拆除吊出。盾构机在成型矿山法隧洞段的空推长度合计738m，因此空推方案的选择对工程的实施至关重要（见表1）。

表1 空推方案比选表

| 序号 | 施工方案 | 优点 | 缺点 | 风险 |
|---|---|---|---|---|
| 方案1 | 矿山法段底部浇筑混凝土导台，盾体上抹黄油，直接放置于导台上，拼装底部1块管片直至到达始发位置[1] | 方案简单，无需做大量的准备工作，盾构机借助底部的管片向前推进 | 1. 盾体直接放置在导台上，一方面摩擦力较大，另一方面会对盾体造成一定的磨损；<br>2. 管片与混凝土导台之间的间隙需要填充，且管片无法固定，受力过程中易上浮；<br>3. 底部管片后续需要拆除，如管片破损严重则可能直接报废，施工成本高 | 施工风险较大，一旦管片发生位移，盾构机将无法继续前进，同时盾体可能会受到磨损 |
| 方案2 | 矿山法段底部混凝土导台上预埋两条钢轨，钢轨上涂抹黄油，盾体放置于钢轨上前进。拼装底部2块或3块管片直至到达始发位置，最后拆除管片[2] | 盾构机组装完成后便可拼装管片推进，无需提供反力支撑，且后配套拖车可随主机一并推进，操作简单 | 1. 管片与混凝土导台之间的间隙需要填充，且管片不易固定，受力易发生位移，影响盾构继续前进；<br>2. 后续管片拆除困难，如拆除的管片破损严重则可能直接报废，施工成本高；<br>3. 施工进度较慢 | 施工风险较大，一旦管片发生位移，便无法正常传递推力，盾构机将无法继续前进 |
| 方案3 | 矿山法段底部混凝土导台上预埋两条钢轨，钢轨上涂抹黄油，盾体放置于钢轨上前进；并在导台两侧预埋反力支撑插槽，盾体前进1个循环安装1次，如此反复前进 | 盾体放置于钢轨面上，减小了盾体向前推进的磨损，只需确保支撑结构的稳定，盾构机便可安全通过，且施工速度较快 | 1. 前期预埋准备工作量大，且需保证预埋设施的精度，尤其是钢轨及支撑插槽；<br>2. 需加工反力支撑结构及配置外部液压泵站 | 施工风险较小。只要保证支撑结构稳定，盾构机便可安全向前推进 |

通过表1中3种方案进行综合分析比较，决定采用方案3，即在矿山法底部导台面上预埋钢轨，盾构机放置于钢轨上，推进时预先在钢轨上抹黄油润滑，减小盾构机前进的摩擦力；同时准备一套空推辅助装置，借助于导台上预埋的插槽，采用外部油泵和盾构机底部的推进油缸共同作用提供盾构推进的反力。盾体前进一段距离后，陆续铺设后配套拖车轨道，采用电瓶机车牵引后配套拖车前进。如此反复循环操作，直至盾构机到达始发位置。

## 3 方案实施

### 3.1 导台设计

矿山法隧洞段底部初支成型直径8.2m，导台面成型直径7.8m，导台设计角度70°，混凝土设计浇筑厚度200mm；盾体滑行预埋钢轨设计夹角45°，滑轨顶面半径与盾体前盾直径相同，即7.71m，轨道采用P43轨道。[3]

导台浇筑时在两侧预埋反力横梁插槽。插槽设计尺寸需考虑盾构机推进油缸的布置和行程、外部液压泵站的性能、所选推进油缸的编号以及反力支撑结构的设计尺寸。本工程盾构机推进油缸最大行程2.2m，拟选择盾构机底部的7号和9号推进油缸，综合以上因素，插槽中心间距2.0m，插槽预留宽度0.31m，插槽深度0.3m。导台设计如图2所示。

### 3.2 矿山法段成型隧洞断面检查

矿山法隧洞段成型直径7.9m，盾构机刀盘最大开挖直径7.76m，刀盘外缘与成型隧洞轮廓单边间隙7cm，间隙非常小，盾构机空推过程中稍有不慎将面临盾体被卡住的风险，因此矿山法段成型隧洞的断面检查及处理工作尤为重要。

由于导台顶部预埋了盾体滑行的轨道，且该轨道精度控制严格，因此隧洞断面检查利用该轨道作为基准，制作可在轨道上滚动的简易台车装置，该装置一方面用于检查隧洞断面尺寸，另一方面遇到欠挖或其他障碍物时可作为施工平台及时处理。为方便该装置的现场组装，台车底部采用16号槽钢加工，四周样架采用定型组合钢拱架拼装，定型钢拱架中部采用脚手架钢管，在其上铺木板作为辅助支撑及作业平台。简易台车设计如图3所示。

### 3.3 空推辅助设施介绍

本工程空推辅助设施由海瑞克公司提供，空推设施包含液压泵站（含管路）、反力横梁、油缸辅助推杆、反力横梁移动辅助装置等。各部件如图4所示。

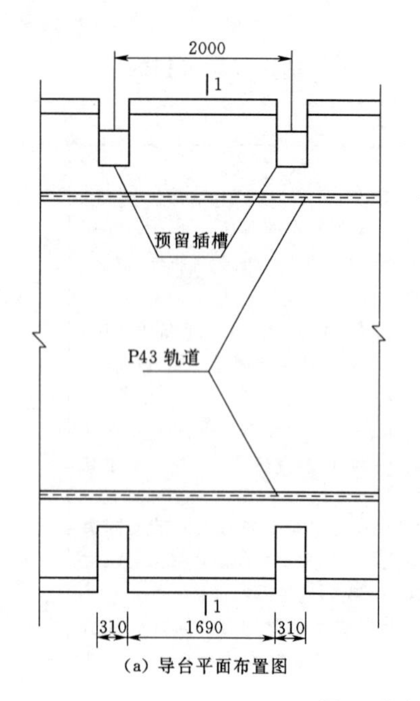


(a) 导台平面布置图

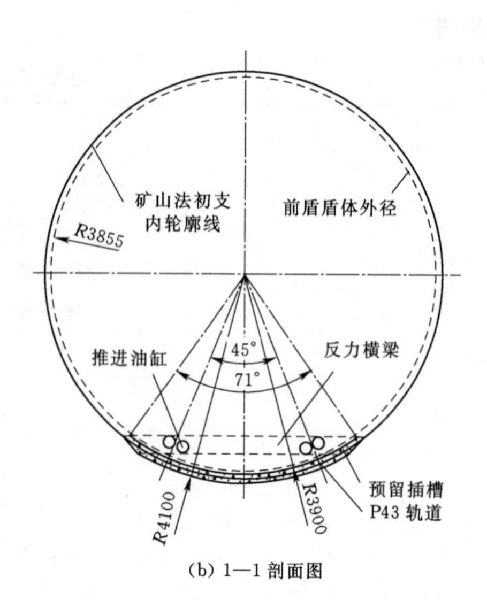


(b) 1—1 剖面图

图 2　导台设计图（单位：mm）

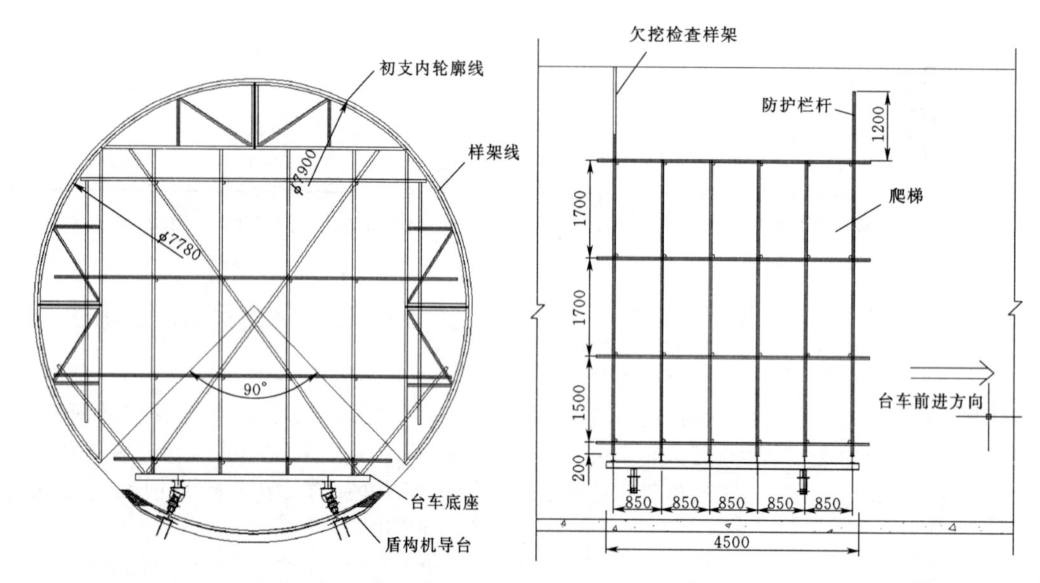


图 3　简易台车设计图（单位：mm）

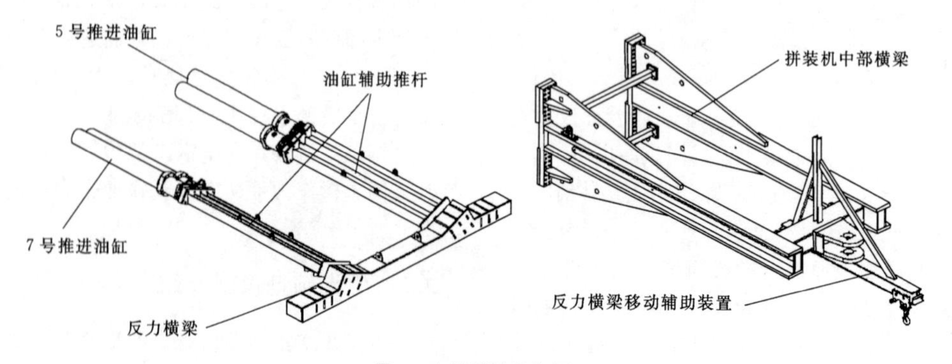


图 4　空推辅助设施图

液压泵站最大工作油压 280bar，所配置油箱可供盾构机 2 组共 4 支推进油缸工作，推进油缸活塞直径 260mm，缸体直径 220mm，因此液压泵站及 2 组共 4 支推进油缸工作可提供的最大推力约 425t，盾体总重约 550t，因此液压泵站和油缸提供的推力足以满足盾体的空推需求。

## 3.4 空推施工

盾体在盾构井底部的始发托架上组装完成，通过始发托架上设置的反力牛腿将盾尾后部推至洞内导台第一个预留插槽位置，并检查空推各项准备工作后，开始进行盾体空推。盾构空推步骤示意如图 5 所示。

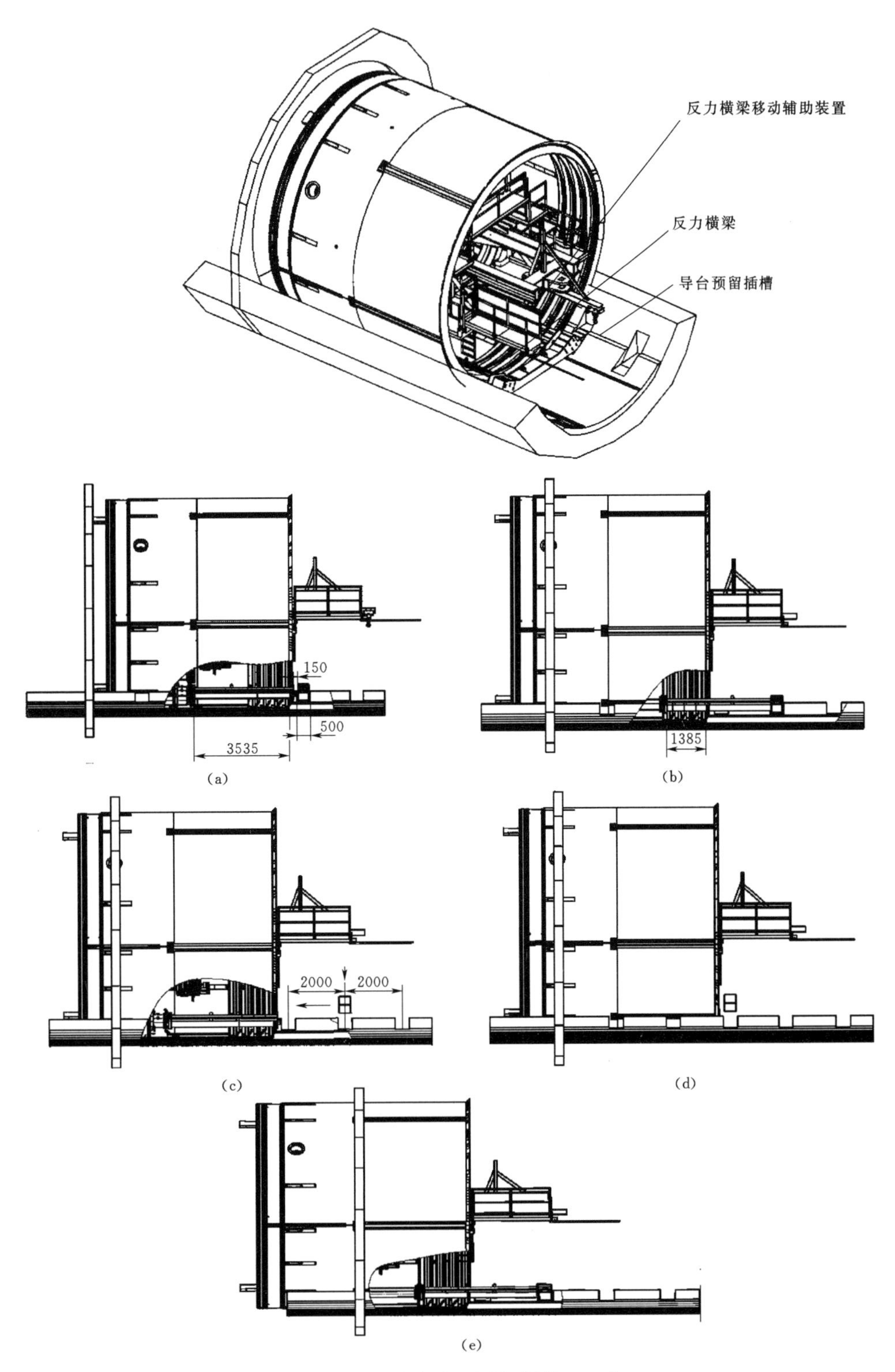


图 5 盾体空推步骤示意图（单位：mm）

（1）在导台插槽内安装反力横梁，并慢慢伸出推进油缸，使其抵紧反力横梁，检查反力横梁及插槽的受力状况，然后推进油缸推出至2.0m。

（2）待推进油缸推出至2.0m后，停止推进，回收推进油缸，利用反力横梁移动辅助装置上的手拉葫芦将反力横梁吊起。

（3）手拉葫芦通过反力横梁移动辅助装置将反力横梁移动至下一个插槽上方。

（4）通过手拉葫芦下放反力横梁至插槽内固定牢固。

（5）重复上述步骤（1），开始下个流程。

（6）重复上述流程，直至将盾体空推至始发位置。

空推注意事项：

（1）为减少盾体与导台的摩擦，盾体空推前必须在钢轨上涂抹黄油润滑。

（2）推移前检查并加固反力横梁与插槽的空隙，检查油缸辅助推杆与反力横梁是否有变形。

（3）反力横梁、油缸辅助推杆在油缸顶紧受力前，调整其相对位置，使其受力与油缸受力一致。

（4）空推过程中严禁转动刀盘，防止盾体扭转。

（5）在空推滑行过程中，刀盘前方专人指挥，以免有障碍物造成盾体损伤或被卡。

### 3.5 后配套拖车滑行

盾体前进一段距离后，陆续铺设后配套拖车轨道，采用电瓶机车牵引后配套拖车前进，如此反复循环操作，直至盾体和后配套拖车到达始发位置，然后再进行后配套与盾体之间的管线连接和调试工作。

轨道铺设工作包含中部电瓶机车行走轨和两侧后配套拖车行走轨，轨道采用P43轨道，轨枕采用20号槽钢加工，间距1.5m。另外，根据盾构机的设计，1号拖车底部由于喂片机的设置，需依靠八字轮行走在管片面上，因此在矿山法段空推阶段需要在1号拖车底部安装临时行走轮装置，后续盾构机向前掘进，八字轮行走在管片面上时再拆除临时行走轮安装喂片机。

## 4 方案实施情况及建议

### 4.1 方案实施情况

（1）施工进度。根据液压泵站和推进油缸的性能，推进油缸的最大行程速度12cm/min，即推进1个循环所需时间约17min，加上反力横梁的移动及安装时间，现场每小时可完成推进2个循环，即每小时可空推4m，单班空推32m。实际实施过程中，加强工序转换组织，节约反力横梁移动及安装时间，实现了单班空推50m的速度。

（2）推力情况。盾体空推过程中，液压油泵的压力在60～90bar之间变化，即推力为91～137t。按照盾体重量550t计算，查得盾体（钢材）与钢轨之间的摩擦系数约为0.2，可得出盾构空推阻力为550t×0.2=110t。

### 4.2 建议

（1）空推前必须对矿山法隧洞段成型断面进行仔细检查，[4]防止空推过程中盾体被卡住。

（2）导台施工过程中必须严格控制导台混凝土的浇筑质量，[5]并精确控制预埋钢轨的安装精度和反力横梁插槽的预留位置及尺寸。

（3）为避免横梁与插槽接触面混凝土的破坏，建议导台上预留插槽后部与反力横梁的接触面增设预埋钢板。

（4）为避免空推时油缸辅助推杆损坏盾尾刷，建议底部90°范围内的盾尾刷在盾体空推到始发位置时再进行安装。

## 5 结语

本文以国内某核电工程为例，简要介绍了盾构空推过圆形矿山法段的施工方案，方案的实施基本达到了预期目的，确保了盾构机在圆形矿山法隧洞内的安全高效空推施工，为今后类似工程的施工提供了借鉴。

### 参考文献


[1] 李洪明，吴文彪．$\phi$8780盾构机空推过矿山法段施工技术研究与探讨［J］．建筑知识：学术刊，2014.

[2] 刘盈华，张春强．盾构过矿山法空推施工工艺［J］．科技信息，2013（5）：415-416.

[3] 李剑明．盾构空推过矿山法隧道新工艺［J］．铁道标准设计，2011（11）：93-96.

[4] 王春河．盾构机空推过矿山法段地铁隧道施工技术［J］．铁道标准设计，2010（3）：88-91.

[5] 徐延召，李亚巍，杨俊．盾构空推过矿山法隧道施工技术及质量控制［J］．土木建筑工程信息技术，2016，8（1）.

# 海底盾构隧洞盾尾刷检查及更换施工技术

李应川　刘长林　王　宁/中国水利水电第十四工程局有限公司华南事业部

【摘　要】 随着地下空间的开发，盾构技术已广泛应用地铁、隧道、市政管道、核电等工程领域。根据国内盾构施工现状调查，在盾尾刷损坏情况下将盾构管片全部推出盾尾进行盾尾刷更换施工技术尚无先例。本文结合某核电工程海底盾构隧洞，成功实施了管片推出盾尾更换盾尾刷后再重新完成管环对接的工艺。

【关键词】 盾构隧洞　盾尾刷　更换

## 1　工程概况

某核电海底排水隧洞工程，隧洞全长约 3.5km，其中两端陆域侧硬岩段分别为 1＃排水隧洞和 2＃排水隧洞，均采用矿山法施工，1＃排水隧洞矿山法段长度约 230m，2＃排水隧洞矿山法段长度约 471m，合计 701m；海域段采用泥水盾构工法施工，长度约 2811m。矿山法隧洞设计为圆形断面，初期支护成型断面直径 7.9m；盾构隧洞外径 7.4m，内径 6.7m，管片厚度 350mm，管片环宽 1.2m，管片楔形量 50mm（双面楔），隧洞检查段半径 300m。

此海底盾构隧洞工程采用德国海瑞克公司生产的复合式泥水平衡盾构机，盾构机由主机和 5 节后配套拖车组成，总长度约 94m，其中盾构主机由前盾、中盾和尾盾组成，长度 10.665m。刀盘开挖直径 7.76m。盾构机在长期掘进磨耗和多次铰接纠偏等情况下会导致盾尾刷变形损坏、盾尾密封失效，[1] 为保证盾构掘进施工的安全以及顺利进行，需进行盾尾刷检查、更换施工。[2]

## 2　盾尾刷更换标准

根据本工程盾构机始发方案，盾构机从 SSK0＋173 空推拼装管片至 SSK0＋230 桩号后开始始发掘进，在此过程中下部盾尾刷受力较大，可能会对下部盾尾刷形成损坏。另外，在盾构机组装调试、SSK0＋000～SSK0＋173 滑移阶段及后续空推阶段，均对盾构机下部的盾尾刷造成了不同程度的损伤。

为了确保盾构机在后续及海底施工的安全，在盾构机拼装完成 30 环时更换第 4 道盾尾刷为钢板刷，检查并更换前 3 道盾尾刷，尤其是第 2、3 道盾尾刷下方 60° 区域。

## 3　盾尾刷更换施工

### 3.1　盾尾刷设计参数

（1）盾尾刷设计见图 1。

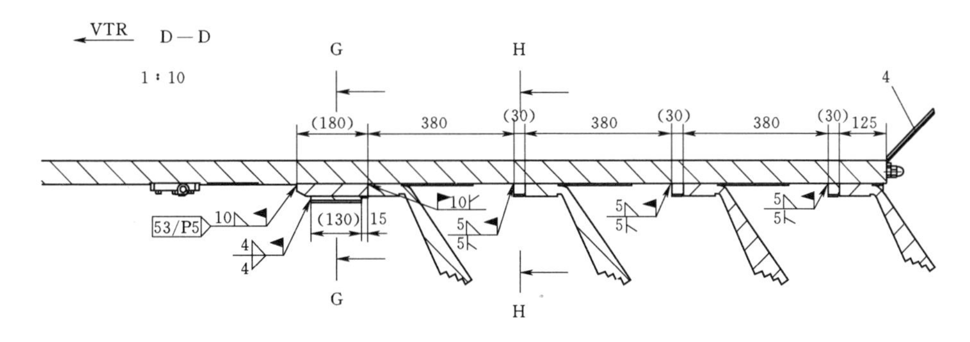


图 1　盾尾刷设计图（单位：mm）

（2）管片拼装机行程、顶推油缸与盾尾刷关系见图 2。

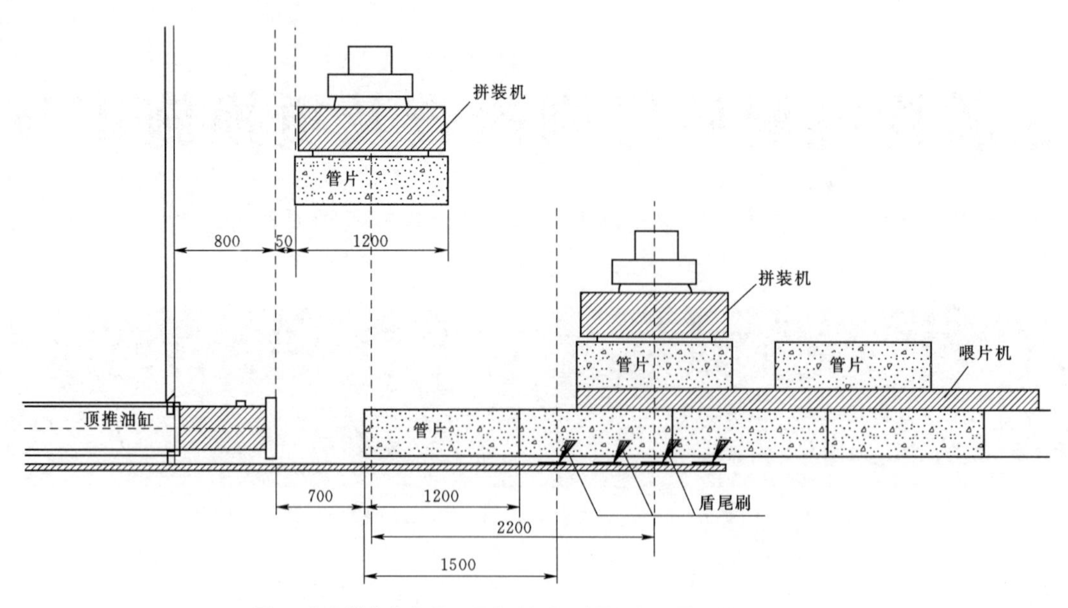


图 2　管片拼装机行程、顶推油缸与盾尾刷关系图（单位：mm）

## 3.2　盾尾刷更换位置选择

根据现场实际情况，盾构机空推至掌子面 SSK0＋230 桩号位置，所需要拼装的管片环数为 37 环，为确保盾尾刷更换作业的顺利进行，需考虑留有一定的富裕度。故在拼装完成第 30 环管片后停机进行更换盾尾刷作业。

## 3.3　管片推出盾尾露出盾尾刷

### 3.3.1　管片推出前的准备工作

（1）管片纵向连接。第 30 环管片拼装完成后，采用推进模式启动四周推进油缸将管片缓慢推出，当推进油缸达到最大行程时停止推进，在第 21 环到第 30 环管片顶部设置 4 道纵向连接槽钢（12 号槽钢）。先依次完成各管片的槽钢连接：拧开管片环向连接螺栓的螺母，安装 14mm 厚钢板吊耳，重新拧紧螺母，随后将槽钢与各钢板吊耳焊接。纵向连接槽钢的设置位置为 1＃、3＃、13＃、15＃推进对应的管片螺栓位置。管片纵向连接示意如图 3、图 4 所示。钢板吊耳安装如图 5 所示。

（2）管片支顶。槽钢纵向连接完成后，采用推进模式启动四周推进油缸将管片慢慢推出，当推进油缸达到最大行程时停止推进，在第 28 环到第 30 环管片下部 180°范围内的管片注浆孔上安装钢制支顶棒对管片进行支顶，在每环管片下部设置 2 个或 3 个支顶棒。

支顶棒螺纹部分采用车床加工，支顶棒插入部分采用 $\phi 32$ 的螺纹钢，支顶棒插入部分的长度根据现场实际情况量取，支顶棒插入部分截取完成后直接插入吊装孔后，然后用带螺纹的支顶棒将插入的支顶棒抵紧。支顶

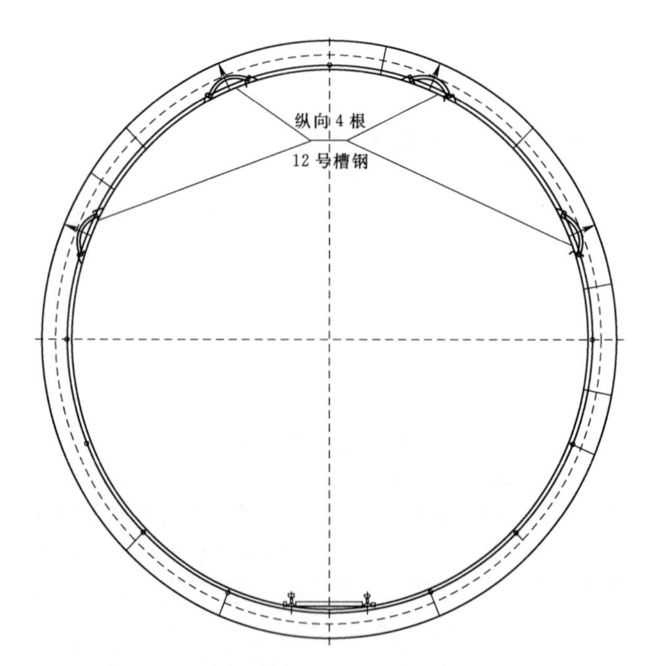


图 3　管片纵向连接正视图

位置及支顶棒构造示意见图 6、图 7。

### 3.3.2　管片推出及注浆

（1）管片推出辅助设计。根据盾构机设计参数，推进油缸最大行程 2200mm，更换第 4 道盾尾刷，[3] 则需要将盾壳内的管片完全推出盾壳，且至少距离盾尾 30cm 以上，才能保证第 4 道盾尾刷的拆除及更换，因此盾构机推进油缸长度不够，还需要在管片端面与推进油缸之间增加辅助推杆，辅助推杆的长度按照 2m 设计，可将管片推离盾尾 50cm。辅助推杆安装位置示意如图 8 所示。

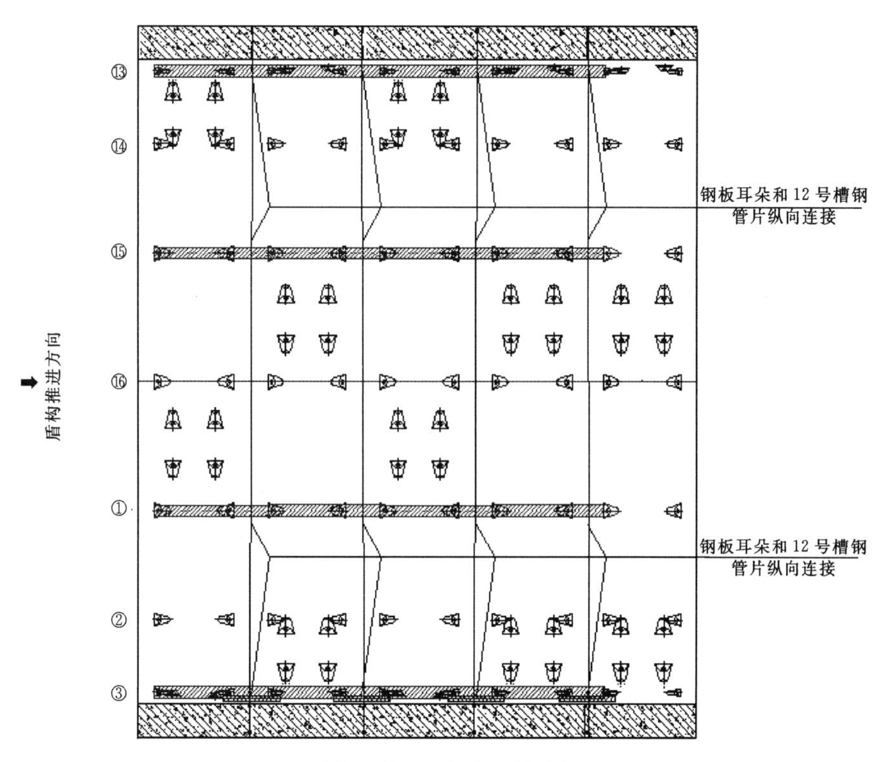


图4 管片纵向连接俯视图

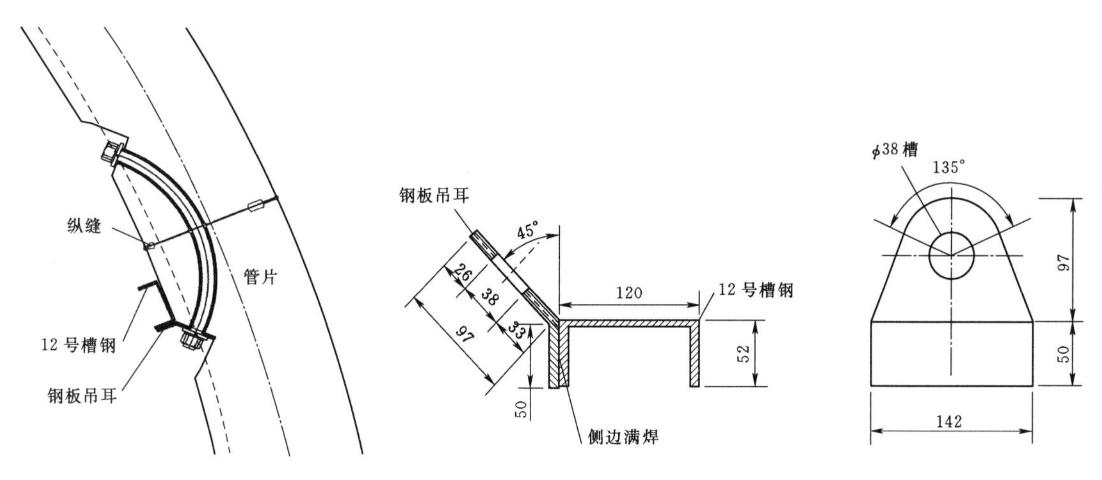


图5 钢板吊耳安装图（单位：mm）

前现场推进油缸的最大推力约500t，按照5个辅助推杆受力计算，每个推杆所需要承受的轴力约100t。

辅助推杆采用20a工字钢拼接焊接，其中5＃、11＃推进油缸辅助推杆采用2个20a工字钢拼接焊接，可承受的轴力约120t；7＃、8＃、9＃推进油缸辅助推杆采用3个20a工字钢拼接焊接，可承受的轴力约180t；5个辅助推杆可承受的合力约780t，远大于盾体向前推进的力。

（2）管片推出及豆砾石喷射。第21环到第29环底部的豆砾石填充完成以及辅助推杆等装置准备到位后，回收推进油缸，在5＃、7＃、8＃、9＃、11＃共5组推进油缸（见图9）端部与管片端面之间安装辅助推杆及圆环板，辅助推杆一端挂在推进油缸撑靴上，另一端可通过纵向螺栓孔安装辅助螺栓与辅助推杆焊接，待辅助推杆固定牢固后，启动推进油缸将第30环管片慢慢推出，当第30环管片上的注浆孔露出第4道盾尾刷时，立即停止推出作业，并通过第30环管片腰线以上部位的注浆孔向管片背部喷射豆砾石。施工示意见图10。

另外，由于管片采用5组推进油缸加辅助推杆的方式推出，为了防止辅助推杆与管片端面的混凝土接触时受力不均匀发生管片破损，在管片端面垫环形钢板，以保证辅助推杆的力均匀地传递到管环上。环形钢板采用14mm厚钢板加工，环形钢板外径3.61m，内径3.31m，加工角度157.5°。钢板在场外钢结构加工厂分

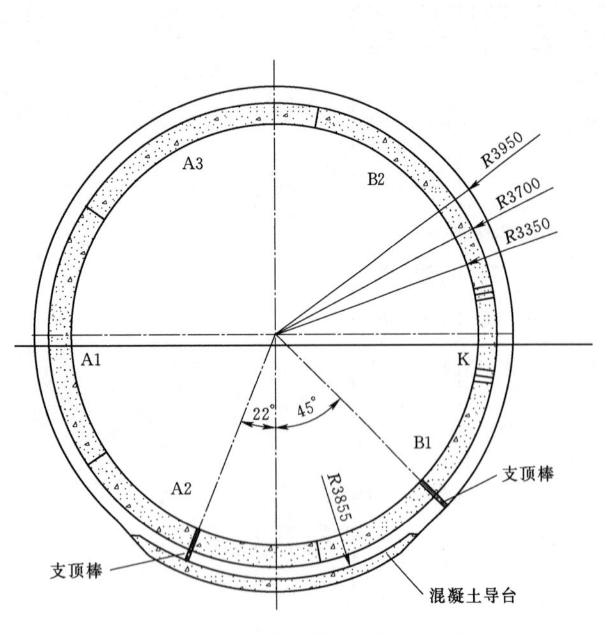

图 6 支顶位置示意图（单位：mm）

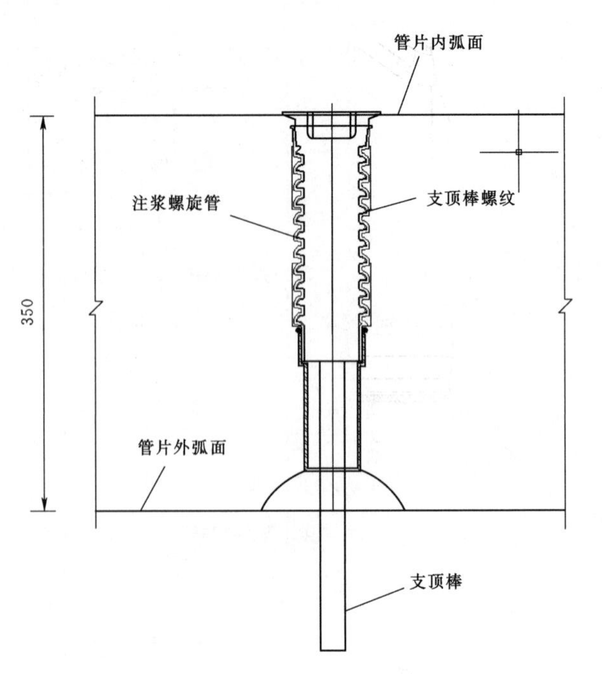

图 7 支顶棒构造示意图（单位：mm）

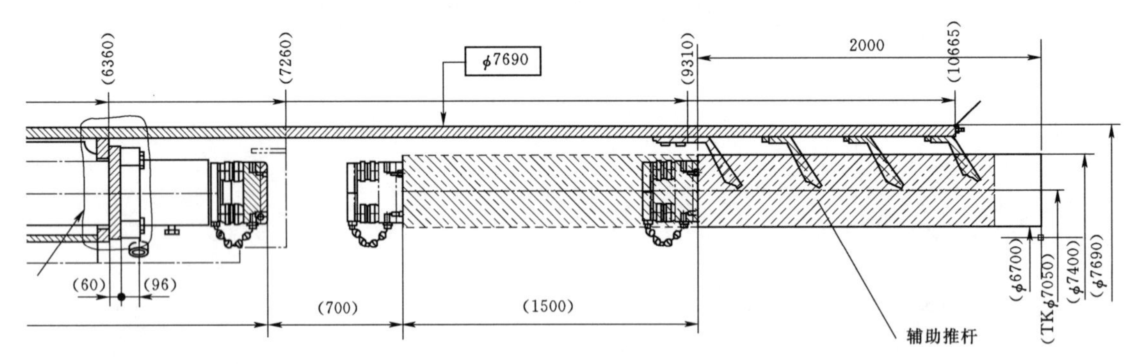

图 8 辅助推杆安装位置示意图（单位：mm）

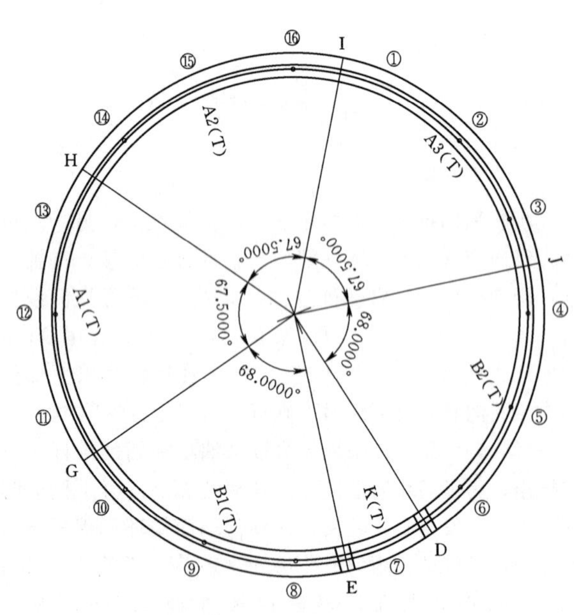

图 9 推进油缸位置示意图

7 块制作，运至井口在靠近混凝土面侧粘贴传力衬垫后，再运至工作面贴到管片端面上后现场焊接成整体。环形钢板设计见图 11。

环形钢板每个分块按照 22.5°设计，并在每个环形钢板上开孔，然后采用螺栓固定在管片端面上。环形钢板加工和固定见图 12、图 13。

豆砾石喷射完成后，启动同步注浆系统使盾壳内的同步注浆管路内充满膨润土，对注浆管路形成防护。共 6 组 12 根管路，膨润土量约 0.2m$^3$。

（3）注浆。上述工作完成后，利用第 21 环到第 30 环上的注浆孔对管片底部回填的豆砾石间隙采用单液浆或双液浆回填密实。

水泥浆采用 P. O42.5 普通硅酸盐水泥拌制，水泥浆水灰比按照 1∶1 拌制；水玻璃液在现场用水稀释，并与水泥浆进行现场试验配置，使双液浆凝固时间控制在 40～60s。双液注浆按照间隔注浆方法，即每隔 1 环注浆 1 环。

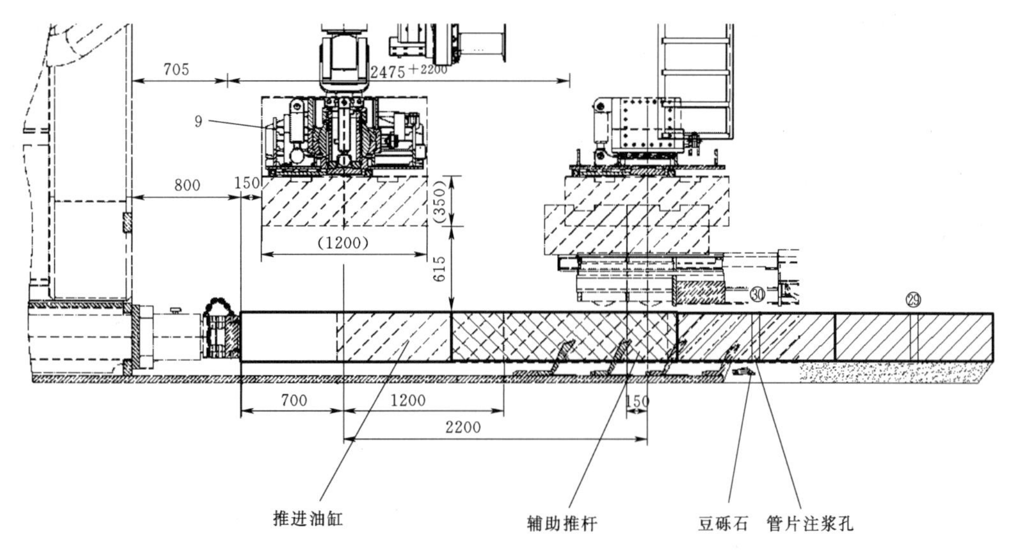


图 10　施工示意图（单位：mm）

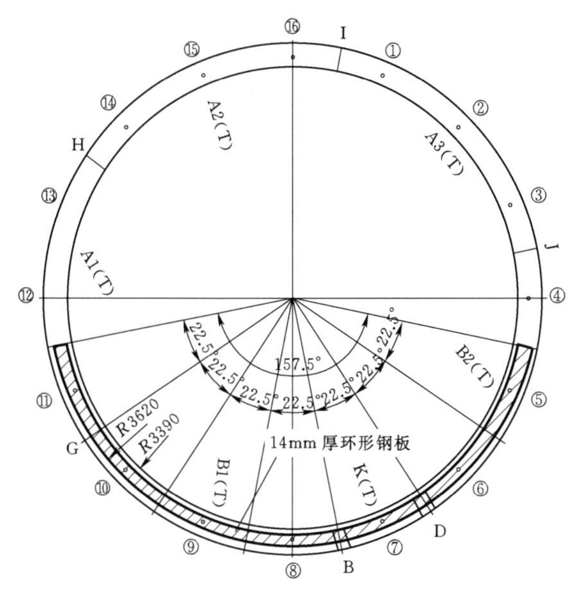


图 11　环形钢板设计示意图

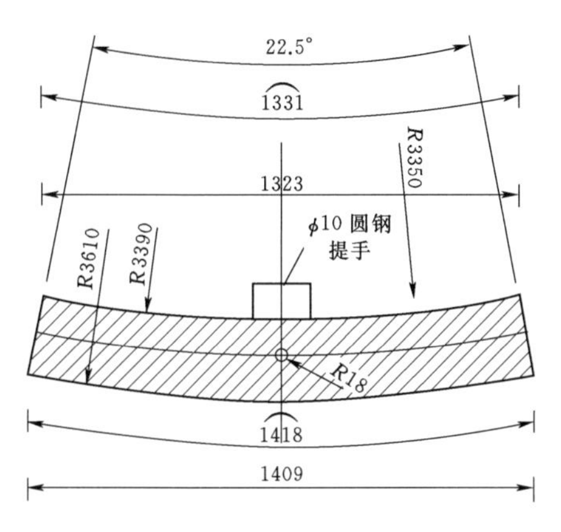


图 12　环形钢板加工示意图（单位：mm）

（4）管片推离盾尾。第 21 环至第 29 环底部的注浆工作完成后启动推进油缸，直至管片端部离开盾尾

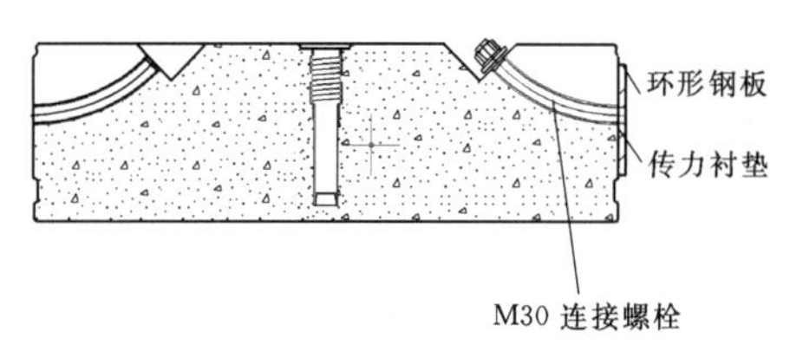


图 13　环形钢板固定示意图

50cm 时停止推进。

管片推出过程中，速度一定要慢，并注意观察管片的变化情况，有特殊情况发生时，立即通知操作手停止推进。[4]

## 3.4　第四道盾尾刷更换

### 3.4.1　清理盾壳及油脂仓

管片推出盾尾刷后，立即进行清理工作，两人同时用铲刀将盾壳、油脂仓内附着的砂浆、油脂等杂物清理干净。在清理杂物的同时，检查油脂注入孔是否畅通。

### 3.4.2　拆除旧盾尾刷

旧盾尾刷采用气刨的方式进行拆除。拆除前用石棉布将拼装机油管、电缆等部分遮盖，避免焊渣等损坏设备。拆除作业由上往下进行，拆除完成后将盾尾刷安装槽清理干净，并确保干燥。

### 3.4.3　焊接新钢板刷

全部切除并清理完成后，开始焊接新钢板刷，焊接采用 $CO_2$ 保护焊，每组中一人在前摆放盾尾刷并点焊，另一人将盾尾刷焊牢，焊接质量经过质检工程师验收后进行油脂涂抹。焊接顺序原则上自上而下，接头部位在底部，具体可根据现场实际情况调整。

焊接时，焊接顺序按照第 3 道、第 2 道、第 1 道依次进行。焊接顺序原则上自上而下，接头部位在底部，具体可根据现场实际情况调整。

盾尾刷安装顺序为依次搭接安装，在最后 1 块焊接时，尾刷稍宽，经过仔细量测后按尺寸切除，确保两块尾刷之间有足够搭接长度。

焊接采用$CO_2$保护焊，每组中一人在前摆放盾尾刷并进行点焊，另一人将盾尾刷焊牢。焊接质量经过现场质检工程师验收后进行油脂涂抹。[5]

### 3.5 涂抹盾尾油脂

盾尾刷全部焊接完成后开始盾尾油脂涂抹工作。每班 3 人同时进行盾尾油脂涂抹作业，涂抹油脂采用 WR90 型手涂盾尾油脂。涂抹时分层将钢丝刷拨开后填入油脂，涂抹后每层油脂填塞饱满，不掉落、不漏涂。

### 3.6 盾壳内重新拼装管片

在盾尾刷手涂油脂验收合格后，在盾壳内重新拼装管片，在拼装第 31 环管片前，在盾尾管片拼装区下部 A2、A3 块底部（6＃、8＃、9＃、11＃推进油缸对应位置）各焊接 2 根长 1.5m、厚度约 70mm 槽钢条。

在盾构机盾壳内拼装好第 31 环整环后利用盾构机推进千斤顶将管片缓慢推出，当管片推出 800mm 后开始拼装第 32 环管片（不可将第 31 环管片全部推出槽钢段再拼装第 32 环，避免管片下沉）。

第 31 环管片拼装时，由于反力装置还不能提供反力，油缸和反力装置不能夹紧管片，每块管片都处于活动状态，在盾尾内拼装上半圆管片时，管片拼装机每安装固定一块管片，用已经焊接成 L 形状的槽钢焊接在筒体内部，以保护拼装的管片不侧翻。在盾壳内拼装好整环后利用盾构推进油缸将管片缓慢推出，割除 L 形限位块上的轴向限位，整环推出至管片后部露出盾尾停止推进，然后在盾壳内采用上述方案继续拼装第 32 环管片。

但需注意，为保证重新拼装的管片在推出盾尾时能与原来的管片螺栓孔很好的对位并连接，在盾壳内重新拼装管片时，需要对拼装位置进行精确测量，主要采用拉线的方式进行定位。另外，在拼装成环向后推出过程中，速度要慢，并使得管片受力均匀，以确保管片能按照既定的位置推出，当推出的管片抵紧原管片且螺杆孔对位后及时安装螺栓。

由于第 30 环管片距离盾尾约 0.5m，为防止第 31 环管片脱出盾尾后失圆，保证管片的姿态，在盾尾后部设置 9 个引导块，引导块采用 10mm 厚钢板现场焊接。引导块布置示意图见图 14。

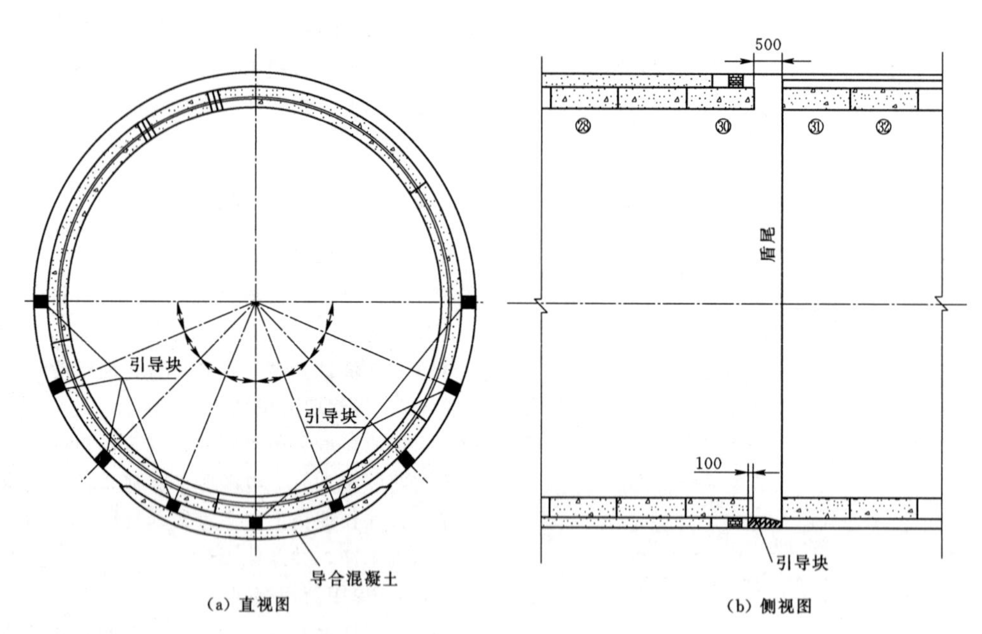


图 14　引导块布置示意图（单位：mm）

引导块的高度根据第 30 环管片外侧距离导台或初支表面的高度确定，现场每个位置实际量取后采用 10mm 厚钢板焊接，采用在导台或初支面上打设 $\phi14$ 的膨胀螺栓或 $\phi14$ 插筋固定。引导块设计长度 600mm，一端插入第 30 环管片底部 100mm。引导块大样图如图 15 所示。

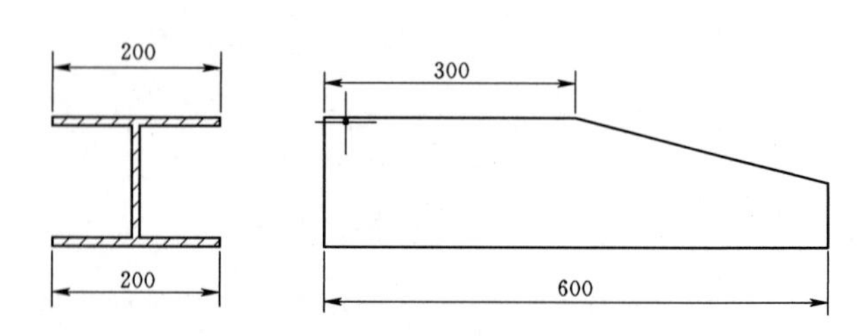


图 15　引导块大样图（单位：mm）

## 4 结束语

本文以国内某核电工程为例，简要介绍了盾尾刷更换及管片重新对接工艺。与常规盾尾刷更换工艺相比，管片推出盾尾进行盾尾刷更换工艺在国内外尚属首次，主要适合在盾构机盾尾刷异常损坏需要更换的特殊工况下实施。此次盾尾刷更换工作历时27d，最终顺利实现了30环与31环管片的成功对接，管片无破损，最大错台处仅20mm。此工艺的成功应用，可为今后类似工程的施工提供借鉴。

## 参考文献

[1] 王磊. 浅谈盾尾密封更换技术［J］. 石家庄铁路职业技术学院学报，2011，10（4）：57－59.
[2] 王亚丽. 盾构机盾尾刷更换施工技术［J］. 科技资讯，2015，13（5）：67－68.
[3] 张冠军，杨方勤，巴雅吉呼. 盾尾钢丝刷检修环境设计与施工研究［C］//上海国际隧道工程研讨会，2007.
[4] 陶云超. 海瑞克盾构机盾尾刷更换技术研究［J］. 铁道建筑技术，2018，294（3）：80－83.
[5] 温超杰，陈勇，潘孟孟. 浅谈盾构施工盾尾刷更换的质量监理［J］. 建设监理，2013（9）：71－73.

# 京沪高速铁路预应力简支箱梁运架方案研究和应用

赵绍鹏/中国水利水电第十四工程局有限公司华南事业部

【摘　要】根据高速铁路的特点，桥梁工程占总建设里程的比例很大，而简支箱梁的制运架施工组织是高速铁路工程施工的关键环节，本文结合新建京沪高速铁路曲阜制梁场预制箱梁的预制、运输和架设的实施情况，阐述了高速铁路简支箱梁制运架的施工组织方案，为类似项目的实施积累了一定的实践经验。

【关键词】高速铁路　简支箱梁　制运架　施工组织

## 1　概述

京沪高速铁路是目前世界上一次建成线路最长、标准最高的高速铁路，也是新中国成立以来一次投资规模最大的铁路建设项目。线路纵贯北京、天津、上海三个直辖市和河北、山东、安徽、江苏四省，正线全长1318km。曲阜制梁场位于三标段五工区，共需预制箱梁636孔，其中32m跨582孔，24m跨53孔，20m跨1孔，箱梁最大运输距离和架设数量如下：往北京方向25.59km，架设450孔；往上海方向6.47km，架设186孔，架梁工期约12～18个月。

## 2　制梁、架梁能力匹配

### 2.1　梁场应采用与架梁等能力的制梁、供梁方案

目前在国内已建成运营的铁路客运专线，在实施时施工组织的架梁进度指标一般采用6km以内每天2孔梁，10km以上每天1孔梁，而实际架梁速度都远远高于这个值。[1]部分客运专线则采用8km以内每天2孔梁，12km以上每天1孔梁的进度指标。这种不均衡的进度指标必然使远距离架梁时架桥机架梁能力和梁场供梁能力过剩，不能很好发挥梁场和架梁设备的效能，降低了制架梁速度，在实施过程中，比较理想的应是全区段内每天架梁数量基本相同的均衡进度指标。

### 2.2　“每天2孔等能力制架”比较合理

运架设备具备每天运架2孔梁的能力，各工序所需时间为：架桥机过孔1h，导梁过孔1h，喂梁、架梁1.5h，支座灌浆2h，架2孔梁的时间11.0h。运梁车设计走行速度为重载5km/h、空载10km/h，实际作业可以达到重载4km/h、空载8km/h，一般装梁1h，喂梁1h。运2孔梁的时间，运距10km时11.5h，此时与架2孔梁的时间相当；运距20km时需要19.0h。因此，综合考虑梁场规模、设备配置数量及设备效能，采用“每天2孔的等能力制架”比较合理。[2]

## 3　架梁区段长度

### 3.1　架梁半径及进度指标与供梁能力的关系[3]

最大运距与每天工作时间的关系见表1、表2。

表1　每天运送2孔梁时最大运距与工作时间关系计算表

| 最大运距/km | 每天架梁数量/孔 | 装梁时间/h | 喂梁时间/h | 运梁车重行速度/(km/h) | 运梁车空行速度/(km/h) | 每天工作时间/h |
|---|---|---|---|---|---|---|
| 16 | 2 | 1 | 1 | 4 | 8 | 16.0 |
| 18 | 2 | 1 | 1 | 4 | 8 | 17.5 |
| 19 | 2 | 1 | 1 | 4 | 8 | 18.3 |
| 20 | 2 | 1 | 1 | 4 | 8 | 19.0 |
| 21 | 2 | 1 | 1 | 4 | 8 | 19.8 |
| 22 | 2 | 1 | 1 | 4 | 8 | 20.5 |
| 16 | 2 | 1 | 1 | 3.8 | 7 | 17.0 |
| 17 | 2 | 1 | 1 | 3.8 | 7 | 17.8 |

续表

| 最大运距/km | 每天架梁数量/孔 | 装梁时间/h | 喂梁时间/h | 运梁车重行速度/(km/h) | 运梁车空行速度/(km/h) | 每天工作时间/h |
|---|---|---|---|---|---|---|
| 18 | 2 | 1 | 1 | 3.8 | 7 | 18.6 |
| 19 | 2 | 1 | 1 | 3.8 | 7 | 19.4 |
| 20 | 2 | 1 | 1 | 3.8 | 7 | 20.2 |
| 13 | 2 | 1 | 1 | 3.5 | 6 | 15.8 |
| 14 | 2 | 1 | 1 | 3.5 | 6 | 16.7 |
| 15 | 2 | 1 | 1 | 3.5 | 6 | 17.6 |
| 16 | 2 | 1 | 1 | 3.5 | 6 | 18.5 |
| 17 | 2 | 1 | 1 | 3.5 | 6 | 19.3 |
| 18 | 2 | 1 | 1 | 3.5 | 6 | 20.2 |
| 11 | 2 | 1 | 1 | 3 | 5 | 15.7 |
| 12 | 2 | 1 | 1 | 3 | 5 | 16.8 |
| 13 | 2 | 1 | 1 | 3 | 5 | 17.8 |
| 14 | 2 | 1 | 1 | 3 | 5 | 18.9 |
| 15 | 2 | 1 | 1 | 3 | 5 | 20.0 |

**表 2　每天运送 2 孔梁时工作时间与最大运距关系计算表**

| 每天工作时间/h | 每天架梁数量/孔 | 装梁时间/h | 喂梁时间/h | 运梁车重行速度/(km/h) | 运梁车空行速度/(km/h) | 最大运距/km |
|---|---|---|---|---|---|---|
| 8 | 2 | 1 | 1 | 4 | 8 | 5 |
| 12 | 2 | 1 | 1 | 4 | 8 | 10 |
| 16 | 2 | 1 | 1 | 4 | 8 | 16 |
| 18 | 2 | 1 | 1 | 4 | 8 | 18 |
| 20 | 2 | 1 | 1 | 4 | 8 | 21 |
| 8 | 2 | 1 | 1 | 3.8 | 7 | 4 |
| 12 | 2 | 1 | 1 | 3.8 | 7 | 9 |
| 16 | 2 | 1 | 1 | 3.8 | 7 | 14 |
| 18 | 2 | 1 | 1 | 3.8 | 7 | 17 |
| 20 | 2 | 1 | 1 | 3.8 | 7 | 19 |
| 8 | 2 | 1 | 1 | 3.5 | 6 | 4 |
| 12 | 2 | 1 | 1 | 3.5 | 6 | 8 |
| 16 | 2 | 1 | 1 | 3.5 | 6 | 13 |
| 18 | 2 | 1 | 1 | 3.5 | 6 | 15 |
| 20 | 2 | 1 | 1 | 3.5 | 6 | 17 |
| 8 | 2 | 1 | 1 | 3 | 5 | 3 |
| 12 | 2 | 1 | 1 | 3 | 5 | 7 |
| 16 | 2 | 1 | 1 | 3 | 5 | 11 |
| 18 | 2 | 1 | 1 | 3 | 5 | 13 |
| 20 | 2 | 1 | 1 | 3 | 5 | 15 |

根据预制梁场制梁和架梁动态平衡的原则，以及制梁台座的设置数量，按每天两孔的制梁和架梁指标进行计算可知，每天架梁 2 孔，在运距 14km 内可以按照重载 3.0km/h、空载 5km/h 的较低速度运梁，每天作业时间最大 18.9h；当运距 14～16km 时，可按照重载 3～3.5km/h、空载 5～6km/h 的速度运梁，每天最大作业 18.5h；当运距 16～19km 时，可按照重载 3.5～3.8km/h、空载 6～7km/h 的速度运梁，每天最大作业 19.4h；当运距 19～21km 时，可按照重载 3.8～4km/h、空载 7～8km/h 的速度运梁，每天最大作业 19.8h。

按每天架设 2 孔、每月 25 个工作日计算，每月架梁 50 孔，最大架梁半径可以达到 21km。梁场和制运架设备投入都很大，为了减少设备投入，降低工程成本，提高设备利用率和架梁速度，延长每日作业时间、组织 2 班或 3 班作业是必要的、可行的。

### 3.2　制梁数量与架梁工期和架梁半径的关系

(1) 架梁工期按照 12～18 个月计算，如果架梁区段内全部为桥梁，架桥机调头时间 0.5 个月，则架梁数量为 575～875 孔，架梁半径为 9.4～14.3km。

如果架梁区段内桥梁比例为 80%，架桥机调头时间 0.5 个月，桥间转移 1 个月时，则架梁数量 525～825 孔，架梁半径 10.7～16.8km；桥间转移 2 个月时，架梁数量 475～775 孔，架梁半径 9.7～15.8km。

(2) 如果架梁区段内桥梁比例为 60%，架桥机调头时间 0.5 个月，桥间转移 1 个月时，架梁数量 525～825 孔，架梁半径 14.3～22.4km；桥间转移 2 个月时，架梁半径 475～775 孔，架梁半径为 12.9～21.1km。

可见，由于桥梁占区段的长度比例和区段内的桥梁座数影响实际净架梁作业时间，所以工期允许的架梁数量为 475～875 孔，相应的架梁半径是 9.4～22.4km。

解析法对比计算如下：

按照架桥机调头时间 0.5 个月、桥间转移每次 7d，架梁半径 $S$(km)、架梁工期 $T$(月)、桥梁座数 $m$、架梁数量 $N$(孔)、桥梁比例 $k$ 之间有如下关系：

$$N=(T-7m-0.5)/50$$

$$S=0.0327N/k$$

依上式计算架梁半径与架梁工期的关系，见表 3。

**表 3　每天运送 2 孔梁时最大架梁半径与架梁工期计算表**

| 架梁工期/月 | 桥梁数量/座 | 架梁数量/孔 | 桥梁长度比例/% | 架梁半径/km |
|---|---|---|---|---|
| 12 | 1 | 561 | 1.0 | 9.17 |
| 12 | 2 | 547 | 0.8 | 11.18 |
| 12 | 6 | 491 | 0.8 | 10.03 |

续表

| 架梁工期/月 | 桥梁数量/座 | 架梁数量/孔 | 桥梁长度比例/% | 架梁半径/km |
|---|---|---|---|---|
| 12 | 8 | 463 | 0.8 | 9.46 |
| 12 | 10 | 435 | 0.8 | 8.89 |
| 12 | 12 | 407 | 0.8 | 8.32 |
| 12 | 2 | 547 | 0.6 | 14.91 |
| 12 | 6 | 491 | 0.6 | 13.38 |
| 12 | 8 | 463 | 0.6 | 12.62 |
| 12 | 10 | 435 | 0.6 | 11.85 |
| 12 | 12 | 407 | 0.6 | 11.09 |
| 12 | 14 | 379 | 0.6 | 10.33 |
| 18 | 1 | 861 | 1.0 | 14.08 |
| 18 | 2 | 847 | 0.8 | 17.31 |
| 18 | 6 | 791 | 0.8 | 16.17 |
| 18 | 8 | 763 | 0.8 | 15.59 |
| 18 | 10 | 735 | 0.8 | 15.02 |
| 18 | 12 | 707 | 0.8 | 14.45 |
| 18 | 2 | 847 | 0.6 | 23.08 |
| 18 | 6 | 791 | 0.6 | 21.55 |
| 18 | 8 | 763 | 0.6 | 20.79 |
| 18 | 10 | 735 | 0.6 | 20.03 |
| 18 | 12 | 707 | 0.6 | 19.27 |
| 18 | 14 | 679 | 0.6 | 18.50 |

### 3.3 一台架桥机配两台运梁车方案的对比

在实施过程中，如果采用2台运梁车供1台架桥机的“一架二运”配置，可以扩大架梁半径，或控制每日作业时间或运梁车行驶速度，能够实现40km架梁半径全程每天架设2孔梁的供梁、架梁能力。

采用双运梁车供梁，需要增加1处会车道或1处倒运站。倒运站设备，提梁倒装时，需要2台450t龙门吊；提运梁车时，需要2台200t龙门吊。2台龙门吊比1台架桥机的成本低，但是运梁燃油消耗量大。

### 3.4 结论

在架梁工期12～18个月、每天作业时间20h以内，运梁车重载速度3～4km/h、空载速度5～8km/h，可以实现1台运梁车、1台架桥机，每天架梁2孔、每月架梁50孔，架梁半径达到20km，架梁总数量475～875孔。根据在建项目的实际情况，夜间运梁是可行的，每天早、晚各架1孔梁，一般不需要“一架二运”。

## 4 一个梁场一台架桥机与一个梁场二台架桥机的配置问题

根据施工经验可知，如果按照“一场二架”配置，当“一架一运”时，架梁半径20km，架梁数量800～1200孔；当“一架二运”时，架梁半径40km，架梁数量600～1330孔。“一场一架”和“一场二架”区段长度、架梁数量与工期的关系分别见图1和图2。

在架梁工期12～18个月、每套架梁设备每天架梁2孔条件下，“一场一架一运”架梁半径20km、架梁数量475～875孔；“一场二架二运”架梁半径20km、架梁数量可达1200孔；“一场二架四运”架梁半径可达到40km、架梁数量600～1330孔。“二场一架”与“一场一架”相比，增加1次架梁设备转场，转场时间2个月。

因此，1个“一场二架”梁场每天制架梁4孔时的建场和设备投入基本是2个“一场一架”梁场的2倍，而架梁总能力即使在“一架二运”时仍略小于后者，且长途运梁的能源消耗高于后者。每天制架2孔梁时，2个“二场一架”梁场的规模是1个“一场一架”梁场的2倍，而架梁范围和架梁数量小于后者。

所以，在架梁工期12～18个月、每套架梁设备每天架梁2孔条件下，应选择“一场一架一运”方案，架梁半径9.4～20km、架梁数量475～875孔。

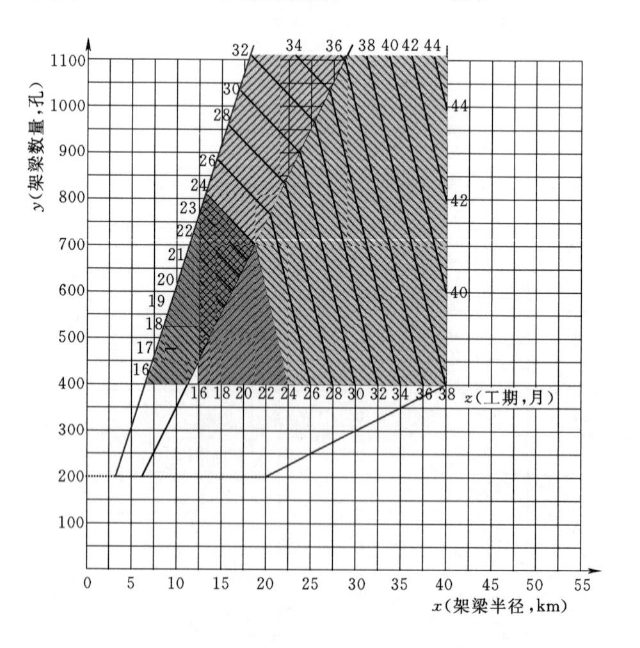


图1 “一场一架”区段长度、架梁数量与工期的关系

注：1. 工期中包括架梁和铺设无砟道床；2. 运架设备1套，每天架设2孔、每月架设50孔；3. 无砟道床设备1套，铺设进度200m/d、双线2.5km/月。

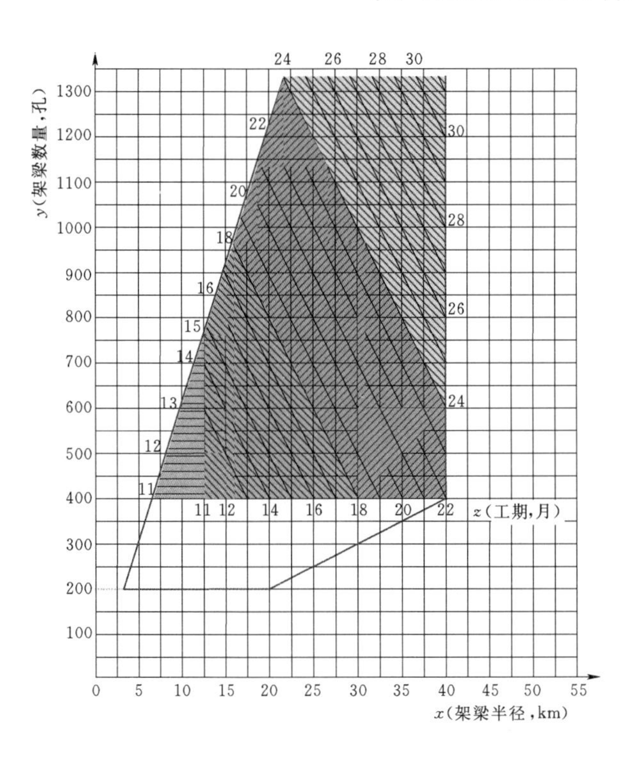


图2 “一场二架”区段长度、架梁数量与工期的关系

注：1. 工期中包括架梁和铺设无碴道床；2. 运架设备2套，每套每天架设2孔、每月架设50孔；3. 无碴道床设备2套，铺设进度双线200m/d、5km/月。

## 5 与架梁相关的其他问题

### 5.1 关于路基堆载预压和架梁的关系

有堆载预压要求的路段，一般预压期为6～8个月。通过合理安排无碴道床和架梁的施工顺序、调整梁场位置等，可以在架梁前安排预压。路基堆载预压前不实施基床表层。在堆载预压前架梁，架桥机桥间转移时，基床底层承受架桥机荷载。[4]运梁车设计重载轮压为6kg/cm²，在基床底层上行驶是可以的。架桥机在桥间转移时，其后部行走部位的集重约350t。架桥机后端靠两根钢轨行走，钢轨底宽17cm，每根钢轨在两米的范围内要承受175t的重量，轨底压强达50kg/cm²。路基和级配碎石的填筑符合要求，架桥机行走的安全是可以保证的，也不会在级配碎石层表面产生明显的破坏痕迹。如架桥机在没有级配碎石的路基上行走，需进行验算。所以，路基预压应在架梁前完成。如果先架梁后预压，必须对架桥机通过路基时的安全性进行检算，必要时采取安全保证措施。

### 5.2 梁场的位置

（1）按照一个梁场一套架梁设备的制架配置，梁场尽量设置于区段的中间，[5]以便由中间向两方向依次架梁，在架设第二方向时，即可在第一方向组织无碴道床的施工。

（2）梁场位置，应使第一架梁区段起始端避开有堆载预压的路基，使在第一区段架梁期间完成第二区段路基堆载预压。

### 5.3 无碴道床铺设与架梁的关系

（1）为了安排无碴道床铺设与架梁的平行作业，无碴道床的区段和施工方向应与架梁作业一致。

（2）划分区段时应同时考虑架梁和无碴道床铺设，区段长度、架梁数量应满足该区段的最大可能工期。在工期一定时，架梁数量大，区段就相应短；区段长，架梁数量就小。

## 6 实际架梁情况

京沪高速铁路曲阜制梁场采取“一场一架一运”的方案进行架设，架梁半径在10km范围内时，日架梁进度为3孔，架梁半径在10～30km范围内时，日架梁进度为2孔，梁场最高架梁数量为75孔/月，平均达到了60孔/月的强度，架梁过程各工序井然有序，基本未出现运架设备闲置或超负荷运行状态，11个月完成了636孔箱梁的架设，架设强度满足架梁工期需求，且经检查梁板架设合格率达100%。

## 7 结束语

本工程采用“一场一架一运”的方案在满足施工强度的前提下最大限度地发挥了机械设备的经济价值。特大型预制梁的梁板运架工作在工程质量、经济效益中至关重要，应根据施工质量要求和施工强度等因素选择合理的运架设备及运架方法，以在保证施工质量和工期的前提下创造更大的经济效益。

## 参考文献

[1] 范黎冰. 高速铁路预制梁场的规划设计研究［J］. 中文科技期刊数据库（全文版）工程技术，2016（11）：59.

[2] 禹桂华. 基于高速铁路900t箱梁架设关键技术的分析［J］. 科技传播 Applied Technology（应用技术），2013（6）：155-156.

[3] 李新月. 武广客运专线云岭梁场规划、设计与施工组织管理［J］. 铁道标准设计，2008（6）：42-47.

[4] 林型瑶. 预应力简支箱梁预制施工方法的探讨［J］. 科技创新导报，2011（3）12.

[5] 姜丽雯. 铁路客运专线顶制梁场的规划设计研究［J］. 铁道标准设计，2007，（6）：8-12.

# 预应力空心板梁精细化施工技术研究

刘芳明　罗宗强　李　涛/中国水利水电第十四工程局有限公司华南事业部

【摘　要】预制预应力空心板梁结构刚度大，变形量小，耐久性好，上部预制梁集中预制，可与下部结构平行作业，节约施工时间，在公路、市政等桥梁工程建设中得到广泛应用。然而，空心板施工面临预制梁场建设标准化要求高、所需场地大、制梁过程繁琐、工序较多、架梁要求精度高、质量控制难度大等问题。本文通过合理设计预制梁场，优化预制梁施工过程，加强制梁过程控制，加快预应力空心板梁施工效率，提高预制梁安装精度，总结预制空心板梁预制与吊装精细化施工方案，为以后类似工程施工提供参考。

【关键词】预应力　空心板梁　预制　精细化　施工技术

## 1　引言

预应力空心板梁的施工工序复杂，施工要求精度高，施工过程质量控制难度大，成本投入多，材料消耗量大，标准化要求高。本文通过采用科学的施工方法，优化预制梁场建设方案，提高预应力管道定位精确度和钢绞线使用性能，优化空心板梁内模装置，提高施工效率，严格控制混凝土浇筑质量和空心板架设安装精度，从而提高桥梁整体质量。

## 2　工程概况

厦漳同城大道 K12＋242～K15＋980 段中桥共 8 座，上部结构均采用预制预应力空心板梁，梁片合计 452 片，单片梁长 20m，高 0.95m。梁片在梁场集中预制，梁场设置在厦漳同城大道 K14＋890 线路左侧。

## 3　空心板梁预制施工方案

### 3.1　梁场建设

#### 3.1.1　施工准备

根据工程实际情况，综合考虑运距、土地资源等条件，选择适宜本工程的梁场场地。根据工期和预制梁数量，编制梁场建设方案，充分考虑台座、存梁、钢筋加工等区域，合理规划满足工程实际需求的标准化梁场。梁场配备龙门吊、模板、吊车、运梁车、卷扬机、钢筋加工设备等。

#### 3.1.2　场地硬化及供排水设施设置

梁场场地选址完毕后，确认该场地能满足梁场规划需求，清除表层杂物，现场实测地基承载力满足设计要求，如不满足，需对地基进行特殊处理。填筑或开挖至设计标高后，采用压路机进行压实，台座、龙门吊轨道基底要加强碾压，碾压后浇筑混凝土进行场地硬化，并设置一定的横坡与纵坡。

场区内排水主要为预制梁养护水外排，梁场四周设置主排水沟，纵横向台座之间也需设置纵横向排水沟，排水沟可在场地硬化时施工完成，梁片制作期间应定时清除沟内杂物，排水沟设置一定的横坡与纵坡，保证场区内的水能正常排出场外，最后排到附近水系。

梁场主要用水为梁片养护用水，梁片养护采用自动喷淋装置，养护用水从场区外接水，供水主管沿梁场两侧布置，再用供水支管顺着场区排水沟接至各排台座位置，最后用软管接水至台座位置自动喷淋装置上。

#### 3.1.3　预制梁台座及龙门吊施工

根据预制空心板具体尺寸，设置钢筋混凝土实心台座，台座长度略大于梁长，台座设计尺寸为 21m×1.22m×0.25m，台座内布置一层钢筋网片，并布置养护喷淋水管。台座沿纵向 1m 间距预留模板固定的拉杆孔，施工台座根据预制空心板的特点，在台座上预留预制梁吊槽，混凝土浇筑时在台座四周顶面预埋 40mm×40mm 的角钢，台座浇筑完成后在台座顶面铺设 6mm 厚钢板作为预制梁底模，并利用预埋角钢与钢板焊接，吊槽位置设置活动底模，以便脱模调运。台座横向间距考虑翼板宽度，纵向间距考虑钢内模能正常拆除。存梁台座设置为钢筋混凝土台座，可根据实际情况布置。

预制空心板质量较轻，设置 2 台 40t 龙门吊进行吊梁，1台5t龙门吊进行材料调运和模板安装等。龙门吊轨道基础进行加强处理，设置宽0.5m、高0.4m钢筋混凝土基础，轨道基础顶面与梁场硬化面等高。行走钢轨采用P38钢轨，采用钢轨卡箍卡紧，安装时应保证龙门吊钢轨的平行和顺直。

**3.1.4 移动式钢筋加工棚施工**

在工程施工中，大多数的钢筋加工棚都使用传统的固定式加工棚，因梁场加工棚的限制，采用的加工棚高度有限，传统的加工棚占地面积较大，材料需要进行二次调运，运用不便。为建设满足标准化梁场所需的钢筋加工棚，改善传统加工棚的缺陷，设计出一种可自由伸缩的移动式钢筋加工棚。如图1所示，移动式钢筋加工棚是由两种大小不一的棚体组成，棚体立柱采用镀锌方钢，设置间距为4.5m，立柱之间设置［10槽钢的剪刀撑与立柱进行焊接，棚体顶面设置彩钢瓦防雨盖。第一个棚体设置为固定棚体，底座立柱固定，两侧和棚体后采用彩钢瓦封闭；第二个棚体为可移动式棚体，棚体高度及宽度均小于第一个棚体，控制第二个与第一个棚体之间的最小间距不小于20cm，防止发生碰撞、摩擦，棚体立柱底安装带槽的行走轮，按照棚体两侧立柱横向间距布置行走轨道，轨道采用40mm×40mm的角钢，角钢焊接在预埋钢筋上固定，行走轮在角钢棱角上行走，棚体可根据加工材料的数量或场地设置2～3个移动式棚体。可移动式钢筋加工棚在材料吊装时，将加工棚收拢，材料吊进加工棚后移动棚体，将材料全部覆盖，防止雨水侵蚀，减少材料二次搬运，满足临建工程标准化施工要求。

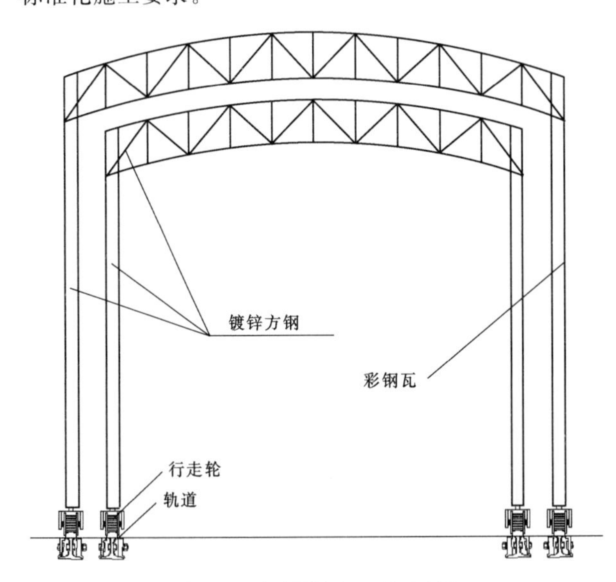


图1 移动式钢筋加工棚示意图

## 3.2 预应力空心板梁预制

### 3.2.1 钢筋加工及安装

钢筋原材料进场后需进行强度检验，合格后方可使用。检验后的原材料在移动式钢筋加工棚中按照检查复核后的设计图进行下料，按照不同部位分类堆码整齐，挂牌标识，使用时须经过检验合格后方可出加工棚，移动式钢筋加工棚中的原材料、半成品应采用下垫上盖的方式进行保护。

钢筋的下料用切割机进行，下料后的钢筋可在工作平台上用手工或电动弯曲机按规定的弯曲半径弯制成型。对于需要较长的钢筋，最好在接长以后弯制，这样较容易控制尺寸。钢筋的接头采用电弧焊，焊接接头在构件内应尽量错开布置，且受拉主钢筋的接头截面积不得超过受力钢筋总截面面积的50%，钢筋连接点不应设于最大应力处。

钢筋调直采用冷拉法，钢筋连接以焊接为主，其中结构主筋采用同轴心搭接焊，选用的焊条型号满足规范要求，双面搭接焊搭接长度不得小于$5d$（$d$为钢筋直径），搭接与绑扎接头同一断面数量不得大于50%，钢筋加工、安装时，接头与钢筋弯起处的距离及接头在结构内的分布必须符合规范要求。

绑扎钢筋前在台座底模上用经纬仪配合钢尺准确标出梁轴线、主筋位置、箍筋中心线位置、变截面位置、横隔板及梁端位置线，然后将底模清扫干净，均匀地涂抹上脱模剂，并在底模边缘安装止水胶垫。根据需要预制的梁型，从加工棚内领出经检验合格的不同规格的钢筋，按照设计图纸对底腹板钢筋绑扎或焊接成型。

钢筋的接头应按规定要求错开布置，钢筋的交叉点用扎丝绑扎结实，必要时可采用焊接，除设计有特殊规定外，梁中箍筋应与主筋垂直。箍筋弯钩的叠合处，在梁中应沿纵向置于上面并错开布置。为保证混凝土保护层的必须厚度，在钢筋与模板间交错布置M50砂浆垫块，为保证钢筋骨架有足够的刚度，必要时可以增加装配钢筋。顶板钢筋需模板安装完成、模板固定前安装。

**3.2.2 波纹管定位器定位预应力管道**

预制梁中主要荷载依靠预应力承担，因此，预应力钢绞线的定位尤为重要。目前比较常见的波纹管定位器为“井”字形，这样的定位器在实际操作时施工工序较复杂，施工时间较长，使用材料多，且焊接点较多，焊接施工过程中极有可能会损坏波纹管，需对波纹管进行修复，否则混凝土成分流入波纹管内使其堵塞，导致钢绞线穿束、张拉困难，影响钢绞线施工质量。通过对施工工艺的总结，设计了一种U形波纹管定位器，如图2所示。

预制梁预应力设在腹板位置，采用金属波纹管，波纹管安装与底腹板钢筋安装同时进行，采用波纹管定位器定位，定位器由横向钢筋和U形钢筋组成。施工时，将波纹管置于结构钢筋内，测量放线定位波纹管高程，通过定位的位置将定位器横向钢筋与预制梁结构钢筋焊接，即可定位波纹管高程。确认无误后，放样定位波纹管横向位置，采用U形钢筋将波纹管固定在定位器内，

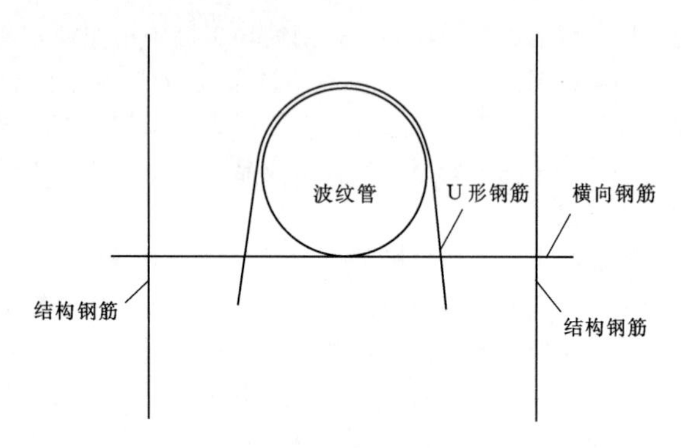


图2 U形波纹管定位器示意图

焊接定位器的U形钢筋与横向钢筋，定位器按照50cm间距布置。波纹管定位器具有定位准确、焊点少等特点，可提高预应力安装质量，节约材料。如在施工中遇到预制梁结构钢筋与预应力位置发生冲突，可适当调整结构钢筋位置，保持预应力位置不变。

波纹管安装完毕后，波纹管内穿塑料管，塑料管略小于波纹管内径，长度长于波纹管，待混凝土浇筑完成后取出塑料管，再穿钢绞线，避免钢绞线浇筑过程中的污染。

**3.2.3 模板安装**

预制梁钢模运送到现场后，应进行试拼、打磨，检查其接缝是否严密、平顺，平整度、线形是否满足要求，检查合格后将模板编号，防止以后施工中交错拼装，影响拼装质量。对空心板台座进行清理后，台座应顺直光滑无油污，方可涂刷脱模剂进入空心板施工。

底腹板钢筋绑扎、预应力管道安装完成后开始安装模板，为保证梁片浇筑质量，预制梁采用的端模、侧模以及内模均采用定型大块钢模，模板厚度不小于6mm。

(1) 内模与端模安装。预制空心板梁具有箱室小、变截面等特点，常用的内模采用普通钢模、木模、气囊等，都存在明显的缺陷，普通钢模和木模因箱室较小，安装拆除不便，且施工时间较长，在拆除过程中，容易对梁体造成破坏，气囊作为内模在混凝土浇筑过程中容易上浮和变形，传统的空心板内模无法保证空心板浇筑质量。为解决这一技术难题，总结出一种刚度大、可自动伸缩、安拆方便的空心板预制施工的钢模装置。

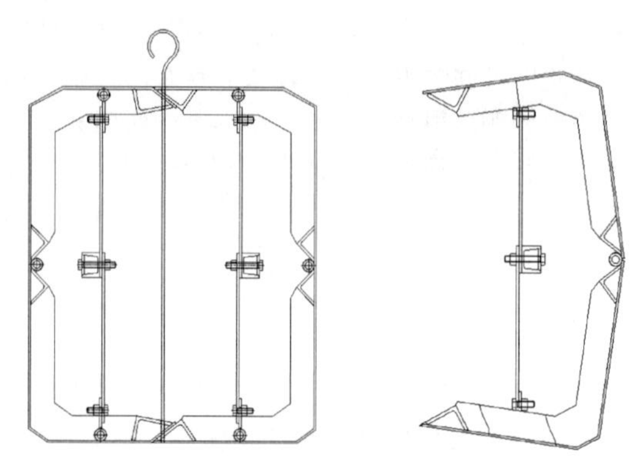

图3 预制空心板施工的钢模装置横断面示意图

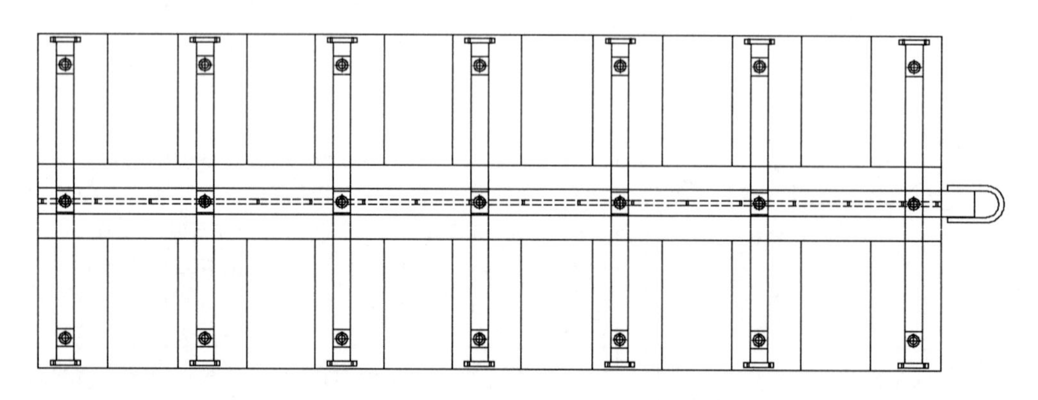

图4 预制空心板施工的钢模装置纵断面示意图

如图3、图4所示的预制空心板施工的钢模装置，包括两第一阴角钢模、两第二阴角钢模、第一支撑组件、第二支撑组件以及定位杆组成。两第一阴角钢模、两第二阴角钢模的一端铰接构成两个匚形钢模，第一、第二支撑调节组件分别与铰接的两第一阴角钢模、两第二阴角钢模内侧铰接。两个支撑调节组件的中间采用横梁铰接，通过横梁拉伸，能使两块匚形钢模向内侧收紧，两块匚形钢模连接处采用可贴合的三角钢模，钢模的两端预留定位杆孔，两块匚形钢模拼装成一块口形钢模后，采用定位杆连接。另外，为保证内模使用过程中稳定性，内模端头调节组件支撑与横梁固定连接。

安装前每节钢内模表面用薄膜包裹，胶带固定，在底板钢筋上每节内模端头及中间位置布置大块砂浆垫块，保证底层混凝土浇筑厚度，钢内模拼接位置现场加强包裹薄膜，胶带固定，保证内模搭接位置无错台。内模安装完成后安装端模，安装端模前先安装预应力的锚垫板、螺旋筋等，端模上有预留的预应力孔，端模紧贴内模上。

(2) 侧模安装。侧模采用大块整体钢模，安装前在内侧均匀刷上脱模剂，侧模安装应支撑牢固，尺寸准确，模板底部用木楔调节高度，制梁台座中预留有拉杆孔，侧模安装时利用拉杆固定模板，使侧模牢固，侧模底部安装胶垫，保证模板与台座接触面良好不漏浆，侧模上焊接钢板，每侧安装两个附着式振捣器，保证混凝土浇筑时振捣到位。

(3) 模板固定。顶板钢筋绑扎完毕，混凝土浇筑前对模板进行加固，侧模除底部台座中预留拉杆孔固定外，还需在顶部设置横向拉杆，避免混凝土浇筑时模板松动，为防止钢内模上浮，内模应采用压杆固定，压杆采用花篮螺栓连接在侧模底部，模板与模板间、模板与台座间空隙采用玻璃胶封堵。

### 3.2.4 混凝土浇筑

混凝土由罐车运送至梁场，采用5t龙门吊配合混凝土料斗浇筑。混凝土浇筑时应注意浇筑顺序，先浇筑空心板孔底以下混凝土，在浇筑厚度达到要求时，采用附着式振捣器配合插入式振捣棒同时振捣，直至混凝土不再下沉，插入式振捣棒振捣时应避开波纹管和模板。浇筑时随时监测内模，防止其上浮。混凝土浇筑过程中应一次性浇筑完成，中间不得停止，分层浇筑厚度不宜超过30cm，采用水平分层、斜向分段的连续浇筑方式，从梁的一端循序进展至另一端，在距离该段4～6m处合拢，浇筑完成后应对顶面进行拉毛处理。混凝土初凝前，先拆除内模压杆以及内模连接拉杆，以便后期拆模。

### 3.2.5 混凝土养生与模板拆除

混凝土浇筑完成后用土工布覆盖，采用自动喷淋养生设备进行养护。当混凝土强度达到设计强度75%以后，拆除侧模及端模。拆模后应将梁端及翼板边缘凿毛，凿毛后应尽快对梁面进行养生，确保空心板梁混凝土面全天24h保持湿润状态，拆模后对模板接触部位混凝土表面采用喷洒水养生，养生期不小于7d。

拆模时先拆侧模与端模，后拆内模，内模采用卷扬机配合人工拆除，拆除前先拆除模板端头组件的固定支撑，卷扬机固定在台座，钢丝绳固定在钢内模横梁上，启动卷扬机，钢丝绳向外拉，钢内模向内收缩，最后抽出，移至下一片继续施工。

### 3.2.6 预应力穿束、张拉注浆及封锚

在预应力张拉施工中，采用的传统预应力锚具（见图5）穿束效率低，且在张拉过程中出现钢绞线断丝现象，主要是因为在张拉时钢绞线与预应力锚具孔口存在摩擦。为消除钢绞线与锚具之间的摩擦，减小锚具孔口棱角对预应力的破坏，提高穿束效率，同时提高预应力施工质量，将传统锚具孔口的棱角抹去，形成双响喇叭口锚具，剖面图如图6所示。

预应力钢绞线调直后按照设计的下料长度下料、编号、穿束，穿束完成后安装双向喇叭口锚具，双向喇叭口锚具可消除钢绞线在穿束与张拉过程中的断丝现象，提高预应力质量，加快穿束进度。待混凝土强度达到设

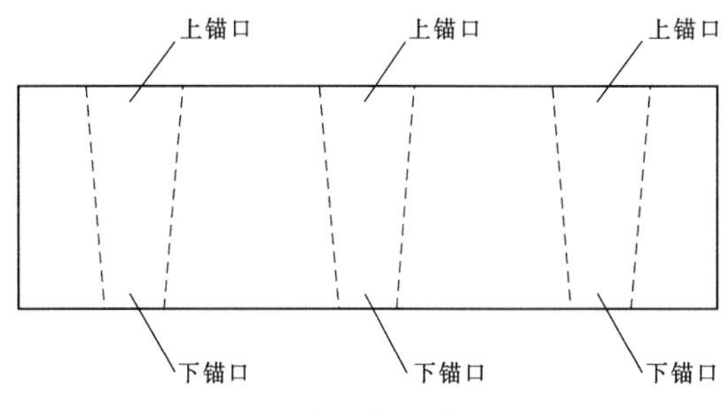


图5 传统锚具剖面图

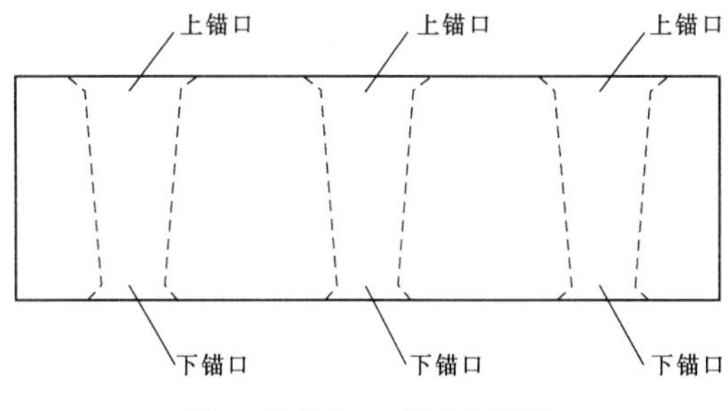


图6 双响喇叭口锚具剖面图

计强度的85%，且混凝土龄期不小于7d方可张拉，张拉应严格按照图纸及相关规范的张拉顺序进行，采用智能张拉机张拉，张拉时两端同时按照0→20%→50%→100%分级加载，采用张拉应力和伸长量双控，以应力控制为主，实际伸长值和理论伸长值进行校核，当预应力钢束张拉达到设计张拉力时，实际伸长值与理论伸长值的误差应控制在6%以内，实际伸长值应扣除钢束的非弹性变形影响。预应力张拉顺序严格按照图纸及相关规范执行。

张拉锚固后应及时注浆，注浆一般在张拉后48h内完成。压浆前切除多余的预应力筋，外露值控制在3～5cm。孔道压浆采用厂家提供的专业压浆料，具有流动性好、耐久性好、密实性好等特点。压浆料按照试验确定的水灰比，采用搅拌机现场拌和，压浆泵压浆，压浆前对浆液流动性进行检测，压浆泵要能以0.5～0.7MPa的恒压作业，浆液自梁的一端注入，另一端流出，流出的浆液需达到规定稠度，出气孔在水泥浆的流动方向一个接一个封闭，注入管在压力下封闭直至水泥浆凝固，并保证在一天内不受震动。

预制梁预制完成后，运送至现场后，采用架梁设备吊装，吊装时采用的支座为临时支座，二次浇筑连续段时再安装永久支座。临时支座在预制梁吊装起到极其重要的作用，它直接影响整座桥梁的施工质量。传统采用的临时支座拆除困难，耗费时间，效率低，安装精度无法保证，根据施工需求，研究了一种用于预制梁安装的双钢筒临时支座。

如图7所示的用于预制梁安装的双钢筒临时支座，主要包括钢筒、钢板、细砂、混凝土组成。大钢筒为母

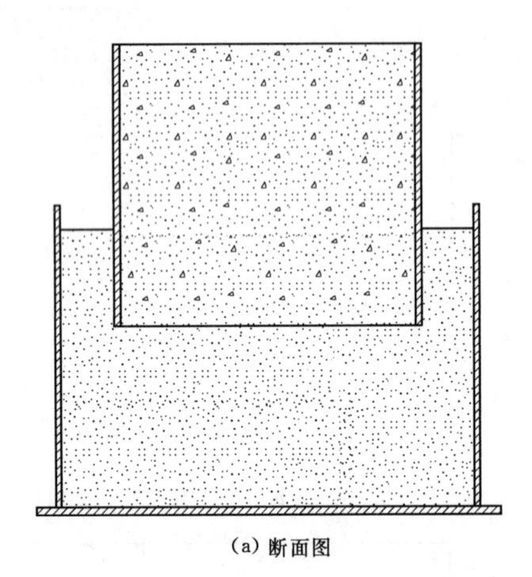

(a) 断面图

(b) 俯视图

图7 用于预制梁安装的双钢筒临时支座示意图

筒，底部焊接钢板封口，筒内装 3/4 左右的细砂，安装在已浇筑完成的盖梁上，小钢筒为子筒，筒内填满混凝土，达到龄期后安装在母筒内，根据调节砂的含量控制预制梁安装高程。临时支座安拆方便，精确度高，同时可减小对梁体的破坏，降低安全风险。

吊装完成后安装连续段永久支座，模板拼装后浇筑连续段混凝土，拆除模板，拆除双钢筒临时支座。拆除临时支座时仅需将支座母筒内的砂掏出或用水冲出，临时支座高程降低，永久支座受力，拆除临时支座移至下一桥继续使用。

## 4 结语

本文通过对预应力空心板梁施工技术研究，解决了土地资源有限条件预制梁场规划难度大、预制梁施工工序复杂、架梁精度控制要求高、质量控制难度大的问题。通过空心板梁预制与安装施工技术研究应用，严格控制梁片生产关键工序，高精度无损安全安装梁片，达到精细化生产与安装梁片的目的，为以后类似工程施工提供参考。

（1）通过优化梁场，改善传统的建设方法，将加工棚设为可移动式钢筋加工棚，在满足临建工程标准化建设的同时，节约土地资源。可移动式钢筋加工棚占地面积小，棚体覆盖面积广，减少材料的二次搬运，满足文明施工需求。

（2）空心板梁预制采用可伸缩的钢内模装置，安装过程方便、快捷，提高预制梁生产质量，加快施工进度。

（3）采用波纹管定位器以及双响喇叭口锚具，能精确定位波纹管，基本消除钢绞线施工过程中的损伤，提高预应力受力性能。

（4）混凝土浇筑过程中采用附着式振捣器配合插入式振捣器同时振捣，可提高混凝土浇筑质量。

（5）预制空心板梁安装采用双钢筒临时支座，双钢筒临时支座由两个大小不一的钢筒组成，可提高预制梁安装精度，安拆方便，不会损坏梁体，降低拆除过程中的安全风险。

## 参考文献

[1] 郑建智. 桥梁预应力混凝土空心板梁预制质量控制［J］. 福建建材，2018（3）：65－67＋76.

[2] 李晓哲. 高速公路桥梁工程空心板梁预制方案及施工技术［J］. 低碳世界，2017（16）：233－234.

[3] 林秋云. 高速公路桥梁预制梁场规划［J］. 交通世界，2018（23）：107－108＋110.

[4] 刘大鹏. 浅谈公路预制梁场整体布置及规划［J］. 福建交通科技，2017（5）：91－93＋106.

[5] 余俊. 桥梁预制箱梁临时支座结构设计与施工技术［J］. 物流工程与管理，2013，35（8）：125－126.

[6] 王波. 试论公路桥预制空心板梁活络式抽芯内模技术的应用［J］. 科技风，2014（22）：150.

# 浅谈现浇箱梁支架预压的施工方法

王志崇　刘玉兵/中国水利水电第十四工程局有限公司华南事业部

【摘　要】支架预压作为现浇箱梁施工中必不可少的一步，是保证现浇箱梁质量的关键因素之一。目前，国内支架预压主要采用的方法有堆载预压、水袋预压两种，笔者根据自己的施工经验并参考相关文献，对两种预压方法进行归纳介绍，并分析对比，希望对以后现浇箱梁支架的预压施工有所帮助。

【关键词】支架预压　堆载预压　水袋预压　优缺点

## 1　概述

随着公路、市政桥梁建设日益高速发展，人们对路桥的设计和施工标准要求越来越高。连续现浇箱梁因其结构造型美观、线条柔顺、整体性好以及适应性强等特点，在桥梁设计中的应用正日益增多，尤其是在施工环境受局限的情况下，如下穿铁路桥既有线路、城市立交等。现浇箱梁大多采用满堂支架作为支撑结构，其结构本身的稳定性关系到施工的安全以及桥梁的浇筑质量，支架预压是消除结构稳定性风险以及保证现浇箱梁质量的关键工序。[1]支架预压的目的：①检查支架的安全性，确保施工安全；②消除地基非弹性变形和支架非弹性变形的影响，有利于桥面线形控制；③测得支架弹性变形值，便于箱梁底标高控制。笔者结合自己的施工经验并参考相关文献，对堆载预压、水袋预压两种常用的预压方法进行归纳介绍，并进行分析对比，希望对以后现浇箱梁支架的预压施工有所帮助。

## 2　堆载预压

堆载预压是支架预压运用最早使用最多同时也是最成熟的一种预压方法。其原理就是采用吊车将沙袋、钢筋或预制水泥块等重物平均堆放在支架模板上来模拟箱梁恒重，然后对满堂支架进行观测，以达到支架预压的目的。

### 2.1　施工方法

根据预压相关规范要求，支架预压加载过程按规范要求宜分为3级进行，依次施加的荷载应为单元内预压荷载值的60%、80%、100%。当纵向加载时，应从混凝土结构跨中开始向支点处进行对称布载；横向加载时，应从混凝土结构中心线向两侧进行对称布载。堆载预压采用吊车配合人工堆放沙袋、钢筋或者混凝土块等其他重物进行堆载预压。

### 2.2　施工准备工作

（1）预压前对加载材料数量进行确定，并提前运至施工现场存放，沙袋等重物需用篷布覆盖，以防雨天淋湿，并在吊装前对沙袋重量进行称量。

（2）装运、起吊等机械设备进场并进行调试，确保能满足施工要求。

（3）预压期间注意天气预报，有超过六级大风时，停止施工，雨天需注意覆盖，以防超重。

（4）支架预压前先安装箱梁底模，保证底模平顺，完成后方可进行支架预压。

（5）做好测量仪器的校验和鉴定等准备工作，并在底模或下部支架顶端及支架基础上按要求布设观测点，观测点记号可用红色油漆作标记，为保证观测精确，在加载时应对布置的观测点进行避让和保护。

### 2.3　加载及观测

（1）预压加载。加载时注意加载重量的大小和加荷速率，使其与地基的强度增长相适应，每级加载完成后，应每间隔12h对支架沉降量进行监测；当支架测点连续2次沉降差平均值均小于2mm时，方可继续加载。特别是在加载后期，更要严格控制加载速率，防止因整体或局部加载量过大、过快而使地基发生剪切破坏。

加载至100%后，平均每24h监测测点标高。支架预压监测过程中，当满足下列条件之一时：①各监测点最初24h的沉降量平均值小于1mm；②各监测点最初72h的沉降量平均值小于5mm，则可判定支架预压合格。预压过程中要进行精确地测量，要测出梁段荷载作用下支架将产生的弹性变形值及地基下沉值，据此来调整模板标高。[2]

预压期间派人员24h对支架进行巡查，发现异常及时向项目部汇报并采取必要的应急措施，防止安全事故的发生。

（2）沉降观测及测量。根据现场实际情况，模板安装完成后在模板表面布置监测点，加载前各测点的高程值采用水准仪进行，采用相对高差观测模板支架沉降，每天测量相对高差，并做好详细记录。观测采用精密水准仪进行，然后在每次加载、卸载时测量各测点的高程，根据测得数据进行列表，分出各对应情况下的数值并和理论计算值进行对照、分析，找出规律，为支架标高即立模标高的调整提供基础资料，并据之进行适当调整。当数据没有异常时，取其平均沉降量作为最终沉降量，达到要求时则支架可投入使用。

支架预压中主要测量下列标高，记录表格采用《钢管满堂支架预压技术规程》附录A中表A.0.2：

1）加载之前测点标高$h_0$。

2）每级加载后测点标高$h_j$。

3）加载后间隔24h测点标高$h_i$。

4）卸载6h后测点标高$h_c$。

### 2.4 卸载

预压完成后，即可进行卸载。卸载时采用人工配合汽车吊的方式卸载，卸载的材料要注意分类堆放，并进行回收利用，严禁在施工现场随意丢弃。卸载顺序同加载顺序，即由支座向跨中进行，并保持卸载过程中横桥向与顺桥向的同步性，以满足支架体系在卸载过程中的稳定性与安全性。同时，在卸荷过程中安排专人对支架变形情况进行观察。

### 2.5 支架调整

架体预压前，支架底模按照设计计算标高调整，确保支架各杆件均匀受力。预压后架体在预压荷载作用下基本消除了地基塑性变形和支架竖向各杆件的间隙（即非弹性变形），并通过预压得出支架弹性变形值。[3]

根据以上实测的支架变形值，结合设计标高，确定和调整梁底标高，即梁底立模标高＝设计梁底标高＋支架弹性变形值。支架预压完成后进行下一道施工工序。

笔者参建的某特大桥，其第二联上跨省道，采用35m＋45m＋35m等截面现浇连续箱梁，左右分幅，施工采用支架现浇施工工艺，现场采用堆载预压的方式进行预压。按照设计图纸要求，预压需要设计重量的1.2倍，即4475t，施工现场采用160cm×80cm×80cm预制水泥块，累计投入1790块。从现场施工情况来看，虽然说工艺技术简单，但是资源投入相当大，25t汽车吊投入6台，平板车投入12辆，预压作业人员15人，仅加载完成就用时7d，完成观测卸载共计用时12d，施工总成本大大增加。同时，由于现场以起重吊装作业为主，安全风险较大，安全管控工作难度大。因此，该桥预压完成后，笔者所在项目部组织各部门从安全、质量、经济、管理等方面进行了分析讨论，决定后续现浇桥施工中，在保证施工质量和安全的情况下，尝试采用水袋预压工艺。

## 3 水袋预压

水袋预压是一种近几年新兴的满堂预压的施工方法，随着水袋预压在实际施工中的运用，其施工工艺日趋成熟。[4]水袋预压的原理是采用向水袋注水加载的方法来模拟现浇箱梁恒重，以达到支架预压的目的。

为确保施工安全，水袋采用单层铺设，并且支架模板四周设防护栏杆便于固定水袋。水袋预压施工中，将空水袋平放在支架顶平面后，用潜水泵就近把地下水或河水抽入水袋，潜水泵根据支架预压重量和高度选用规格型号，密封后用尼龙绳或尼龙网把水袋固定在支架上。[5]水袋注水和排水时应防止水外溢，注意保持周边道路和场地的整洁。

水袋预压加载及观测过程与堆载预压过程类似，此处不再赘述。卸载时将水袋接软皮管排至指定的河道和排水沟渠中，严禁预压水随意排放，保持工作面整洁。

在笔者参建的同一项目的另一个30m＋30m的现浇箱梁施工中，预压重量1260t，项目部尝试采用水袋预压的方式，除个别水袋因为本身故障漏水更换外，过程基本顺利，从铺水袋到预压完成，共计用时7d（铺水袋1d→加载至60%及沉降观测用时2d→加载至80%及沉降观测用时1d→加载至100%及沉降观测2d→卸载1d）。施工作业人员共计5人，作业内容包括抽水及水袋注水过程中的安全巡视，大大节省了人力、物力，降低了安全风险，效果显著。施工完成后，对比两种预压方式及预压效果，后续施工中项目部一致决定，在两种预压方式均具备条件的情况下，采用水袋预压工艺。

## 4 堆载预压与水袋预压的对比分析

总体而言，堆载预压和水袋预压在当今支架现浇箱梁的施工中都有广泛运用，各有特点。堆载预压施工工艺比较简单，技术难度低，对施工作业人员职业素质要求比较低，并且可参考经验较多，利于现场控制，但缺点亦很明显，比如成本高、安全风险大、工期长等。水袋预压作为一个相对新兴的预压方式，以其成本相对较低，设备材料需求少，且施工工期较短等特点迅速推广使用，但其技术难度稍大，对作业人员素质要求高，并且对水的需求量大，使用环境有限制。

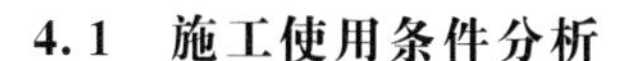

### 4.1 施工使用条件分析

堆载预压作为常规的支架预压方式，对环境条件要求比较低，施工应用范围广，只需准备足够重量的重物以及称量、装运、吊装等机械设备即可进行堆载预压施工，但是对施工场地要求比较高，需要有平整坚实且面积较大的空地用于堆放预压材料以及汽车吊等机械设备的摆放。

水袋预压施工对周边环境条件要求相对较高，尤其是水环境，施工现场附近必须有丰富水源以保证预压重量，并且现场需设置临时排水设施，卸载时方便排水，避免工作面积水，防止因水浸泡支架基础影响支架整体安全性及后续施工作业。

### 4.2 施工过程分析

堆载预压技术难度要求低，但是过程复杂、繁琐，安全风险较高。施工过程中需要人工装砂袋，搬运砂袋、钢筋等重物，并需进行称量记录，还要采用吊车进行吊装、堆放，整个过程工序较多，安全隐患大，作业人员承受的安全风险较大。

水袋预压材料设备要求少，即准备潜水泵、水袋、尼龙绳、水管等即可，且操作比较简单，即铺水袋、分等级注水、放水。各个过程对人力、物力要求低，且整个过程安全风险源较少，安全系数高，加载重量可以通过水表进行精确计量，科学合理，数据可靠，控制效果良好，并且节能减排、保护环境。用普通水作为预压材料，可以节省大量建筑用材，水袋可重复使用，预压不需要大型机械作业，节省能源。

### 4.3 成本效益分析

堆载预压成本相对较高，所需材料需求较多，成本包括沙子等重物的租赁费用、沙袋等装运的人工机械费用、吊装的人工机械费用，卸载时同样需要人工机械成本费用，成本投入贯穿整个预压过程。以笔者参建的一座宽16.25m、跨度为2×30m的连续小箱梁为例，预压重量需2036t，仅材料进退场运输费用一项就比较大，还未包括日益增长的人工费、设备租赁费以及材料在堆载过程中的损耗等费用。

水袋预压成本较低，约为堆载预压成本的一半。成本投入主要为水袋费用、电费以及少量的人工费（在水资源丰富地区，水费用基本忽略不计），且目前市场已有很多水袋预压公司，专门提供水袋预压设备租赁及预压工作，成本进一步降低。

### 4.4 工期分析

堆载预压施工工艺包括材料称重、堆放以及吊装等，综合考虑作业人员的劳动强度以及机械设备的运行功效，施工持续时间较长，工期相对较长。

水袋预压施工过程则较为简化，主要靠潜水泵抽水，在支架稳定的情况下，可持续加载直至相应等级荷载值，同样预压条件，工期较短。

## 5 结语

支架预压作为支架现浇桥梁施工中不可缺失的一道重要工序，对施工质量和安全至关重要，堆载预压与水袋预压都已在实际施工中有所运用。实际施工中，根据其各自的特点，结合现场实际情况选用合适的方法。结合笔者实际的现场施工管理经验，在两种预压条件同时满足的情况下，无论从成本效益还是环境效益来看，水袋预压都具有明显的优势，相信在未来桥梁工程施工中应用频次将会越来越高。

### 参考文献

[1] 李明忠，吴福涛．水荷载预压和砂袋预压在现浇箱梁高支架预压中的应用［J］．华南港工，2007，107（3）：57-64．

[2] JGJ/T 194—2009　钢管满堂支架预压规程［S］．北京：中国建筑工业出版社，2009．

[3] 王官磊，李斌．现浇混凝土箱梁支架预压技术［J］．建材世界，2010，（2）：67-69，75．

[4] 翁国强，楼渭林．水压法在现浇箱梁支架预压上的应用［J］．交通科技，2004，207（6）：32-33．

[5] 陈大柱，邹蓓．支架水袋注水预压施工方法［J］．城市建设理论研究，2012，（26）：26-31．

# 高水位深挖段路基施工技术

李卫平　栾纯立　颜凡新/中国水利水电第十四工程局有限公司华南事业部

【摘　要】长三角地区地势低洼，地下水位高，基础软弱，挖方路基多位于地下水位以下，受地下水影响显著。杭州钱塘新区河景路工程项目施工中，对高水位、深挖段路基填筑施工技术进行了试验研究，通过对填筑材料选择、施工降排水、路基开挖、填筑等施工经验进行总结，形成了一套系统可行的处理方案，为其他类似工程设计、施工提供借鉴。

【关键词】高水位　深挖段　路基　填筑技术

## 1　工程概况

河景路道路工程位于我国东南沿海杭州市钱塘新区，采用城市主干路标准，双向六车道，路面宽度50m，道路路基基底设计高程3～4m，面层顶设计高程7～8m。原地面高程7～8m，需对原地面开挖3～4m进行路基施工，路基高度2.34～3.34m。浙江地区属于亚热季风区，气候温润，四季分明，受海洋气候影响，长年多雨。沿线地下水主要为松散岩类孔隙潜水，水位埋深在0.5～2.7m，表层土质多为淤泥质黏土，该种土质含水量高、流变性强、承载力低。如就地取土填筑路基，必须对土质进行改良，存在较大困难，且施工成本难以控制。

## 2　填筑材料的选择

宕渣原意为开采石料及残余的石渣废料，工程上其定义为：一种经开采并符合一定规格要求的自然土石混合材料。宕渣通常分为清宕渣和混宕渣，清宕渣一般用作隔离层，混宕渣一般用做填筑路堤。浙江地区山丘较多，宕渣储量丰富，开采方便；宕渣自身强度高、稳定性好、承载力大。本项目填料主要采用宕渣填筑，用于路基填筑的宕渣的最大颗粒粒径应小于150mm，粒径大于40mm的颗粒含量大于30%。路基的回弹模量是道路设计中的一个重要参数，宕渣中石料强度不小于15MPa，宕渣填筑要均匀，分层压实，机动车道宕渣路基顶面回弹模量不小于35MPa，非机动车道宕渣路基顶面回弹模量不小于25MPa。

为保证宕渣质量，满足上述要求，安排专人负责宕渣的验收工作，做好进场控制，严格控制原材料，杜绝不合格材料进入施工现场。

## 3　施工要点

总体施工程序：施工准备→降水→分层开挖→基础碾压→分层、分段填筑、碾压。

### 3.1　施工降水及排水

（1）施工降水。本工程采用坑内加坑外的组合降水方式，并进行预降水。路堑两侧布置控制性降水井，降水井纵向距为20m；路堑内布置疏干降水井，降水井间排距为10m，降水井直径400mm，降水井深度为开挖深度加3m。

1）降水运行应与路堑开挖施工互相配合，在降水井施工阶段应边施工边疏干，以保证挖土方的干作业环境。降水时间需持续至第一层宕渣填筑前，降水井采用级配砂进行回填封堵。

2）在降水过程中，要及时观察测量井的水位，降水按基本保持路堑干燥考虑，路堑中水位以降至路堑底面以下1m为宜，开始抽水时，如观测降水在计算时间内还未达到规定降水深度时，应立即检查原因，对降水进行重新修正和计算，直到达到规定降水深度后才可进行下道工序施工。[1]

3）降水区域附近设置一定数量的沉降观测点，对周围道路、建筑物定时观测，防止路堑外的地下水位下降对周围的道路、建筑物造成危害。

4）如果水井出现抽不上水或抽出的水逐渐变得浑浊的情况，应立即检查处理，可考虑重新用空压机洗井或者重新在此井附近另打井，以保证降水顺利。平时要检对井口（包括观察观测井）的覆盖和保护工作，以防止在土方的开挖过程中被挖土机挖坏或被掩埋。

（2）施工排水。

1）路堑开挖及宕渣填筑前，在路堑两侧挖排水沟，结合永久性排水设施，在全段路基两侧红线范围内将边沟、排水沟、截水沟的位置确定，先进行纵向临时排水沟的开挖，沟底有一定的流水坡度，沟内汇水能及时安全合理地排出，同时开挖横向排水沟，并与纵向临时排水沟贯通。路基横向形成双向 1.5%的排水横坡，便于路基上积水流入两侧排水沟。

2）施工过程中，当边坡内发生地下水渗流时，应根据渗流水的位置及流量大小采取设置排水沟、集水井、渗沟等设施降低地下水位或将地下水排走。若地下水影响路基稳定时，应根据情况采取适当降水措施予以疏导处理。

## 3.2 路堑开挖

在高水位深挖路基施工中，指导工程实践的理论依据是“时空效应”的理论（时空效应理论是指在基坑工程施工中科学地利用土地自身控制地层位移的潜力，以解决软土深基坑稳定和变形问题的一整套设计、计算方法和施工工艺）。根据这一规律，路堑开挖过程中必须严格执行分层、分步、对称、平衡、限时的开挖原则，进行上下分层、前后分段分块开挖。结合本工程的实际情况，编制开挖顺序图，按分层分段划分开挖单元，严格按开挖单元顺序进行施工，每个开挖单元长度不大于120m。开挖时间 8～10h，开挖深度 1.5～2.0m。严禁超长、超深、超时。横向放坡坡度不大于 1∶1.5，开挖方向台阶小坡不大于 1∶1。挖至设计高程后及时进行基底处理、路基填筑施工。

（1）深挖路堑的边坡坡率控制很难保证，因此在开挖前准确测量坡口桩的具体位置，然后在施工现场进行将坡口线放出，然后在坡口线两侧挖掘出一条 0.5m×0.5m 沟渠，从而避免量测桩损坏而出现的边坡错位情况。

（2）施工过程中及时根据测设的边桩控制边坡坡比，并在施工前做好截水沟、降水井等排水设施，保证边坡的稳定。

（3）挖至接近路基标高时，通过试验测定土壤压缩变形量，确定合适的预留压缩厚度，用振动压路机碾压，平地机配合修整路拱。一般预留 0.2～0.3m，并且做好标记，勤测量如出现错误及时进行调整预留量。

（4）开挖土方运至绿化带堆置用于后期绿化施工，土堆应堆置整齐有序，并采用绿网覆盖；余方运输至弃土场。

## 3.3 路基填筑

（1）基本要求。

1）施工过程中必须对施工段落进行合理组织，避免在短时间内对同一区域进行集中填筑，避免地基产生不均匀变形。通常在同一区域的宕渣填筑速度不高于1.5m/月，并且在软基区域做到两层填筑层的施工间隔时间不小于 5d。

2）宕渣填筑前必须进行施工预降水，并在路堑底部与宕渣填筑层之间设路基底部横向排水，将渗入路基内的水及时排出路基，确保路基整体稳定。

3）在临河塘的宕渣填筑路基，在路基的临水面要设阻防渗土工膜隔水层，防止河塘中的水渗入路基，对路基产生不利影响。

（2）路基填筑施工工艺要点。在大面积的进行路基施工之前，需要进行宕渣路基的试验段施工。通过试验段施工能够确定相应的技术指标，为之后的路基填筑施工做好技术上的准备。[2]

1）根据所填筑道路的等级以及施工机械的具体性能，确定填筑材料的松铺厚度。本工程松铺厚度控制在30～50cm。为有效的控制填筑厚度，采用“网格法”进行填料堆放，这一方式保证了土方最终压实厚度无误。

2）为了对路基层厚进行有效的控制，必须要确定相应的压实系数。压实系数主要是指宕渣松铺厚度与压实厚度的比值，在正常施工时宕渣的松铺厚度是由压实系数确定的。根据本工程施工经验石块含量在 70%的宕渣，松铺系数为 1.11。

3）宕渣是风化石和土的混合体，其中含有一定比例的块石，要选择适应施工需要的碾压设备，依据本工程施工经验最佳机械匹配为：2 台挖掘机（PC320）+30 辆自卸车（满足填料运输要求）+1 台压路机（22t）+1 台装载机（ZL50）。

4）根据压实要求确定相应的压实遍数，努力以最少的压实遍数达到设计压实度的要求，同时还要保证路基的施工质量。在施工过程中，震动碾压与静压结合起来使用可以获得较好的经济效益。依据本工程施工经验得出如下数据（仅供业内人士参考）：

a. 振动压路机运行速度 2～4km/h，先慢后快，逐步提高。

b. 90 区：清表后原地面碾压（或翻晒 20cm），碾压 4 遍（先静压 1 遍，再振动碾压 3 遍）、碾压速度 4km/h。

c. 92 区：松铺厚度 30cm，碾压 5 遍（先静压 1 遍，再振动碾压 4 遍）、碾压速度 4km/h。

d. 93 区：松铺厚度 30cm，碾压 6 遍（先静压 1 遍，再振动碾压 5 遍）、碾压速度 4km/h。

e. 95 区：松铺厚度 30cm，碾压 9 遍（先静压 1 遍，再振动碾压 7 遍，再静压 1 遍收面压光）、碾压速度 4km/h。

5）经试验检测宕渣最佳含水率为 6.6%，当填料天然含水量偏大太多时，需采用晾晒方法处理填料，通过对施工前和压实后的宕渣含水量的测定，经过 1～2d 自然晾晒风干在施工前到压实后含水量整体降低6%左右，当填料处于最佳含水率时，及时对填料推散、整平和碾压。否则，影响碾压效果和质量，还造成机械台班的浪费。

(3) 检测。[3]为确保压实质量，必须经常检查填土含水量及压实度，始终保持在最佳含水量状态下碾压，采用环刀法或灌砂法检测，确保填方各层压实度满足要求。压实过程中的检测方法和频率按相关技术规范的规定执行。

填方压实后，以干密度 $P_d$ 作为检查标准。

1) 干密度通过下式确定：

$$P_d = KP_{d\max}$$

式中 $K$——压实度（%）；

$P_{d\max}$——土的最大干密度（g/cm³），宕渣的最大干密度采用重型击实实验测定。

2) 检查宕渣的实际干密度，采用环刀法或灌砂法取样，试样取出后，先称出土的湿密度并测定含水量，然后用下式计算宕渣的实际干密度 $P_0$：

$$P_0 = P/(1+0.01\omega)$$

式中 $P$——宕渣的湿密度（g/cm³）；

$\omega$——土的湿含水量（%）。

如上式算得的土的实际干密度 $P_0 \geqslant P_d$，则压实合格；若 $P_0 < P_d$，则压实不够，要采取相应措施，提高压实质量。

(4) 施工质量标准及现场实测数据。

1) 路基施工主控项目质量标准见表1。[4]

**表1　　路基施工主控项目质量标准表**

| 检查项目 | 质量要求和允许偏差 | 检查频率 | 检查方法 |
|---|---|---|---|
| 压实度/% | 96 | 4处/200m | 灌砂法 |
| 弯沉（0.01mm） | <150 | 40～50点/每车道 | 贝克曼梁或自动弯沉仪 |

2) 现场实测数据。压路机一进一退计为压实一遍，静压开始后，注意速度一致，不得中途转向。振动压路机运行速度2～4km/h，先慢后快，逐步提高。现场实测主控项目数据统计见表2。

**表2　　现场实测主控项目数据统计表**

| 序号 | 碾压遍数 | 压实度 | 弯沉值（0.01mm） | 备注 |
|---|---|---|---|---|
| 1 | 碾压五遍（强振） | 较明显轮迹，压实度为93.8% | 110 | 符合要求 |
| 2 | 碾压六遍（强振） | 较明显轮迹，压实度为94.4% | 100 | 符合要求 |
| 3 | 碾压七遍（弱振） | 无明显轮迹，压实度为96.1% | 96 | 符合要求 |
| 4 | 碾压八遍（弱振） | 无明显轮迹，压实度为96.7% | 86 | 符合要求 |

(5) 路基整修。路堤按设计标高填筑完成后，进行修整和测量。恢复中线，每20m设一桩，进行水平标高测量，计算修整高度，施放路肩边桩，修筑路拱，并用平碾压路机碾压一遍，使路基面光洁无浮土，横坡符合设计要求。

依据路肩边线桩，用人工按设计坡率挂线刷去超填部分。边坡刷去超填部分后进行整修夯实，整修后的边坡达到坡面平顺没有凹凸，转折处棱线明显，直线处平直，变化处平顺，压实度合格。

整修包括路基面的横坡、平整度、边坡等内容。路基整修严格按照设计结构尺寸进行，达到技术标准要求。边坡修整放出路基边线桩，按设计规范要求，对于加宽部分人工挂线刷去超填部分，修整折点。修整后达到转折处棱线明显，直线平直，曲线圆顺。

每层压实完成后，该段段头及段尾按分层填筑厚度进行开挖台阶，台阶宽度不小于1m（便于碾压施工），防止路堤侧滑及加强新老填筑段咬合度，见图1。

(6) 雨季施工。雨季施工应严格遵循“开挖一段、填筑一段、完成一段、禁止大挖大填”，且一次施工作业长度不大于100m的施工原则。雨季施工时做好施工预降水，做好地表排水工作，主要通过既有降水、集水坑进行抽排，路堑顶部、底部均设置截水沟进行引排，防止下雨时造成地表及基底松软。重型土方机械、挖土机械、运输机械等施工机械在施工过程中要防止场地下面有暗沟、暗洞造成沉陷。

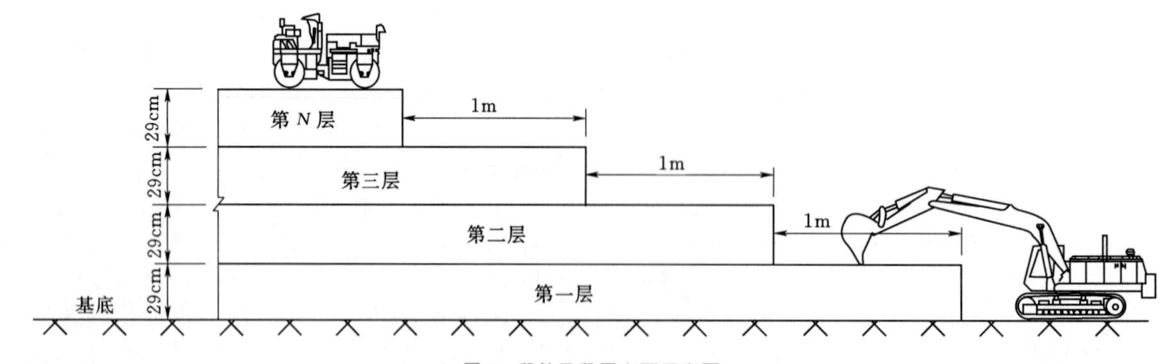


图1　段头及段尾立面示意图

## 4 结语

在施工过程中严格按照上述方案实施，确保了高水位深挖路基的施工安全、质量与进度。本文结合实际，通过工程实践进行总结分析，形成以下成果：

（1）高水位深挖路基段施工，必须采取适宜的预降水及引排水措施，一般预降水周期不得少于15d，水位必须降至路堑底部以下1m，才能满足基础碾压施工需求。

（2）充分考虑“时空效应”严格执行“分层、分步、对称、平衡、限时”五个要点以及“纵向分段、竖向分层”的开挖原则，确保路堑开挖施工安全并减少对路基基础的扰动。

（3）宕渣作为浙江地区常用的路基填筑材料，具有个体强度高、级配均匀（级配较好）、工作性能好、压实后可有效隔绝地下水的特点，适用于高水位深挖路基的填筑。

施工降排水、路堑填筑、路基填筑是高水位深挖路堑施工技术的关键，填筑材料的选择与施工方法是能否实现高水位深挖路基高效施工的关键因素。通过上述的施工方法与材料选择，能够实现在保证安全、质量的同时进行高效施工。同时，浙江地区宕渣资源丰富，在保障高质量施工的同时，又能有效地节约其他土地的使用，这一经验在高水位地区路基施工中具有广泛的推广应用价值，希望本文能对类似工程施工起到一定的借鉴作用。

## 参考文献

[1] 宋功业. 井点降水施工技术与质量控制［M］. 北京：中国电力出版社，2014.

[2] 林石涌. 公路工程路基施工中的宕渣填筑施工技术分析［J］. 建材发展导向，2013.

[3] GB/T 50123—1999 土工试验方法准［S］. 北京：中国计划出版社出版，1999.

[4] CJJ 1—2008 城镇道路工程施工与质量验收规范［S］. 北京：中国建筑工业出版社，2008.

# 受限空间内多类型预制梁梁场规划方案研究和实际应用

王　琪　崔　健　吴培章/中国水利水电第十四工程局有限公司华南事业部

【摘　要】受征地等因素的影响，梁场布置空间受限、多类型预制梁在同一梁场预制的情况时有发生，梁场规划方案直接影响到施工组织计划的落实。在有限的土地资源、严格的工期要求下，如何实现标准化施工，对梁场的规划布置提出了新的要求。本文结合厦漳同城大道台商投资区段梁场，着重阐述了受限空间内多类型预制梁梁场规划与设计方案，通过合理设计梁场布置方案，科学安排预制梁生产工作，以时间换空间，优先规划20m预制空心板梁台座，后续施工中分阶段、分批次完成30m小箱梁预制工作，实现了受限空间内多类型预制梁在同一梁场标准化生产，为类似工程梁场规划布置、高标准化施工提供借鉴和参考。

【关键词】标准化梁场　受限空间　规划方案

## 1　引言

在城镇化快速发展背景下，我国高速公路建设规模逐步发展，为减少工程成本、节约土地资源、保护周边环境，以桥代路的方案成为现今高速公路设计的主流。预制梁作为桥梁的主要构件，其梁场布置及预制生产的在整个工程建设中对成本控制、工期影响、质量保障具有不可忽视的作用。然而，受地形条件、交通运输、工期、征地等多种因素的限制，梁场布置空间受限、多类型预制梁同一梁场预制的情况时有发生，原有梁场规划设计方案及预制工艺难以满足标准化、高质量生产的目标，同时存在工期延误的风险，这就对梁场规划设计与布置方案提出了新的要求。

长期以来，国内学者对复杂环境下梁场的规划方案进行了大量研究与工程实践。例如：任其震[1]通过观测数据分析了不同台座建设方案下不均匀沉降情况；李艳茹[2]引入遗传算法和爬山算法研究梁场建设规模和内部布局的优化方法；张阿龙等[3]提出了梁台规模的优化算法，解决了需求不均衡条件下不同品种预制梁和不同台座之间的协调问题；对于软土基础上预制梁场方案优化及梁场不均匀沉降分析国内外学者已进行深入的研究[1,4-6]；罗锦刚等[7]结合宣威-曲靖高速公路研究了山区高速公路梁场规划与设计方案，为山区高速公路标准化施工提供借鉴与参考。

综上所述，梁场规划与设计方案一直是工程施工中关注的重点，而对于土地资源受限、多类型预制梁同一梁场预制条件下梁场规划与布置方案尚未进行研究。本文结合厦漳同城大道台投段预制梁施工实例，提出了受限空间内多类型预制梁梁场的规划与设计方案，通过优化梁场布置方案，科学合理安排的预制梁生产，以时间换空间，完成标准化建设的目标。

## 2　工程概况

厦漳同城大道台投段工程包含两个标段，线路全长7.192km，项目按一级公路兼城市快速路建设，分为2层（上层为主道，下层为辅道），设计基准期为100年。其中锦宅村特大桥第1、2、4、5、6联为30m跨预制小箱梁，共计171片；流传村中桥主线桥及辅道桥、苏州中桥主线桥及辅道桥和匝道桥、玉江村中桥辅道桥均为20m跨预制空心板梁，共计452片，30m跨预制小箱梁和20m跨预制空心板梁分别在两个标段。厦漳同城大道台投段项目具有工期紧、任务重、工程质量要求高的特点，梁场选址直接影响到工程进度和施工质量。工程红线外可租之地稀缺，红线内多为软土地基，可用于梁场建设的场地选址有限，经过综合考虑，仅建设一个梁场，用于20m空心板梁和30m小箱梁的生产。梁场设置在厦漳同城大道K14+685～K14+895段，位于流传特大桥第23～24联左侧。梁场规划长度为210m，宽度为26m，总占地面积约5460m$^2$。

项目所在地区为冲海积平原地貌，地势较为平坦，属于第四系松散冲海积堆积岩类工程地质分区。微地貌为鱼塘、村庄、小河沟（支流），地表鱼塘分布较密，地表水发育。场地地质分布主要为素填土、淤泥、细砂、粉质黏土等，其下伏基岩主要为花岗闪长岩及风化岩。K14＋711～K14＋981段地质剖面如图1所示，各地层物理力学参数详见表1。

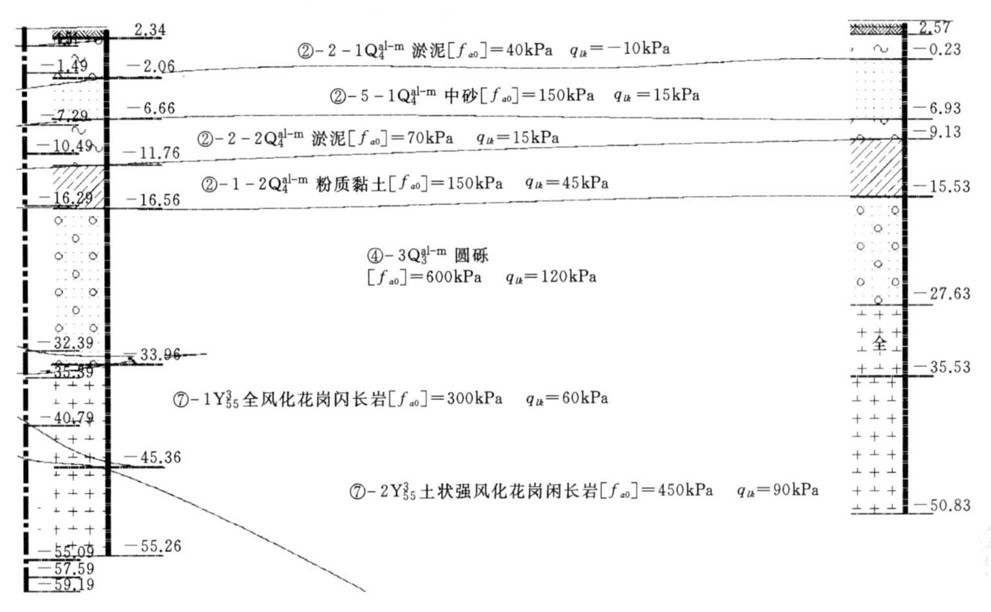


图1　K14＋711～K14＋981段地质剖面图

表1　各地层物理力学参数

| 岩层名称 | 密度/(kg/m³) | 压缩模量/MPa | 泊松比 | 黏聚力/kPa | 内摩擦角/(°) |
|---|---|---|---|---|---|
| 淤泥 | 1550 | 1.4 | 0.30 | 7.1 | 1.8 |
| 淤泥 | 1500 | 1.5 | 0.30 | 16.2 | 3.5 |
| 砾质黏土 | 1850 | 5.9 | 0.30 | 44.6 | 6.3 |
| 中砂 | 2010 | / | 0.30 | 3 | 40 |
| 圆砾 | 2000 | / | 0.30 | / | 35 |
| 全风化花岗闪长岩 | 1820 | 7.0 | 0.30 | 20 | 20.72 |
| 强风化花岗闪长岩 | 1910 | 13.0 | 0.35 | 30 | 28 |

# 3　梁场规划建设方案

## 3.1　梁场总体规划布置

考虑到梁场空间受限、多类型预制梁在同一梁场预制的工程特殊性，为了满足预制梁架设进度的要求，需要进一步优化梁场生产规划，协调不同类型预制梁台座数量配置和预制计划，在面积受限的梁场内如期完成预制梁生产任务。

根据制梁、架梁进度指标，1个台座按照8d/片（达移梁条件），架梁每个工作面按2片/d考虑，每月有效工作日按26d计算。根据施工进度和梁场尺寸，按照台座设计数量最大化，可设计20m跨空心板梁台座32个，30m跨预制小箱梁台座16个。

按照施工进度要求，将梁场建设分为三个阶段，如图2所示。第一阶段，布置20m跨预制空心板梁台座（共32个制梁台座），优先进行空心板梁的预制生产；第二阶段，当20m跨预制空心板梁的生产接近尾声时，先将部分台座修改为30m跨预制小箱梁台座，梁场同时进行两种预制梁的预制生产工作；第三阶段，空心板梁预制生产任务完成后，将所有台座修改为30m跨预制小箱梁台座，完成小箱梁预制生产任务。

## 3.2　梁场建设

标准梁场功能区主要划分为制梁区、存梁区、材料加工存放区、生活和办公区。因场地空间受限，将生活和办公区设置在场外以腾出更多空间满足施工生产要求。

(1) 基础处理。梁场所在地基为软土地基，将场地开挖或填筑到设计高程后进行堆载预压，其中对台座及龙门吊轨道底部借助碾压机械进行加强碾压，随后进行混凝土硬化处理。场地硬化施工按照中心高、四周低的原则进行，梁场基底铺设厚度为10cm的碎石垫层及15cm厚C20混凝土，龙门吊行走钢轨基础进行加强处理，设置钢筋混凝土基础，轨道基础顶面与场地硬化面等高，面层排水坡度不小于1.5%，梁场及台座四周设置排水沟，将场区内的水排出场外，排入附近水系。

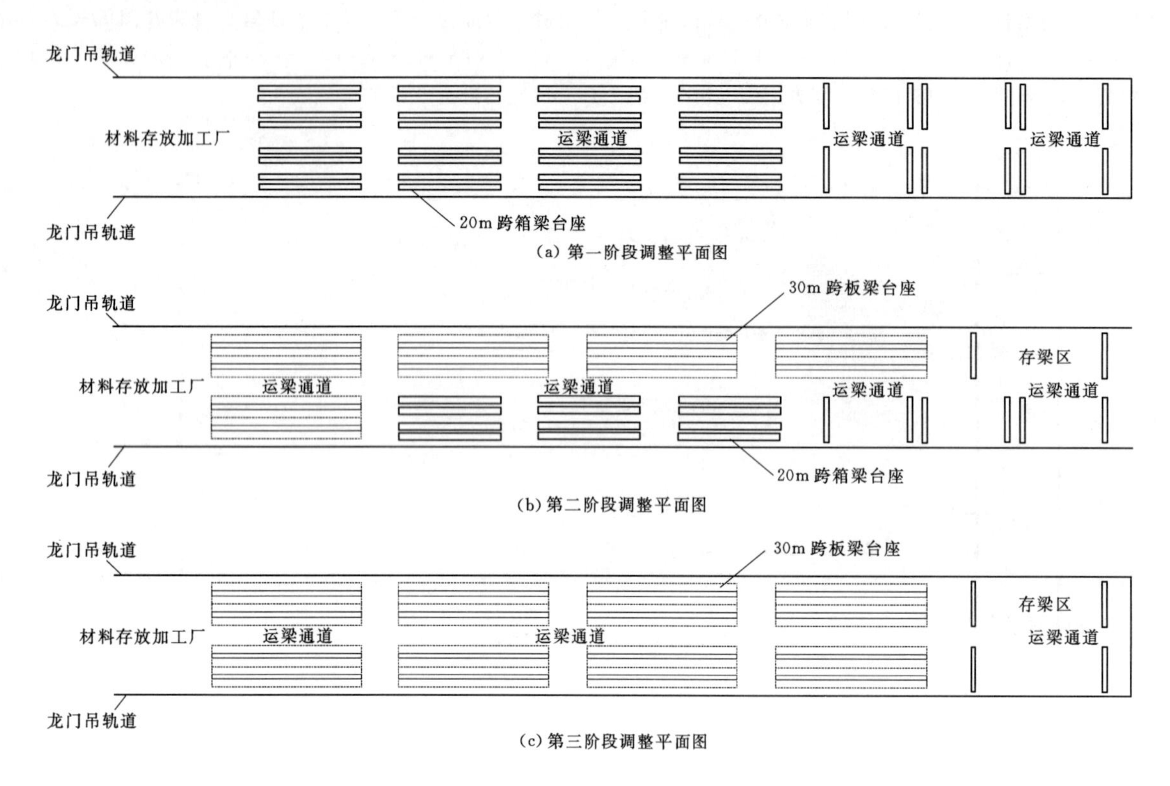


图 2　梁场各阶段台座布置平面示意图

(2) 制存梁台座制作。20m 跨制梁台座尺寸为 21m×1.24m（长×宽），台座两端各设置 2.0m×1.24m×0.4m（长×宽×高）的 C30 钢筋混凝土扩大基础，以满足预制梁两端张拉集中荷载作用，台座中段设置厚度为 30cm 的钢筋混凝土基础，台座顶面满足 6mm 厚钢板作为制梁底模，台座上预留钢模板固定拉杆孔洞；存梁台座设置厚度为 30cm 的 C30 钢筋混凝土基础，存梁间距 50cm。

30m 跨制梁台座尺寸为 31m×1.0m（长×宽），台座两端各设置 3.0m×2.0m×0.2m（长×宽×高）的 C30 钢筋混凝土扩大基础，以满足预制梁两端张拉集中荷载作用，台座中段设置厚度为 30cm 的钢筋混凝土基础，台座顶面满足 6mm 厚钢板作为制梁底模，台座上预留钢模板固定拉杆孔洞；存梁台座设置厚度为 30cm 的 C30 钢筋混凝土基础，存梁间距 50cm。

(3) 可移动式钢筋加工棚。根据梁场尺寸和制梁区布置决定钢筋加工棚布设位置，应优先满足梁场台座布置。针对梁场空间受限的工程特点，采用可移动式钢筋加工棚方案进一步减少梁场空间占用，提高梁场空间利用率。

可移动式钢筋加工棚由钢筋加工棚主体、导轨组件、滚轮组件、阻力组件等组成。其中加工棚主体部分由大、小两个棚体组成，大棚体用于钢筋存放并遮挡雨水，小棚体用于钢筋加工，较小棚体套装于大棚体内部，滚轮组件位于钢筋加工棚底部，并滑设在预先埋设的导轨组件上使棚体可以沿导轨移动。导轨组件两端设置可阻止滚轮脱离的挡板，阻力螺栓组件用于固定可移动式钢筋加工棚。

## 3.3　梁场沉降有限元分析

梁场具有结构荷载较大、面积广的特点，因台座部位梁体自重引起的局部重载容易产生较大的不均匀沉降，造成梁体开裂、局部剪应力过高等质量隐患。厦漳同城大道台投段梁场布置在承载力较低的软土地基上，梁场基础主要构成是冲积形成的粉质黏土、细砂等，极易发生较大的不均匀沉降。因此，梁场不均匀沉降成为优化台座布置方案的关键指标，先借助有限元分析初步制定梁场改建方案，以求梁场改建的合理性。

如图 2 所示的梁场各阶段台座布置平面示意图，第一阶段和第三阶段梁场台座布置基本沿轴线对称；第二阶段左右两侧分别布置两种类型台座，梁场横向承受荷载不对称，存在不均匀沉降的风险。因此，本节主要借助 Abaqus 软件对第二阶段台座调整布置方案下梁场沉降进行三维有限元分析，即运输通道一侧布置 30m 跨预制板梁台座，另一侧布置 20m 跨预制小箱梁台座。

### 3.3.1　计算模型

如图 3 所示，根据地勘资料和梁场布置方案建立梁场三维有限元模型，地基向下延伸取至强风化花岗闪长岩层。计算模型的坐标系为笛卡尔坐标系，$X$ 向与梁场长度方向一致，用轴向来表示；$Y$ 向与梁场宽度方向一致，用横向表示；$Z$ 向为竖直方向，以竖直向上为正，坐标系设置符合右手螺旋定则。模型地基四周边界施加法向约束，地基底部施加全约束，上表面为自由表面。土体采用莫尔-库伦弹塑性本构，混凝土视为弹性材料并采用线弹性本构模拟，其中混凝土垫层为 C20 混凝土，台座为 C30 混凝土。

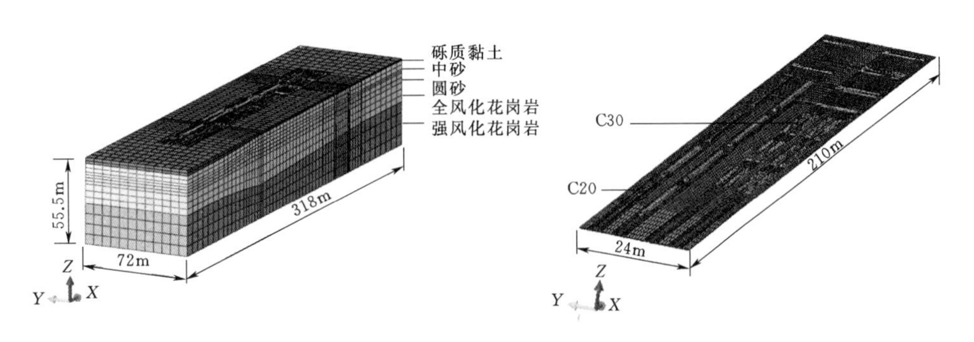


图 3　梁场三维有限元模型示意图

### 3.3.2　有限元结果分析

对于预制梁台座沉降分析，本文选定典型台座和典型路径（图 4）进行了对比分析，如图 5 所示。由图 5 可以看出，同一断面上梁场横向 3 条典型路径沉降规律基本一致，中部沉降小于两侧，左侧（30m 跨预制空心板梁台座）沉降大于右侧（20m 跨预制小箱梁台座）沉降，主要是由于断面中部设置了运输通道，持续重载较小，同时左侧持续重载较右侧大；30m 跨预制空心板梁台座轴向不均匀沉降较小，最大沉降差为 5.96mm；20m 预制小箱梁台座轴向不均匀沉降不明显，最大沉降差为 2.38mm。

通过有限元分析结果可以看出，本工程预制梁台座布置第二阶段调整方案下梁场横向和典型台座轴向不均匀沉降均较小，梁场台座动态调整方案合理，满足梁场面积受限、多类型预制梁在同一梁场生产的要求。

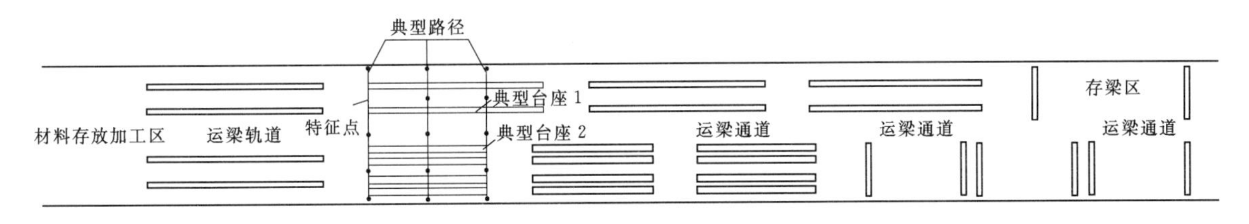


图 4　梁场典型路径与典型台座示意图

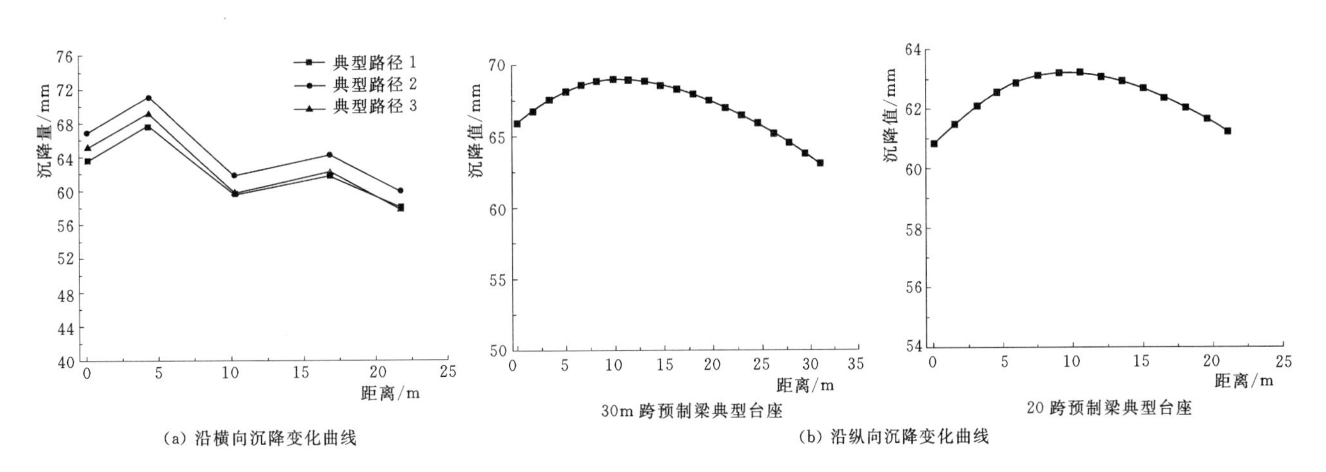


图 5　梁场典型路径与典型台座沉降曲线

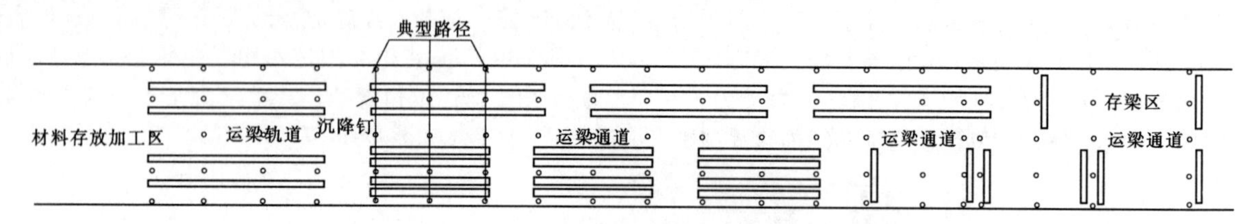


图 6 梁场沉降观测钉布置示意图

### 3.4 梁场沉降观测

为了监测梁场及台座在工程实际施工期间的差异沉降，梁场建成后在台座周围布设沉降观测钉，沉降观测钉布置如图 6 所示。其中，沿每片梁长度方向布置 3～4 个沉降钉断面。

梁场工作期间预制梁浇筑完成时沉降达到最大，图 7 为典型路径沉降观测曲线。由图 7 可知，典型路径沉降情况与图 5 中理论计算结果基本一致，呈现出“中间沉降量大，两侧沉降量小”的变形趋势，最大差异沉降值为 8.7mm，略大于有限元计算结果。考虑到现场施工扰动等诸多因素的综合影响，有限元计算成果仍具有一定的可靠性，梁场台座动态调整方案较为合理。

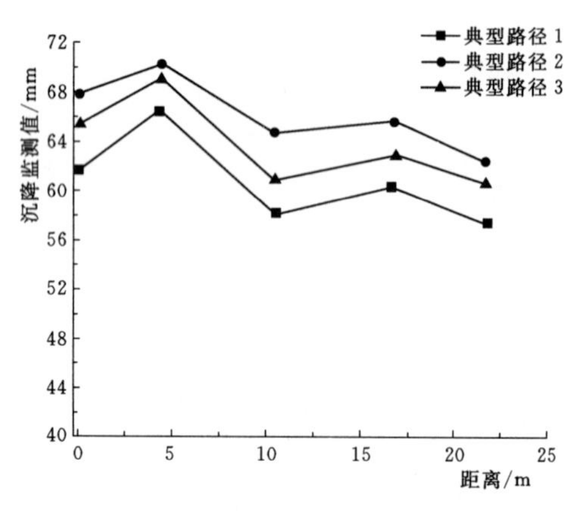


图 7 梁场典型路径沉降观测曲线图

## 4 结语

本文结合厦漳同城大道台投段工程，阐述了梁场面积受限、多类型预制梁在同一梁场预制条件下梁场标准化建设方案，介绍了梁场选址原则、梁场布置优化方案，提出了以时间换空间、根据施工生产计划动态调整台座布置方案的梁场台座布置思路。通过三维有限元计算，分析了梁场台座动态调整第二阶段梁场不均匀沉降情况，结果表明第二阶段台座布置方案下梁场沿横向的不均匀重载分布没有造成较大的不均匀沉降，实际梁场沉降观测数据稍大于理论计算数值，但沉降曲线走势基本一致。通过制梁情况来看，生产的空心板梁和小箱梁检测均合格，满足要求，梁场的布置能按期完成生产任务，满足总体进度需求，梁场台座动态调整方案合理，梁场整体布置能满足标准化梁场建设的要求。

## 参考文献

[1] 任其震. 在软基上建设预制梁场的几种方案的对比[J]. 河北企业，2010 (5)：89-90.

[2] 李艳茹. 预制梁场建设规模优化与内部布局问题研究[D]. 成都：西南交通大学，2013.

[3] 张阿龙，樊燕燕. 多品种预制梁场需求不均衡状态下制梁台座规模优化算法 [J]. 价值工程，2017，36 (6)：64-66.

[4] 林富财，梁超，赵小平. 软弱地质条件下预制梁场的方案设计与施工 [J]. 山西建筑，2008 (10)：128-129.

[5] 马飞，洪宝宁，刘鑫. 软基路堤上预制梁场的不均匀沉降分析 [J]. 河南科学，2017，35 (2)：253-257.

[6] 孙逢宾，张宇，倪金龙. 软基地区 100t 箱梁预制场方案优化设计例析 [J]. 洛阳理工学院学报（自然科学版），2013，23 (1)：13-18.

[7] 罗锦刚，徐仁智，刘玉超. 山区高速公路预制梁场规划与设计 [J]. 公路，2018，63 (10)：145-148.

# 京沪高速铁路曲阜预制梁场规划设计和实际应用

赵绍鹏/中国水利水电第十四工程局有限公司华南事业部

【摘　要】 高速铁路的高速性、安全性和舒适性等特点决定了高速铁路桥梁工程占总建设里程的比例较大，而预应力箱梁的可工厂化、标准化、规范化、快速化预制的优点使其成为了桥梁工程的主要结构，因此，预应力简支箱梁预制场的规划和设计是工程建设的关键环节，对全面实现建设项目的质量、安全、进度等目标意义重大。本文结合新建京沪高速铁路曲阜预制梁场的规划设计和实施情况，阐述了预制梁场的选址、规划、建设、设备选型、地基处理、人员配置比选等，研究了一套高速铁路预制梁场科学、合理的规划方案，为后续类似工程提供经验和技术支持。

【关键词】 高速铁路工程　预制梁场　规划　设计

## 1　概述

京沪高速铁路是目前世界上一次建成线路最长、标准最高的高速铁路，也是新中国成立以来一次投资规模最大的铁路建设项目。线路纵贯北京、天津、上海三个直辖市和河北、山东、安徽、江苏四省，正线全长1318km。曲阜预制梁场（以下简称“梁场”）位于三标段五工区，总占地面积186.47亩，共需生产箱梁636孔，其中32m跨582孔，24m跨53孔，20m跨1孔。箱梁最大运输距离和架设数量：往北京方向25.59km，架设450孔；往上海方向6.47km，架设186孔。

## 2　梁场建设流程

高速铁路预制梁场的建设，必须经过科学、合理的分析论证，其建设流程见图1。

## 3　梁场选址及布置

制梁场地的选择主要根据铺架计划而定，同时要考虑交通状况、材料来源、地形地貌、地质情况等因素。制梁场地首先根据桥梁分布情况，按照每个梁场的合理覆盖范围划分全线架梁区段后确定。[1]

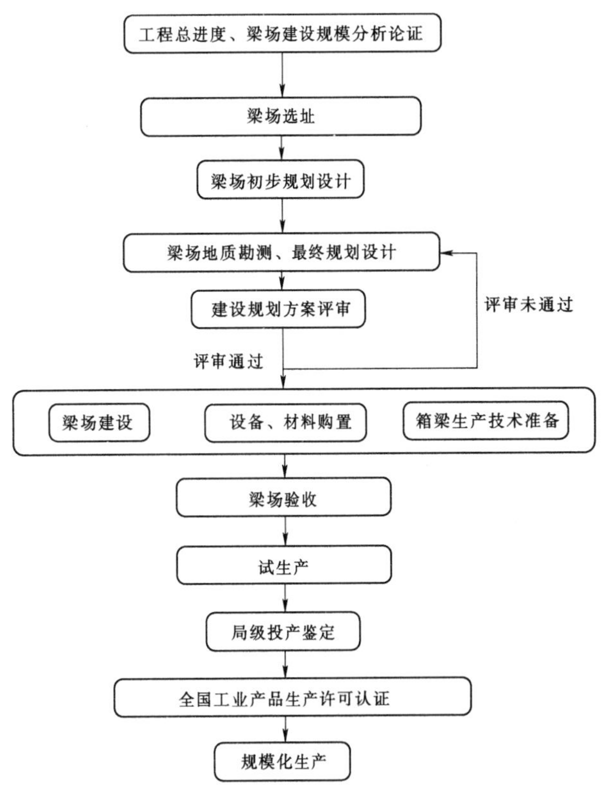


图1　预制梁场建设流程图

### 3.1　影响梁场设计的因素

#### 3.1.1　合理架梁半径

按照工艺要求，架梁作业必须在白天完成，运架梁时间最长宜控制在12h左右。运架作业循环时间一般为：吊装作业1h，运梁约3～5km/h，架梁（运梁车可回）约1.5h，支座灌浆约1h，架桥机过孔约2～3h。综合架梁进度指标，一台架桥机配一台运梁车较合理的作业半径在15～18km，最长应控制在20km左右，每个梁场合理可涵盖范围约40km。

#### 3.1.2 制梁速度

制梁速度是梁场规划设计的重要参数。该参数应根据运架梁系统的总效率而定，要相互匹配。同时应考虑该梁场服务的架梁工点的数量。有时遇到特大桥，需开2个架梁工点，配2套架桥机和2套运梁车，而共用1个制梁场。

#### 3.1.3 预应力的张拉方式

不同的预应力张拉方式，使单个台座的制梁周期、台座的结构形式及梁场内台座的数量也不同。

#### 3.1.4 单条箱梁生产线的布置方式、效率及主要设备

单条箱梁生产线是指将生产一跨箱梁所需的最小数量的设备（一般含一个台座、一套模板）有序排列，并按预先设定的作业程序工作而形成的一条箱梁预制作业线。它是最小的制梁单元，是制梁场的核心，大型制梁场均由若干条生产线组成。因此在进行预制场规划设计前，必须明确生产线的布置、工序及效率。

#### 3.1.5 成品箱梁的装车方式

成品箱梁从梁场到架梁工点由运梁车运输完成，其在梁场的装车方式有两种：一种是运梁车停在已完成的桥面上装车，另一种是运梁车通过坡道从桥面上下到梁场装车。装车方式不同亦影响梁场的规划设计。

### 3.2 梁场的选址原则

按照每个梁场合理的覆盖范围，首先应在图上确定梁场的大概位置。按经济合理的原则，梁场应设于架梁覆盖范围的中部，做到运梁距离相对最短。图上确定梁场的大概位置后，现场勘查确定梁场的具体位置。[2]梁场选址应遵循以下原则：

（1）尽量选择在交通便利、当地材料比较丰富、水电便利的地方，还要考虑防洪、排涝及环保等因素。

（2）一般要结合地形，尽量选择在地形平坦，同时路基较低的地点，以减少制梁场土石方和运梁便道工程。山区铁路可以利用线路附近取土后的场地设置，或结合线路纵断面选择在填挖平衡的地点。

（3）尽量选择在地质条件较好的地点，以减少制存梁台座地基处理的工程量。箱梁制造精度要求非常高，4个支座处基础不均匀沉降值与底模变形值之和不得大于2mm，因此台座的地基一般要视地质条件做必要的处理。所以选择地质条件好的地点对降低梁场的造价十分有效。

（4）尽量考虑临永结合。鉴于梁场占地大，在设置梁场时除考虑建场所应具备的基本条件外，还应尽量考虑利用永久工程的基本设施，以减少临时工程费用，比如，可以利用永久工程新建车站的站坪等。

（5）工程量小。梁场的选址应尽量减少土石方工程，降低施工的投入费用。

（6）征地拆迁少。梁场的选址要在满足工期内制梁和存梁要求的前提下，少征用良田，减少拆迁量。

（7）运梁距离较短。大型梁体的运输和架设是施工组织的一个关键工序，较短的运输距离可确保梁体的运输安全和提高运架梁的施工进度，并且供应的距离较近。

（8）考虑洪水因素，确保雨季的施工安全。

### 3.3 梁场的布置原则

（1）尽量节约土地资源，梁场布置应紧凑，少占用耕地。

（2）与架桥机提梁、运梁、架梁工艺结合起来，合理布置引入线、存梁区。

（3）与制梁、移梁等各工序结合起来，合理布置梁场。

（4）梁场布置应根据施工实际需要进行合理布置。如：制梁需要多少台位，存梁需要多少台位，搅拌站的合理设置，大堆料场的最大存料规模，等等。

（5）梁场布置还应考虑交通、用水用电、防洪等进行合理布置。

## 4 梁场规模设置

### 4.1 制梁能力每天2孔时的梁场面积

#### 4.1.1 制梁区面积

制梁台座周转时间5d，按每天制梁2孔计算，需要10个制梁台座。

每个台座长33m，相邻两个台座间设10m宽道路，10个台座范围总长度约450m。台座范围总宽度为60m（包括砂石料存放场及搅拌站面积），台座范围总面积为27000m$^2$。

#### 4.1.2 存梁台座面积

存梁总时间（38d）＝梁体浇筑至完成终张拉（11d）－梁体浇筑前台座作业时间（3d）＋管道压浆及龄期（30d）。

存梁台座的数量，按每天制梁2孔计算，2×38＝76，考虑一定余量，取80个，与制梁台座平行8排，则存梁台座占用面积为450×14×8＝50400m$^2$。

#### 4.1.3 装梁车道

装梁道宽40m，长度620m，面积为24800m$^2$。

#### 4.1.4 钢筋作业区

每天制2孔梁，需要8孔梁的面积（每孔梁的面积500m$^2$）绑扎钢筋，需要相同的面积存放、加工钢筋，则钢筋场地的面积为8000m$^2$。

#### 4.1.5 梁场总面积

以上计算总面积为110200m²，合165.3亩。考虑生活用地在内，每个每天制梁2孔的梁场用地面积可控制在180亩范围内。

对于制梁能力每天2孔的梁场，采用高低台座的交叉翼缘板叠置存梁方式，叠加宽度2～2.5m，参见图2。考虑增加倒装台座后，减小的存梁台座占地面积见表1。双层存梁的支墩基础需要加强，解决上层梁片临时支座高低差问题。[3]

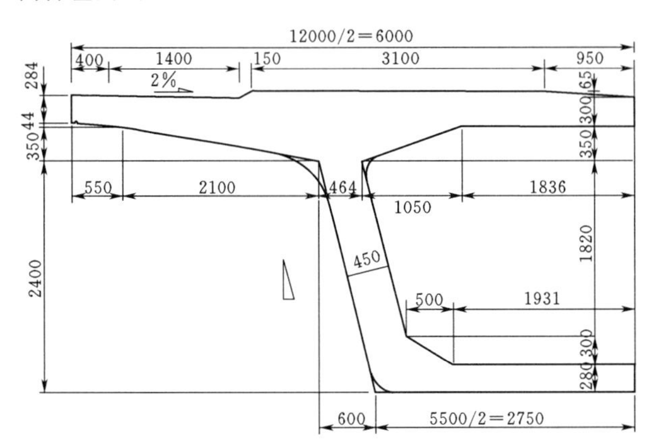


图2　翼缘板结构尺寸图（单位：mm）

**表1　不同叠置存梁方式减少存梁台座用地数量**

| 叠置方式 | 双层存梁 | | 翼缘板叠加3.0m | | 翼缘板叠加2.5m | |
|---|---|---|---|---|---|---|
| 制梁能力/(孔/d) | 2 | 1.5 | 2 | 1.5 | 2 | 1.5 |
| 比平置存梁节约用地/亩 | 26.0 | 18.5 | 13.9 | 9.8 | 11.6 | 8.2 |

### 4.2 供梁能力与梁场规模的关系

#### 4.2.1 制梁能力越大，梁场规模也越大

当制梁能力为每天2孔时，梁场面积约180亩。当制梁能力每天4孔时，上述制梁台座、存梁台座、钢筋作业区面积均需扩大1倍，装梁车道面积增加将近1倍，梁场总面积约340亩。当制梁能力每天1.5孔时，梁场面积约160亩。

#### 4.2.2 小能力制梁预存梁供梁方案的梁场规模大于等能力制梁供梁方案

梁场规模主要取决于供梁能力。当采用与架梁等能力的制梁供梁方案时，梁场规模与架梁数量和工期无关；当采用小能力制梁预存梁供梁方案时，梁场规模与架梁数量和工期相关。前者的梁场规模小于后者。若供梁每天2孔、每月50孔，采用小能力制梁预存梁，假如制梁每天1.5孔、每月37.5孔，与架梁相差的每月12.5孔需要提前预制，设置预存梁台座（12.5×架梁月数）个。一般项目的架梁工期不少于12个月，则需设预存梁台座150个以上，考虑减少制梁台座2个，梁场规模至少160＋85＝245亩，比每天制梁2孔时多用地65亩以上。

## 5　梁场基本构成与平面规划

### 5.1 基本构成

铁路工程箱梁预制场按使用功能及施工工艺流程特点将生产区分块划分为既相互独立又沿道路相互联系的几大主要区域，[4]分别为：①骨料存放与混凝土搅拌区；②钢筋加工、存放及钢筋绑扎区；③制梁区；④存梁及提梁区；⑤锅炉房、水池区；⑥机加工及预埋件区；⑦污水处理、垃圾站区；⑧配电室、发电室、中心试验室；⑨生活、办公区等。

### 5.2 平面规划

要把梁场平面布置规划得合理、科学，应遵循一定的原则：

(1) 梁场布置要紧凑，总体规划除按制梁施工流程进行设计外，还要考虑运架设备是否在此安装、拆除及转场。

(2) 根据制梁施工工艺要求和移梁、运梁工序，合理布置搅拌站、生产区、存梁区、材料存放区、运梁线路位置，结合制梁数量及制梁速度设置制梁台座、存梁台座数量及各存料区的大少。

(3) 生产区和生活区要相互分开。生产区按工艺流程分块，结构要紧凑，尽量减少中间环节作业量，并有足够的作业和活动空间，减少干扰。要尽量减少箱梁的移动次数和移动距离。

(4) 梁场布置要使场内交通、供水、供电、供汽、防火、防洪排涝以及环保尽量合理。水管线、电力线、蒸汽管道、混凝土输送管道应尽量相对固定地铺设于地下，线路要短。

(5) 充分考虑安全生产。压力容器、高压变电器、发电机房、蒸汽锅炉房要尽量远离人流密集区；起重设备负载走行下方尽量减少作业。

梁场的平面布置一般有横列式、纵列式两种方式。纵列式主要用于长大桥梁，梁场一般设于桥梁中部，并配备提梁的大型门吊，可以充分利用永久征地，减少临时用地的数量。但对于一般桥群来说，由于纵列式布置需配备大型门吊设备，且门吊走行轨基础需要处理，大型临时设施及设备综合投入较横列式偏高，因此采用较少，为了减少投入，应按便道运梁考虑采用横列式布置较为合理。

## 6　基础与场地处理

### 6.1 处理原则

(1) 梁场的选址一般要结合地形，尽量选择在地形平坦的区域。

（2）同时选择在路基较低的地点，以减少制梁场土石方工程量。

（3）结合线路纵断面选择在填挖平衡的地点。

（4）同时应尽量选择在地质条件较好的地点，以减少制存梁台座地基处理的工程量。

（5）基础与场地处理时，尽量减少对原有地表的破坏，合理进行表层土的存放，以利于于后期梁场的复耕。

## 6.2 处理方式

由于箱梁制造精度要求非常高，制梁台座4个支座处基础不均匀沉降值与底模变形值之和不得大于2mm，存梁台座不均匀沉降值不得大于2mm，因此梁场制存梁台座的地基一般要视地质条件做必要的处理。一般情况下台座基础可采用两种不同的方式：[5]

（1）采用扩大基础。对于地质情况较好的梁场，可采用此种处理方式，参见图3。

（2）桩基础。对于地质情况较差的梁场，当采用扩大基础无法满足台座沉降要求时，可考虑采用桩基础，参见图4。

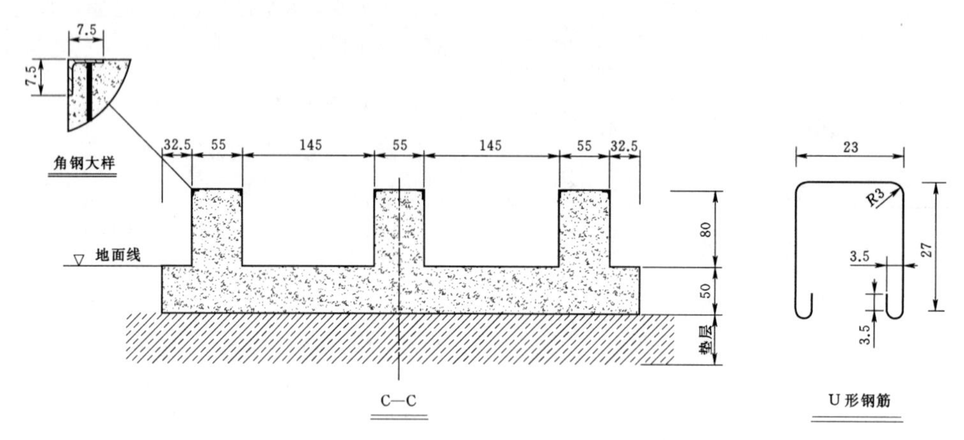


图3　台座扩大基础示意图（单位：mm）

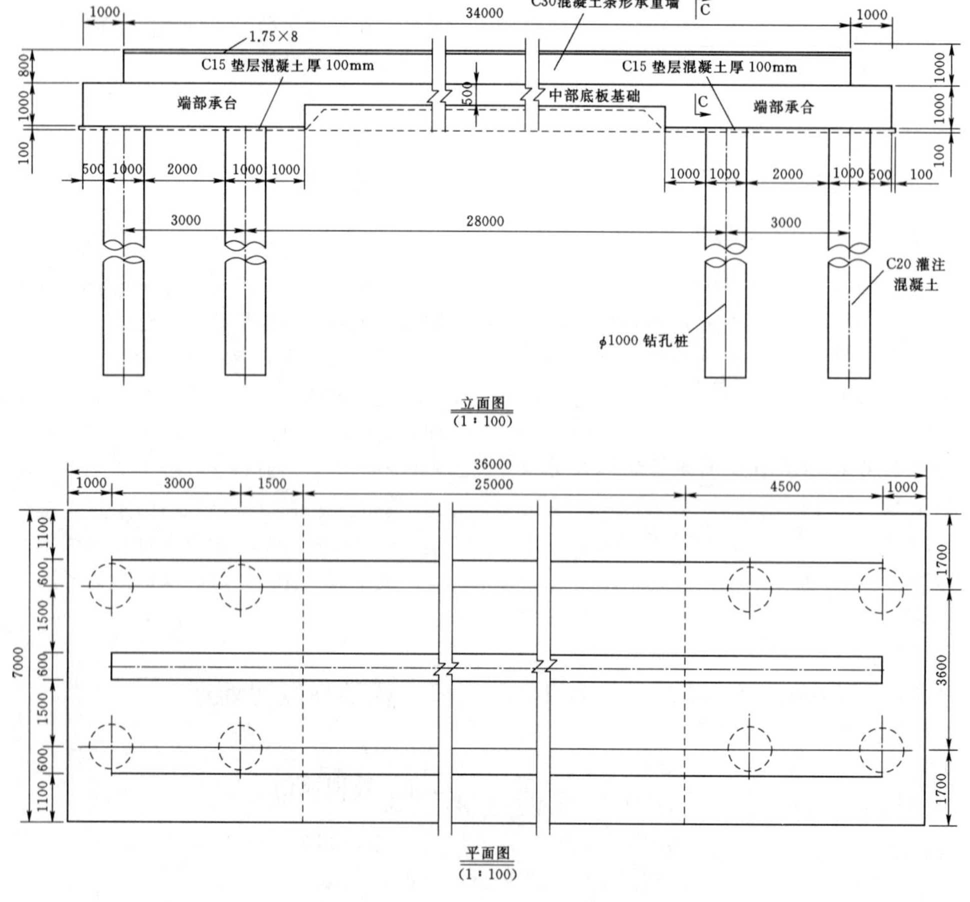


图4　台座桩基础示意图（单位：mm）

### 6.3 基础沉降实测数据

本工程在制梁台座和存梁台座实施之前，对整个场地进行了详细的地质勘察。根据查明的地质水文情况，按双层存梁的要求进行设计和计算，制梁台座和存梁基础均采用了钻孔灌注桩基础，在存梁前和双层存梁的过程中均进行沉降监测。经现场实测，在存梁前均无沉降，在双层存梁期间，其沉降值基本在0～0.3mm之间，满足制梁、存梁要求。

## 7 梁场设备机具配置

### 7.1 模板数量

正常情况下，外模板数量（套）和台座数量的比例为1：1，即1套模板对应1个台座配置使用，内模板数量（套）和台座数量的比例为1：2，即1套内模板对应2个台座配置使用，台座的循环周期为5d，模板的循环周期为2.5d。

目前在建客运专线大多数梁场都采用1：1比例，即1个台座配置1套模板。通过表2（箱梁预制工作循环时间分析表）、表3（箱梁制造、供应施工周期表）可以看出，如果通过优化配合比、压缩工序时间，可以将模板的循环时间控制在台座循环周期的一半以内，那么1：2的配置显然是比较合理及节约的，大大减少了模板的投入数量，外模的数量与台座数量可优化为1：2。

### 7.2 设备配置

制梁能力1孔/d～4孔/d的梁场的设备配置见表4。

表2 箱梁预制工作循环时间分析表

<table>
<tr><th>序号</th><th>工　作　内　容</th><th>工作时间/d</th><th>持续时间/h</th><th>台座占用</th><th>外模占用</th><th>内模占用</th></tr>
<tr><td>1</td><td>清理底模、安支座板、刷脱模剂、调整上拱</td><td rowspan="4">1</td><td>3</td><td rowspan="4">√</td><td></td><td></td></tr>
<tr><td>2</td><td>吊装箱梁底腹板钢筋骨架</td><td>6</td><td></td><td></td></tr>
<tr><td>3</td><td>立端模、安装内模</td><td>6</td><td></td><td rowspan="2">√</td></tr>
<tr><td>4</td><td>立外侧模板（外模在轨道上整扇滑移、顶部不设横担）</td><td>6</td><td>√</td></tr>
<tr><td>5</td><td>吊装箱梁顶板钢筋、模型调整、竖墙预埋钢筋绑扎、各种预埋件安装</td><td rowspan="3">1</td><td>8</td><td rowspan="3">√</td><td rowspan="3">√</td><td rowspan="3">√</td></tr>
<tr><td>6</td><td>梁体混凝土灌筑</td><td>6</td></tr>
<tr><td>7</td><td>养生（卸相关预埋件）</td><td>10</td></tr>
<tr><td>8</td><td>养生（拆除及拖拉内模、拆端模及外模、穿预张拉钢绞线、预张拉）</td><td>1</td><td>24</td><td>√</td><td>√</td><td>√</td></tr>
<tr><td>9</td><td>穿钢绞线、初张拉</td><td rowspan="2">1</td><td>10</td><td rowspan="2">√</td><td></td><td></td></tr>
<tr><td>10</td><td>顶移箱梁、移出台位</td><td>6</td><td></td><td></td></tr>
<tr><td>11</td><td>终张拉</td><td>7</td><td></td><td></td><td></td><td></td></tr>
<tr><td>12</td><td>压浆、封锚、成品梁</td><td>30</td><td></td><td></td><td></td><td></td></tr>
<tr><td colspan="2">一个循环小计</td><td>43</td><td></td><td>4d</td><td>3d</td><td>3d</td></tr>
<tr><td colspan="2">灌筑后至成品梁天数小计</td><td>40</td><td></td><td></td><td></td><td></td></tr>
</table>

表3 箱梁制造、供应施工周期表

| 序号 | 工　作　内　容 | 工作时间/d |
|---|---|---|
| 1 | 模板循环时间 | 3 |
| 2 | 箱梁预制至梁体初张拉、移梁 | 4 |
| 3 | 混凝土灌筑至终张拉 | 10 |
| 4 | 终张拉至上拱度测量、办理合格证出场 | 30 |
| 5 | 存梁台座存梁总时间 | 40 |
| 6 | 自制梁台座制梁至供梁总时间 | 43 |

表 4　　整孔箱梁预制设备一览表

| 序号 | 设备名称 | 型号规格 | 配置数量/台 | | | | | 备注 |
|---|---|---|---|---|---|---|---|---|
| | | | 4 孔/d | 3 孔/d | 2 孔/d | 1.5 孔/d | 1 孔/d | |
| 1 | 搬梁机 | 900t | 2 | 1 | 1 | 1 | 1 | |
| 2 | 装载机 | XG953 | 3 | 3 | 2 | 2 | 2 | |
| 3 | 发电机 | TAD1642GE | 1 | 1 | 1 | 1 | 1 | |
| 4 | 变压器 | S9-500 | 2 | 2 | 2 | 2 | 2 | |
| 5 | 提浆整平机 | GTZ | 2 | 1 | 1 | 1 | 1 | |
| 6 | 龙门吊 | 80t/40m | 3 | 3 | 2 | 2 | 2 | |
| 7 | 汽车起重机 | QY16C | 2 | 1 | 1 | 1 | 1 | 卸钢材用 |
| 8 | 混凝土拌和站 | HZS150 | 3 | 2 | | | | |
| 9 | 混凝土拌和站 | HZS120 | | | 2 | 2 | 2 | |
| 10 | 混凝土输送泵 | HBT80C | 3 | 3 | 2 | 2 | 2 | |
| 11 | 液压布料机 | HNY-18 | 3 | 3 | 2 | 2 | 2 | |
| 12 | 钢筋调直机 | JT4/14 | 3 | 2 | 2 | 2 | 1 | |
| 13 | 钢筋对焊机 | UN100 | 4 | 4 | 2 | 2 | 2 | |
| 14 | 钢筋切断机 | GUTE | 8 | 6 | 4 | 2 | 2 | |
| 15 | 钢筋弯曲机 | GW40 | 8 | 6 | 4 | 2 | 2 | |
| 16 | 电焊机 | BX300 | 16 | 12 | 8 | 8 | 6 | |
| 17 | 真空压浆设备 | | 3 | 2 | 2 | 2 | 2 | |
| 18 | 张拉千斤顶 | 300t | 16 | 12 | 8 | 8 | 8 | |
| 19 | 液压内模 | | 14 | 10 | 7 | 5 | 4 | |
| 20 | 外模板 | | 14 | 10 | 7 | 5 | 4 | |
| 21 | 底模板 | | 28 | 20 | 14 | 10 | 8 | |
| 22 | 静载试验台 | | 1 | 1 | 1 | 1 | 1 | |
| 23 | 锅炉 | 4t | 2 | 2 | 1 | 1 | 1 | 蒸养用 |

## 8　梁场实施效果

### 8.1　生产效率

根据上述规划原则，京沪高铁曲阜梁场在实际实施过程中，配备的模板（内、外）数量与台座数量的比例为 1：2，在预制过程中，通过不断优化配合比、加强混凝土的养护以缩短初张拉的时间，同时严格采取箱梁预制工序时间卡控制度，模板和台座均能得到充分周转利用，无闲置现象。各工序具体的时间卡控如表 5 所示。

表 5　　箱梁预制工序时间卡控表

| 序号 | 工序名称 | 规定时间/h | 序号 | 工序名称 | 规定时间/h |
|---|---|---|---|---|---|
| 1 | 外模打磨/安装支座板 | 4 | 7 | 验收 | 2 |
| 2 | 底腹板钢筋吊装 | 2 | 8 | 混凝土浇筑 | 8 |
| 3 | 内模安装 | 2 | 9 | 混凝土养护 | 56 |
| 4 | 端模安装 | 3 | 10 | 模板拆除 | 4 |
| 5 | 顶板钢筋吊装 | 3 | 11 | 预/初张拉 | 6 |
| 6 | 套筒/网片/支柱基础 | 5 | 12 | 移梁 | 1 |
| 占用周期合计 | | 96h | | | |

在箱梁预制生产过程中，曲阜梁场采用了上述的工序时间卡控制度，从第一道工序（外模打磨/安装支座板）开始，至最后一道工序（移梁）结束，对每一道工序都进行严格的时间卡控，每个台座生产 1 片箱梁平均耗时 96h（约 4d）。曲阜梁场共设置了 10 个制梁台座，最高月制梁强度达到了 75 片，平均月制梁强度为 70 片。曲阜梁场共 636 片箱梁，总预制时间为 9 个月，在同类项目中月制梁强度达到了先进水平。

### 8.2 质量控制

箱梁预制生产过程在严格采取工序时间卡控制度的同时，对箱梁预制的各个工序定人、定岗，每个工序均配置相应的工程技术人员和质量管理人员，真正做到以工序质量保整体质量、以工序进度保整体进度。加强过程质量控制，严格控制各个工序之间的衔接，对关键工序的质量控制制定了相应的控制和预防措施。首先从源头上对预应力孔道定位网片的加工及定位进行控制，确保加工尺寸和安装的精度，为后续预应力施工工序创造良好的条件。其次从模板、混凝土浇筑工序进行重点控制，确保箱梁成型后的外观和体型等自身质量，减少缺陷修复工作，做到一次验收合格率为 100%，加快了箱梁出厂进度。

### 8.3 场地利用及环境保护

根据上述规划布置原则，曲阜梁场各个功能区分区合理、布置紧凑，各项工序的开展井然有序，充分提高了施工效率，采用了双层高低台座的交叉翼缘板叠置存梁方式，大大减少了存梁区的占地面积和完工后的场地复垦工作量，对合理利用土地资源和环境保护十分有利。

## 9 结束语

梁场的规划建设工作在铁路工程施工中占有很重要的地位，梁场规划设计是否科学、合理，对铁路工程建设的工期及效益有着至关重要的影响。京沪高速铁路曲阜制梁场规划设计的方法和应用满足了工程施工安全、质量、进度和环境保护要求，经验可供类似工程参考。

### 参考文献


[1] 薛宁鸿，张文格. 高速铁路客运专线预制梁场规划建设及施工管理综述［J］. 铁道标准设计，2010，(S1)：85-88.

[2] 姜丽雯. 铁路客运专线顶制梁场的规划设计研究［J］. 铁道标准设计，2007，(6)：8-12.

[3] 韩刚. 350km/h 铁路客运专线箱梁预制场规划设计原则与方法［J］. 铁道勘察，2008，34（3）：77-80.

[4] 李新月. 武广客运专线云岭梁场规划、设计与施工组织管理［J］. 铁道标准设计，2008，(6)：42-47.

[5] 程萍. 高速铁路客运专线预制梁场规划设计与研究［J］. 山西建筑，2009，35（10）：122-123.

# 浅谈建筑施工企业科技创新

马　岚/中国水利水电第十四工程局有限公司

【摘　要】我国经济进入新常态对创新提出了新的更高要求，企业作为国家科技创新主体担负着改革创新的重任。本文从国有建筑施工企业科技管理人员的角度出发，以水电十四局为例，对国企科技创新管理工作做一些简要分析，旨在与大家探讨国企如何提高科技创新管理水平，提升企业核心技术能力，为国有建筑施工企业科技创新发展提供借鉴与参考。

【关键词】科技创新　知识产权管理　科技管理　科技人才管理

当前中国经济已进入新常态，其中的一个关键指标就是提高全要素生产率。这必然要求以科技为核心引领加快全要素的优化组合、协同创新，强化实体经济、科技创新、现代金融、人力资源的高效融合。

科技是国家强盛之基，创新是民族进步之魂，企业赖之以强，国家赖之以盛。科技创新是新时代强国战略的核心主题，是企业发展的原生动力，科技创新能力是国家综合实力最关键的体现。

## 1　国家对科技创新工作高度重视

2012 年，党的十八大提出实施创新驱动发展战略，强调“科技创新是提高社会生产力和综合国力的战略支撑，必须摆在国家发展全局的核心位置”。

2015 年，中共中央、国务院出台《关于深化体制机制改革加快实施创新驱动发展战略的若干意见》，指导深化体制机制改革，加快实施创新驱动发展战略。

2013 年 10 月，习近平总书记在欧美同学会成立 100 周年庆祝大会上指出，“创新是一个民族进步的灵魂，是一个国家兴旺发达的不竭动力，也是中华民族最深沉的民族禀赋。在激烈的国际竞争中，惟创新者进，惟创新者强，惟创新者胜”。

2016 年 5 月，中共中央、国务院印发了《国家创新驱动发展战略纲要》，提出科技创新“三步走的战略目标”，开启了建设世界科技强国的新征程。

2017 年，党的十九大报告明确提出“创新是引领发展的第一动力，是建设现代化经济体系的战略支撑”“科技是核心战斗力”等划时代论断，对加快建设创新型国家进行了全面部署。

2018 年 5 月 28 日，习近平总书记在中国科学院第十九次院士大会、中国工程院第十四次院士大会上，站在党和国家事业发展的战略全局，深刻分析了我国科技发展面临的形势与任务，对实现建设世界科技强国的目标做出了重点部署和明确要求，高屋建瓴，思想深邃，为我国科技创新发展指明了方向。

## 2　当前科技创新面临的一些问题

### 2.1　科技竞争日趋激烈

随着社会的快速发展，技术创新的复杂程度不断增加，技术创新的系统效应和规模效益日益提高。面对日趋激烈的竞争市场，如何发动创新引擎，通过科技创新，提高工程技术水平和管理水平，实现全产业链各环节技术无缝衔接，对于提升企业竞争能力，实现业务模式、盈利模式的突破，具有十分重要的意义。因此，企业必须把科技创新真正置于优先发展的战略地位。

### 2.2　转变发展方式迫在眉睫

习近平总书记指出，“抓创新就是抓发展，谋创新就是谋未来”。当前，适应和引领我国经济发展，关键是要依靠科技创新转换发展动力。因此，企业要着力推进增长方式由主要依靠要素投入、规模扩张向主要依靠科技进步、劳动力素质提高、管理创新转变。科技创新是转型升级战略的重要支撑，必须加快构建企业技术创新体系，依靠科技创新解决发展中不平衡、不协调、不可持续的问题，才能赢得发展先机和主动权。

### 2.3 企业科技创新能力亟待提高

近年来，企业在国家科技创新体系中的主体地位显著增强，成为支撑我国研发投入快速增长的主要力量。企业作为科技创新的主体，需认真贯彻党和国家建设科技创新型国家的战略决策，增强技术创新和管理创新的主体意识和责任，提高企业科技创新能力。通过原始创新、集成创新和引进消化吸收再创新，掌握一批具有自主知识产权的关键核心技术，逐步形成国际同行业技术先进、核心技术领先的实力与创新能力，建立系统完善的创新体系，形成符合企业发展战略的体制机制、文化环境，切实解决好基础前沿和成果应用两大关键问题。

### 2.4 着力畅通科技成果转化通道

科技成果转化是科技与经济紧密结合的关键环节，是企业创新的着力点。科技成果转化具有高度复杂性和系统性。长期以来，科技成果转化率低是制约我国科技创新能力提升的短板。科技与市场脱节，科技成果转化利用率不高，科技成果转化的通道不畅，也是经济新常态下科技创新所面临的困境。

（1）科技成果的供需脱节。科技投入与产业市场脱节，科技成果缺乏实用性，使得大量科技成果无法与经济发展紧密结合，无法产生预期的经济效益，间接造成相当一部分科技资源的浪费。

（2）科技成果转化平台建设区域分布不均。科技成果转化是一项系统工程。一项科技成果的产生，不仅需要投入相当的人、财、物，也需要创新主体、创新要素不同结构层次、平台、人员的交互作用。传统的成果转化途径使得大量科技成果无法快速、有效的转化。科技成果转化平台多集中在经济较发达地区，经济相对落后的省份以及一些资源型地区由于科技发展的底子薄，其平台建设依然薄弱，科技信息孤岛、信息滞后现象较为严重。

（3）科技成果转化环境氛围不优。很多科技项目为了立项而立项，或者成果仅用于各类评奖、职称晋升等，再加之成果转化的激励机制不健全、不完善，使得科研人员不主动积极开展科技成果转化，最终形成了“重科研、轻转化”的局面。

## 3 施工企业在科技创新中的一些做法（以水电十四局为例）

水电十四局遵循“自主创新、重点跨越、支撑发展、引领未来”的科技发展指导方针，深入实施科技兴企、人才强企和可持续发展战略，大力发展土建施工综合技术，充分发挥科技创新及知识产权在加快转变经济发展方式、调整产业结构、培育和发展战略型新兴产业中的支撑和引领作用，以科技力量优化现有产业升级，推动高质量发展，为建设绿色文化施工企业和工程建设强企提供强有力的科技支撑。

水电十四局企业技术中心2007年获得云南省省级企业技术中心认定，同时也是中国电建集团国家级企业技术中心的分中心。公司对各类创新平台和人员实行规范化、常态化、实体化运作管理，让企业技术研发平台切实起到新业务“孵化器”“加速器”“助推器”的作用，为企业产业结构升级和战略性新兴产业发展提供技术支持。同时加强对外合作交流、技术研发人才培养，争创国家级创新平台，积极开展实效性创新工程。

水电十四局“十三五”规划期内年度科技工作目标任务分解见表1。

表1　水电十四局“十三五”规划期内年度科技工作目标任务分解表

| 目标任务 | 2016 | 2017 | 2018 | 2019 | 2020 | 合计 | 备注 |
|---|---|---|---|---|---|---|---|
| 科技项目 | 27 | 27 | 27 | 27 | 27 | 135 | |
| 专利 | 30 | 35 | 40 | 45 | 50 | 200 | 增长率不低于15% |
| 工法 | 10 | 10 | 10 | 10 | 10 | 50 | 其中国家级2～3项 |
| 标准规范 | 新增3～5项 | | | | | | |
| 科技进步奖 | 10 | 10 | 10 | 10 | 10 | 50 | 省部级及以上 |
| 研发投入 | 3%以上 | 3%以上 | 3%以上 | 3%以上 | 3%以上 | | 高新技术企业要求 |

### 3.1 企业知识产权管理

知识产权工作是一项渐进、长期的工作，知识产权管理更是一项复杂的系统工程。目前，我们面对的是知识产权竞争不断加剧、知识产权在企业价值构成比重中呈现不断攀升的新格局。企业对知识产权的挖掘、布局、生成、管理、维护以及价值实现和放大，将伴随企业发展全生命周期。

水电十四局充分认识到知识产权是企业的无形资产，是企业品牌的重要支撑，是企业参与市场竞争的优势资源，是企业转型升级的关键要素。因此高度重视科技创新与知识产权管理工作，不断探索全面知识产权管理新模式。结合企业实际，建立决策、指导、管理、执行四级知识产权管理体系，制定实施知识产权发展战略。在公司制定的“十三五”科技发展规划中明确提出，企业将实施知识产权战略，主动寻找潜在创新点，通过研发和专利法相配合，使之成为具有专利权保护的技术方案。保持专利数量快速增长，提高发明专利比重，形成一批影响力明显、具有自主知识产权的技术品牌，造就一支数量充足、结构合理的科技创新人才队伍。知识产权工作经费逐年递增10%以上；专利申请量增幅要达到15%以上，专利实施和转化率达到50%以上。

通过连续多年组织知识产权培训，强化宣传、政策激励、管理引导、树立典范等举措，企业近几年专利申请量和授权数大幅提升，专利申请从无到有，从追求数量到追求质量，今后将逐步走上量质并重，不断提升发明专利占比进程、占比水平。同时，立足市场需求、战略转型和产业优化升级，大力推进知识产权商品化、资本化、产业化。开展知识产权价值评估，鼓励知识产权成果的资本化运作，探索专利、专有技术等的转让和许可，提升知识产权的先进性、实用性、可推广性。

随着知识经济全球化的深入，国际间生产要素重组和产业结构调整及转移，以权力独占和信息利用为其本质特征的知识产权制度的重要性和影响力日益突出，对知识产权的创新和保护成为各国、各企业获得竞争优势的关键。今后，企业若要在知识产权管理工作中取得质的飞跃，除了学习借鉴国内外先进技术，还得采取追踪式开发和跨越式引进相结合战略，形成流程化的知识产权管理体系，成立扁平化的知识产权管理部门，明确知识产权战略目标，围绕核心技术，形成知识产权保护布局模式，防控知识产权风险，促进专利技术产业化，形成强大的知识产权竞争优势，这也是开辟新兴业务的最佳途径。有了完善的知识产权工作制度，还要跟进、执行、实施这些制度，在生产经营管理过程中，将知识产权工作指标全面纳入部门经营考核。为鼓励员工技术创新，也可探索对专利发明人予以物质奖励、股权激励等方式，保证企业知识产权工作制度的执行行之有效。

水电十四局知识产权规划总体目标是：知识产权创造水平显著提高，知识产权运用成效显著，知识产权信息化程度显著增强。具体落实到以下三个方面：

(1) 结合企业科技发展规划，开展知识产权战略研究，提高研究的起点水平，促进企业经营和科技的协调发展，确保企业重大专项的知识产权战略顺利实施。

(2) 加强知识产权宣贯力度，提高专利申报质量。

(3) 加强知识产权信息化建设，实现信息共享。

同时，希望与集团各子企业间形成知识产权联盟，整合与优化知识产权资源，探索子企业间专利技术有偿使用，形成强大的集团知识产权竞争能力，推动集团内专利的共享与推广，规避知识产权侵权风险，保护成员企业整体利益。

### 3.2　企业科技创新管理

科技是引领创新的第一要素，创新是企业发展前进的动力。水电十四局“十三五”科技发展规划的总体目标是：在中国电建集团正确领导和公司全体员工的共同努力下，到2020年，技术创新主体地位进一步突出，产学研结合更加紧密，科技人才队伍建设成效显著；一批关键技术取得重大突破，战略性新兴产业快速成长；科技创新支撑实现企业结构调整、转型升级；自主创新能力、科技综合实力显著提高。

目前，水电十四局已建立健全了一系列科技创新工作管理制度，科技项目管理、科技奖励、科技考核、技术管理等工作均实现了制度化、规范化，形成了科技管理长效机制。编制科技管理标准（制度）27个，其中管理标准15个。从科技项目立项、实施、成果评价、成果报奖、科技进步考核等方面形成了较为完整的科技管理制度体系，以制度建设带动各级技术人员科技创新积极性，使科技管理工作逐步步入制度化、规范化和标准化轨道。

品牌是企业竞争力的重要体现，可为企业带来更多的市场份额，创造更多的利润。水电十四局通过加强创新体系建设，紧盯技术前沿，提升科技水平，打造核心竞争能力，推进企业塑造行业品牌影响力，进而确保企业在市场竞争中具备更强大的技术优势，提质增效，促进企业可持续发展。

核心技术是企业赢得市场的基石。水电十四局通过科技项目的实施，科技投入的增长，紧紧扭住技术创新战略基点，大力推进新技术、新材料、新工艺、新产品、新设备的研发、总结、提升、应用，将大量科技成果运用到工程实践当中。坚持以市场为导向，密切把握市场动态，以市场需求为技术创新活动指南，开展技术攻关，搭建“产、学、研、用”一体化战略同盟，优势互补，风险共担。做到人才培养、技术攻关、科技管理、市场营销、成果推广等多元素的相互集成和综合配套，推动企业科技产业化实施进程。

水电十四局推进科技产业化具体体现在：根据科技发展规划和业务需要有计划地进行科技立项；紧跟科技前沿、瞄准国际先进，持续有效地开展研发，通过科技创新，占领行业技术制高点，确保科技项目的技术领先性。在保持传统水电领域技术领先优势的同时，紧抓非水电板块业务不放松，引进、消化、吸收再创新，掌握行业领先技术，努力实现新的业绩突破。通过参编国家、行业标准、规范，及时了解行业前言技术动态，在提升参编技术人员理论水平、文字功底的同时，彰显企业整体技术实力。

今后，水电十四局将进一步实施科技创新与制度创新、管理创新、商业模式创新、业态创新和文化创新相结合，弘扬科学精神，瞄准战略性、基础性、前沿性领域，坚持补齐短板、跟踪发展、超前布局、同步推进，推动发展方式向依靠持续的知识积累、技术进步和劳动力素质提升转变，促进经济向形态更高级、分工更精细、结构更合理的阶段演进，努力实现关键核心技术重大突破，提升企业整体创新实力。

### 3.3 企业人才管理

习近平总书记指出："人是科技创新最关键的因素。创新的事业呼唤创新的人才。"水电十四局始终将人才作为企业创新和可持续发展的第一资源，既有培养高水平领军人才的决心，更注重专业领域带头人和青年人才的培养，努力造就一支结构日趋合理规范的人才队伍。为鼓励广大员工发明创造的积极性，培养创新型和学习型组织，保护知识产权专利人的合法权益，加速科技成果转化与推广，更好提升公司核心竞争力，公司大力为技术人员提供创新平台，改革人才培养、引进、使用等机制，出台了一系列人才管理制度和激励机制，以激发广大员工的创新意识和创造激情，营造全员参与的科技创新的文化氛围，在创新实践中发现人才，在创新活动中培育人才，在创新事业中凝聚人才。

注重在生产实践中培养造就一支规模宏大、结构优化、素质一流、作风过硬的科技人才队伍，完善人才"选""用""管""留"使用机制和激励机制，打通员工职业发展通道，清晰人才发展思路，加快企业"智库"建设，引进"外脑"，"产""学""研""用"联动，实现科技人才资源效益最大化，为企业可持续发展提供人才保障和智力支持。

为研发人员提供专业技术培训交流，营造学术氛围，耕植创新精神，拓展智能结构，激发创新热情，鼓励创新行为，提高技术素质，提升创新实践能力，为企业拓展更多的创新渠道。

## 4 科技创新给企业带来的变化

### 4.1 知识产权方面

自1994年获得首个专利以来，通过多年的发展，截至2019年7月，水电十四局已累计获得专利539项。其中发明专利62项，实用新型专利477项。特别是自2012年以来，专利发展呈现急剧上升态势，专利授权年增长率接近200%。2015年获得"官渡区知识产权优势企业"和"云南省知识产权优势企业"认定，2018年通过复审。2016年获得"昆明市知识产权优势企业"认定；2017年获得"云南省创新性企业"认定；2014年、2017年两年获得"国家高新技术企业"认定。

### 4.2 科技管理方面

2003—2019年，水电十四局科技立项项目553项。截至2019年，在研科技项目242项。获得国家级工法8项，省部级工法150项。2010—2019年，鉴定科技成果281项，其中达到国际领先水平22项、国际先进水平55项、国内领先水平69项、国内先进水平107项。获省部级以上科技进步奖163项；土木工程詹天佑奖8项；水利工程大禹科技奖3项；百项精品工程奖4项；鲁班奖9项。

### 4.3 人才管理方面

截至2018年底，水电十四局拥有员工8805人，其中正高级职称技术人员72人，副高级职称技术人员576人，形成了较为强大的技术人才储备库。科学技术委员会专家委员33名，为企业科技项目策划、科技立项、科技成果鉴定评审、技术方案审查等提供了良好的专业技术支持。

### 4.4 税收减免和扶持基金方面

近年来，水电十四局因高新技术企业连续获得政府税收减免：2015年1781.33万元，2016年8118.04万元，2017年8699.65万元；因高新技术企业获得的研发费用（税前加计扣除免税额）：2013年3318.13万元，2014年4266.36万元，2015年4821.24万元，2016年1243.51万元，2017年1075.62万元。因科技创新管理，获云南省科技进步奖励、云南省创新平台建设、云南省重大专项资助、云南省专利资助、市区知识产权试点示范单位资助、市区专利资助、研发后补助等多项科技经费支持，详见表2。

表2 水电十四局获各级政府科技奖励、经费资助情况表

| 年度 | 2014 | 2015 | 2016 | 2017 | 2018 |
|---|---|---|---|---|---|
| 资助经费 | 218.80万元 | 85.24万元 | 40.35万元 | 24.70万元 | 628.70万元 |

## 5 结束语

科技创新为企业带来生机，科技创新为人类带来美好未来。水电十四局通过一系列创新成果的获取，不断丰富和发展了以企业为主体、产学研及专家团队相结合的科技创新体系。在新时代新形势下，水电十四局面对复杂的国内外市场环境，将在创新驱动引领下，继续推进科技体制机制改革，充分发挥经济新常态下企业市场最具活力的创新主体作用，注重顶层设计，强化产业布局，加强知识产权保护，加大科技投入，培养高科技专业人才，培育创新文化、创新思维，将科技创新理念根植于心，攻坚克难，砥砺前行。坚定创新驱动发展战略，提升科技创新能力与水平，以科技力量优化升级产业，依靠市场与社会力量，促进科技成果转化，提高科技创新产业化效率，实现科技创新作用最大化，推动企业高质量发展。进一步加强信息化建设，搭建共享平台，保持信息通畅，实现资源共享，避免重复研究带来

的资源浪费，同时提升企业现代化管理水平，担负起社会责任，成为科技创新的实践者、先行者。

科技人才是企业科技发展的核心和动力，是创新活动的主体，更应顺势而为、抢占先机，更新观念、解放思想，直面问题、迎难而上，勇挑企业科技创新主力军重担。注重知识体系的积累和更新，在实践中总结经验，提升创新意识，瞄准世界科技前沿，引领科技发展方向。企业科技管理部门着力推进改革创新、着力推进转型升级、着力推进管理提升、着力推进增收创效，更好地提高科技管理整体工作效能，提升自身能力素质，促进企业拥有更多自主知识产权和核心技术，使企业保持持续、健康、快速、高质发展，迈上更高台阶。

# 浅析清单计价模式下施工企业合同管理面临的问题及对策

杨进华　陈　琳/中国水利水电第十四工程局有限公司华南事业部

【摘　要】2003 年 7 月 1 日，我国开始推行工程量清单计价，从根本上改革了传统的定额计价模式，真正实现了工程造价管理向政府宏观调控、企业自主报价、市场竞争形成价格的管理机制转变。因此，工程建设市场发生了巨大的变化，市场竞争日趋激烈。为了获得合理的利润空间，施工企业必须重视合同管理，正视自身在合同管理方面存在的问题，寻求相应的解决方法，通过提升施工企业合同管理能力有效提高利润空间。本文着重对工程量清单计价模式下施工企业合同管理过程中存在的突出问题作出阐述，并提出相应解决对策，用以指导施工生产实践，提升施工企业合同管理水平。

【关键词】施工企业　清单计价　合同管理

## 1　概述

施工合同中的核心内容之一是工程造价的控制及管理问题，这是合同中的实质性条款。传统的定额计价是按照行业主管部门颁布的预算定额或单位估价表计算工、料、机的费用，再按有关费用标准计取其他费用，汇总后得到的工程造价，整个计价过程中计价依据是固定的“定额”。而工程量清单计价是由招标人将工程量清单作为招标文件的一部分提供给投标人，由投标人依据工程量清单自主报价的计价方式。[1]工程量清单计价的本质是由市场决定价格，这在增强施工企业投标自主性的同时，也给企业合同管理带来一定挑战，施工合同管理成效将最终直接影响到施工企业承建项目的盈亏。

市场竞争日益激烈导致施工企业的利润空间被不断压缩，只有理清自身在合同管理方面存在的诸多问题，对症下药解决相关问题，才能不断提高项目管理能力，提升施工企业市场竞争力。

## 2　清单计价模式下施工企业合同管理中存在的问题

当前，我国工程量清单计价模式的推行和施工企业合同管理的实践都处于不断探索完善的进程，施工企业合同管理存在以下几个问题：

### 2.1　内部定额未形成导致投标报价与施工水平不匹配

传统的预算定额属于计价性定额，体现的是社会平均水平。为反映施工企业自身的施工水平，要求每一个施工企业都要有一套根据自身管理能力、施工组织能力、技术能力和设备条件为基准编制的施工企业内部施工定额，该定额属于施工企业生产性定额。如果施工企业内部施工定额只能达到或低于建设行政主管部门颁布的定额水平，那么该施工企业将失去市场竞争力。因此，施工企业为提高自身的市场竞争力，应该在提高自身能力的基础上，使施工企业内部施工定额达到社会平均先进水平。按照施工企业内部施工定额编制的投标报价方才具有唯一性和竞争性，让施工企业最大限度地发挥自己的价格和技术优势。但目前工程实践中，一是由于施工企业基础数据缺失、人才缺乏以及重视度不足等内部原因；二是由于人材机市场价格波动大导致定额编制维护困难，以及招标文件明文规定以行业定额或地方定额为投标报价计价依据限制了企业定额的应用等外部因素，致使施工企业建立内部定额面临双重障碍，大部分施工企业至今未能形成内部施工定额，仍沿袭使用建设行政主管部门颁布的统一定额进行报价，施工企业的先进水平无从体现，既不利于市场竞争机制的形成，也在一定程度上阻碍了自身生产力的快速发展。[2]

### 2.2 盲目投标和签订合同给合同履行留下隐患

招标人在编制招标文件及合同条款时，往往仅从自身角度出发，要求投标人承担大部分责任与风险，若完全响应招标文件要求，势必要将相关风险纳入投标报价，导致综合单价偏高，报价不具有市场竞争力；若不完全响应招标文件，则投标文件可能被作废。上述情况导致施工企业在投标活动中陷入两难的境地，往往为了保持市场份额而无奈接受不公平条款，盲目地响应招标文件要求，同时为了保持市场竞争力也不敢过多提高投标报价，寄希望于在低价中标后，通过合同谈判修改合同条款或者在合同履行过程中提出各种补偿来解决。然而招标人根据《招标投标法》和《建设工程工程量清单计价规范》（GB 50500—2013）的相关规定，认为中标后只能“按照招标文件和中标人的投标文件订立书面合同”，谈判过程中常常较为强势，谈判结果往往很不理想，中标人只能接受并签订对其不利的合同条款，等到开始履约后，又因受合同条款制约，承包人涉及索赔和补偿等诉求多数时候得不到发包人认同，从而导致各种工程纠纷。

### 2.3 合同执行情况不理想导致效益无法显现

在工程施工过程中，由于客观依据不足、主观意愿不强以及管理能力欠缺等原因，致使施工企业合同执行情况往往很不理想。一是在目前建设市场施工企业众多，市场竞争激烈的背景下，发包人过于强势，前期合同商谈阶段除了涉及价款调整、风险承担等条款没有商量余地之外，有时甚至合同中存在自相矛盾或约定不清的情况，发包人也一概不同意对合同条款进行任何修改或细化，先天条件不足给后期施工企业合同执行带来极大的困难，而合同执行过程中，施工企业又不能如预期的那样以合理的且发包人可接受的理由打破合同不合理条款制约。这样的情况最终导致合同难以执行，施工企业只能勉强支撑完成合同，创效之事更是无从谈起。二是工程施工过程中施工企业处于被动地位，为维护和发包人的关系，即使发生了合同约定的发包人违约事项或承包人可索赔事项，施工企业也可能瞻前顾后，最后过了时限、错失良机，平白失去了应得的利益。三是施工企业的合同管理能力存在不同程度的欠缺，主要存在该交底的内容未及时全面交底导致合同目标偏差；该落实的责任事项未全部落实导致合同执行偏离；该遵守的程序节点未监控遵守导致处理时机贻误；该收集的证据资料未及时收集导致诉求无据可依；该研究的合同条款未仔细研究导致突破路径难寻等问题。

### 2.4 合同执行情况未评估总结导致企业经验难以形成

合同执行过程是一个不断发现问题和解决问题的过程，有的施工企业在施工过程中未对全过程资料进行收集整理，施工结束后又不及时对合同执行效果进行评估总结，导致施工过程中的经验教训只转化为部分管理人员的个人收获，加之因施工企业性质，人员流动频繁，往往导致这些经验难成制度、体系，并逐渐无迹可寻，不能内化为企业自身的知识储备，也不能为后续同类型项目生产经营提供经验指导。这也是当前很多施工企业的项目管理成效完全取决于项目主要负责人个人能力，项目管理难上水平、管理质量参差不齐的原因，长远看将不利于施工企业的可持续发展。

## 3 清单计价模式下施工企业合同管理对策

### 3.1 建立、维护和使用施工企业内部定额

#### 3.1.1 施工企业内部环境建立

施工企业要积极主动建立、维护内部施工定额。具体可以从以下几方面入手：一是要自上而下强化内部施工定额的重要性认知。施工企业领导层应认识到企业发展与内部定额建立息息相关，为了企业的可持续发展必须及早建立内部施工定额；二是要建立高效的成本数据采集机制和反馈系统，考虑和软件开发公司合作开发与施工企业业务流程相互关联的施工成本分析平台。由专业管理人员对成本数据进行审查和筛选，最终运用软件程序编制内部定额；三是要注意对企业成本数据库和定额库的日常更新维护，实时更新成本数据和定期修编定额。

#### 3.1.2 需要外部环境配套支持

企业定额的应用只有施工企业内部环境支持是远远不够的，不容易被社会各界认可。行业主管部门和行业协会应为企业定额的编制和应用创造良好的外部条件，例如为编制定额的企业提供经济优惠政策，禁止招标单位在招标文件中强制使用地方定额、限制使用企业定额。建立完善的定额备案制度使企业定额成为可被建设单位接受的计价依据，应用到投标报价和价款调整中等。

#### 3.1.3 提升施工企业自身能力，促进内部施工定额达到社会先进水平

内部施工定额虽然能够反映施工企业自身的管理水平，但倘若施工企业内部施工定额水平只能达到或低于建设行政主管部门颁布的预算定额水平，虽然能够反映施工企业的施工水平，但该企业将会丧失市场竞争力。因此，对于施工企业来说，自身承建项目施工管理水平的提升显得尤为重要，在施工管理水平提升的基础上不断更新维护内部施工定额，才能保证施工企业的市场竞争力。该项工作建议可以从企业自身管理能力提升、施工组织能力提升、企业技术研发和应用能力提升、企业整合社会人材机等资源能力提升等方面入手。

## 3.2 注意对招标文件和拟签合同全面审查

### 3.2.1 加大施工企业内部审查

施工企业应加大投标前对招标文件审查和中标后对拟签合同审查。施工企业应在对发包人和工程项目情况做全面调查的基础上，详细研究和分析招标文件，对招标文件中的承包人风险进行预判并在投标报价中加以考虑，不应为了中标盲目降低报价，降低了施工企业盈利水平的同时也扰乱了正常市场竞争秩序。[3]如相关风险事项无法在投标报价中考虑，一旦发生又会给投标人带来严重的影响，建议在投标文件中加以明确说明，因为根据《建设工程工程量清单计价规范》（GB 50500—2013）第7.1.1条“招标文件与中标人投标文件不一致的地方，以投标文件为准”，施工企业应灵活地运用好这一保障。另外，即使投标人全面响应招标文件要求且中标了，也并不意味着双方就必须完全按照招标文件中的合同条款签订合同，在招标文件严重不公平甚至触犯法律法规的情况下，投标人完全可以据理力争，争取更加有利的合同条件。例如根据《建设工程工程量清单计价规范》（GB 50500—2013）强制性条文第3.4.1条“建设工程发承包，不得采用无限风险、所有风险或类似语句规定计价中的风险内容及范围”，当招标人要求中标人承担无限风险时，中标人完全可以根据上述规定提出异议。[4]

### 3.2.2 注重外部审查和监督

在建设市场发包方处于强势地位的情况下，只有施工企业对招标文件和拟签合同进行审查往往是孤掌难鸣，这要求行业主管部门要依法加强对招标文件的备案审查和监管。根据《房屋建筑和市政基础设施工程施工招标投标管理办法》第十八条，“依法必须进行施工招标的工程，招标人应当在招标文件发出的同时，将招标文件报工程所在地的县级以上地方人民政府建设行政主管部门备案。建设行政主管部门发现招标文件有违反法律、法规内容的，应当责令招标人改正”，相关部门应着重对招标文件中涉及双方责权利、款项支付、价格调整等的重要条款严加掌握，防止招标人设立背离三公原则或者违反国家强制性规定的条款，保证招投标工作的依法进行，保障施工企业投标人的合法利益，减少项目履行阶段的合同纠纷。另外，招标人在编制招标文件时也应该慎重对待合同条款的拟定，尽量拟定相对公平合理的条款，尽量避免出现“一边倒”的条款。

## 3.3 加大沟通协商力度和提高合同执行能力

### 3.3.1 持续沟通协商，不断完善合同条件

施工合同一旦签订，发承包双方就要按照合同约定履行权利义务，但这并不意味着合同条件再无修改的可能，特别是一些工期较长的大型工程，在合同实施过程中外部条件往往发生较大的变化，使得原先的合同条款不再适应工程实际，此时发承包双方将协商对合同条款进行修改和变更。发包人要求对合同条款进行修改或签订补充协议一般是涉及合同变更事项，承包人请求对合同条款进行修改则多数是外部法律法规发生了变化。根据《建设工程工程量清单计价规范》（GB 50500—2013）第9.2.1条规定，“国家的法律、法规、规章和政策发生变化引起工程造价增减变化的，发承包双方应当按照省级或行业建设主管部门或其授权的工程造价管理机构据此发布的规定调整合同价款”。因此，施工企业应当时刻关注相关法律、法规、规章和政策的修改和发布情况，抓住时机和发包方展开沟通和协商，争取更为有利的合同条件。例如2016年国务院办公厅发布了《关于清理规范工程建设领域保证金的通知》（国办发〔2016〕49号），则施工企业应抓紧时机提出合同变更的请求，取消合同中除投标保证金、履约保证金、工程质量保证金、农民工工资保证金外的其他各类保证金。

### 3.3.2 全面提高合同执行能力

施工企业在争取更加有利和相对合理、合法的合同条件的同时，还应全面提高自身的合同执行能力。一是合同签订后及时组织全方位的合同交底。重点是对涉及合同履约条件、合同履约目标、涉及费用条款、投标报价策略和报价清单等进行详细交底，将相关事项落实到具体负责人。二是动态管理合同履行。在遵循“PDCA循环方法”进行合同管理的同时，结合施工企业实际情况选用“4Y管理模式”（Y1计划到位、Y2责任到位、Y3检查到位、Y4激励到位）进行全过程管理，建立完善的承建项目组织保障体系、技术保障体系、生产保障体系、安全保障体系，保证合同实施过程中的各项工作全面受控。三是规范且有计划的收集整理施工期间各项档案资料以规避潜在风险。如收集实际开工日期证明材料和工程实施过程中影响工期事项发生的证明材料（气象资料、停水停电、设计变更等资料），以规避合同工期延误责任无法理清的风险；收集施工过程中各种签证资料，以规避合同变更索赔诉求无据可依被发包人驳回的风险等。[5]

## 3.4 重视合同执行完毕的评估总结

合同执行情况的评估总结对规范施工企业合同管理、提高管理水平具有重要的意义，可为下一工程项目的施工生产和经营管理提供可借鉴的经验，但往往不为施工企业所重视。在工程实践中，建议施工企业应该每隔一段时间对合同执行情况进行全面盘点，形成阶段性总结报告；当合同重要目标实现或重大事项发生（变更索赔事项等）后，要及时进行重点评估总结；当工程施工内容全部结束后，要及时根据前期的阶段性总结和重点事项总结，编制承建项目施工的合同执行全过程评估总结报告。评估总结应对合同管理各项工作中面临问

题、解决的方法、管理成效和相关建议做全面记录，评估总结完成后应在企业范围内加以推广，形成整个施工企业自身的合同管理经验。

## 4 结束语

综上所述，国内许多施工企业，经过工程建设的实践已经证实了工程量清单计价模式的科学性、先进性和严谨性，其是一种科学合理的工程建设的造价计价模式，更加适应具有我国特色的建设工程市场经济的发展需求。工程量清单计价模式的推行在不断深化市场经济，带来自由竞争的同时，也给施工企业合同管理带来了更多的挑战。做好施工合同管理将对工程项目管理的成功和取得较好的社会效益和经济效益起到事半功倍的作用。施工企业只有解决自身在合同管理过程中的问题与缺陷，不断强化合同管理能力和履约水平，才能更好地适应当前竞争激烈的社会，才能站稳脚跟，才能取得更好的发展。

**参考文献**


[1] 梁坤英. 工程量清单计价和定额计价在项目管理中的差异分析 [J]. 山西建筑，2018，44（11）：229-230.

[2] 石书超. 建筑施工企业定额建立的障碍因素分析 [J]. 决策探索（中），2018，34（10）：45-46.

[3] 周占红. 对施工企业合理确定投标报价，提高利润空间措施的探讨 [J]. 工程建设与设计，2018，66（19）：285-287.

[4] GB 50500—2013 建设工程工程量清单计价规范 [S]. 北京：中国计划出版社，2013.

[5] 郭永忠. 工程量清单计价模式下施工合同管理 [J]. 山西建筑，2018，44（16）：245-246.

# 浅谈标准化钢筋加工厂建设

许延安　冯建浩/中国水利水电第十四工程局有限公司华南事业部

【摘　要】在现代化工程项目驻地建设中，钢筋加工厂的建设是临建工程重中之重，为适应当下建筑行业的发展要求，施工过程中的钢筋加工作业应在标准化钢筋加工厂内完成。建设标准化钢筋加工厂应按照“工厂化、集约化、专业化”的要求进行选址与规划。建设规划主要内容包括位置、占地面积、功能区划分、场内道路布置、用电设施等方面。如何建设标准化钢筋加工厂是施工企业的一个重要的课题。本文结合工程建设实际来谈谈钢筋加工厂的标准化建设。

【关键词】钢筋厂　标准化　规划布置

## 1　钢筋厂选址

### 1.1　工程概况

随着国内建筑行业的快速发展，基础建设项目的施工管理向集中化、专业化快速发展。根据国家、地方相关部门发布的与工地建设相关文件、标准、规范、规程和指南的要求，为提高管理水平，保证施工质量，施工单位需要建立标准化钢筋厂。在此结合广东佛清从高速公路北段工程项目，浅谈标准化钢筋厂的建设。

佛（山）清（远）从（化）高速公路北段工程地处广东省中部地区，路线起点顺接佛（山）清（远）从（化）高速公路南段，起于花都西南面的官坑（佛山与广州市界），途经广州市花都区、清远市清城区、广州市从化市，终于从化市西南面的井岗，接已建成的街北高速和在建的大广高速。

该工程标段共有互通立交 5 座，特大桥、大桥 12 座，匝道桥 19 座，天桥（含人行、车行）4 座，双线分离式隧道 1 座，服务区 1 座，管理中心 1 座，涵洞 89 道，收费站 5 座。标段总长 24.95km，其中主线桥长 7.521km（主线单幅桥），隧道 5.004km（双线），桥隧比为 40.17%。匝道总长为 12.261km，其中匝道桥长 4.133km，匝道路基长 8.128km，匝道桥涵比 33.71%。本标段钢筋加工总量约 5.3 万 t。

### 1.2　钢筋厂选址

根据项目钢筋用量分布情况，该项目共规划了 10 个标准化钢筋厂，目前均已建设完工。其中包含隧道进出口各设置一个标准化钢筋厂，用于加工隧道工程所需的钢筋及型钢；4 座梁厂分别设置配套标准化钢筋厂，用于加工预制梁钢筋；其余 4 个分别设置在钢筋用量较为集中的特大桥及互通部位。以上钢筋厂均布置在距离施工现场较近的交通便利、地势平坦处，方便材料进出，且保证安全。钢筋厂选址时，避开了居民集中区域，减少了施工对附近居民造成的干扰，同时降低了征地难度。

钢筋厂选址应结合施工合同及招标文件要求，选择交通、水电方便的位置，尽量避开居民集中区。选址确定前应对备选区域做充分调查，严禁设置在河床河滩、洪水位以下、泄水口等危险区域，避开取土场、弃土场、塌方区域等地段。钢筋厂设置应避开高压线路、高大树木，与通信、天然气等管线保持一定距离。钢筋厂位置选择还应结合现场钢筋用量分布及原材料进场线路等影响因素，尽可能减少二次搬运量，提高作业效率，且保证加工与施工建设两不误。应尽量选择地势平坦，承载力好的地区，以降低加工厂建设成本。在多雨地区建设时，应避开地势低洼地段，防止水淹，浸泡等问题。

具体选址流程如下：

（1）根据合同、投标文件确定拟建钢筋厂数量。

（2）根据项目钢筋用量情况划分区段，分配钢筋厂。

（3）根据相应区段钢筋加工量、加工类型，确定钢筋厂规模。

（4）在区段内选择合适地段进行选址。

（5）对备选地段土地租赁、进出场道路、地理位置、原始地形、周边环境等方面进行综合分析。

（6）确定选址，并启动规划及土地租赁工作。

## 2　钢筋厂规划

### 2.1　标准化钢筋厂建设规模

钢筋加工厂建设具体要求为线路短、施工场地集中或运输条件好的项目可将钢筋加工完全集中；施工线路较长时可考虑增设临时钢筋加工场（钢筋拼装场），配合钢筋加工厂进行作业。

钢筋加工厂建设面积主要参考各个项目的招标及合同文件要求，结合实际生产需要决定。场地规模还需满足大型自动化机械安装要求，大型钢筋成品堆放要求，运输车辆进出装运要求等。钢筋厂建设面积，根据施工经验得出的计算公式：

钢筋厂建设面积＝(堆料场面积＋加工区面积＋安全通道面积)×1.2

结合各地标准化要求及总加工数量，形成钢筋厂建设规模经验参数表，见表1。

实际选型过程中，可通过公式估算，结合表1参考值，最终综合选定。

表1　钢筋厂建设规模经验参数表

| 规模 | 加工总量/t | 钢筋厂面积/$m^2$ |
|---|---|---|
| 较小 | ≥3000 | ≥2000 |
| 中 | ≥6000 | ≥3000 |
| 较大 | ≥10000 | ≥4000 |
| 大 | ≥15000 | ≥5000 |
| 特大 | ≥20000 | ≥6000 |

以该项目6＃钢筋加工厂为例，该钢筋厂承担钢筋加工任务约5300t，建设工期约24个月，其中建设高峰期，钢筋厂需满足同时生产墩柱、桩基钢筋笼，盖梁钢筋，现浇箱梁钢筋等。根据经验公式计算：

钢筋厂总面积＝(堆料场面积＋加工区面积＋安全通道面积)×1.2
＝(362.5＋781.5＋480)×1.2＝1948.8$m^2$

结合生产需要及现场实际情况，设置了2024$m^2$的标准化钢筋加工厂，平面布置见图1。

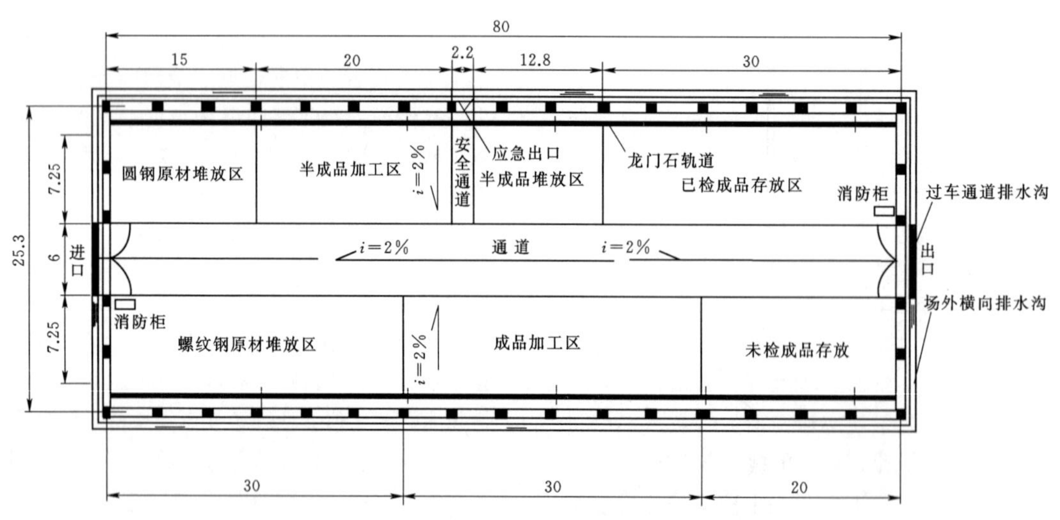


图1　标准化钢筋厂平面布置示例图（单位：m）

### 2.2　场内规划

钢筋加工厂的规模及功能，应符合施工合同及投标文件承诺的有关要求。以该项目6＃钢筋加工厂为例，功能区划分包括螺纹钢原材料堆放区、圆钢原材料堆放区、半成品堆放区、未检成品堆放区、已检成品堆放区、半成品加工区、成品加工区、运输及安全通道等部分，具体如图1。建立一个标准化钢筋厂，应从临时用电、材料堆放、场地处理、加工作业区域、标识标牌等方面进行综合考虑，以下针对各个部分进行详细说明。

#### 2.2.1　临时用电管理

钢筋厂内临时用电应结合现场情况，严格按照规范及标准化要求设置，满足临时用电的基本原则。钢筋厂总配电箱应结合进线位置合理布置；分配电箱宜布置在钢筋厂墙壁上，避免扰动、检查方便；开关箱设置在设备旁边墙壁处合理位置，尽量减少占用场内空间，避免线路交叉。用电线路应提前规划，并按图施工，线路穿越门吊轨道位置应设置暗管穿越。

结合该项目6＃钢筋厂情况，现场临时用电做如下布置：

（1）钢筋场内两侧设两台二级配电箱，分别控制场内两侧用电设备。

（2）场内三级配电箱均靠墙设置，电线采用暗管防止敷设。

(3) 三级配电箱至用电设备电线，通过地下暗管穿过龙门吊轨道连接。

(4) 场内线路敷设，固定线路均采用暗管形式敷设，龙门吊通过线轨联通。

(5) 配电箱内张贴检查记录表，专业电工需定期检查并填写检查记录，确保用电安全。

**2.2.2 场地处理**

(1) 钢筋加工厂应根据工程实际情况集中布置，宜采用封闭式管理，材料堆放区、成品区、作业区应分开或隔离。

(2) 钢筋加工厂应做硬化处理并做地面坡度，结合该项目坡度设置如图1，在场内积水情况下尽可能保障钢筋产品不与水接触，并能快速排出场外。棚内地面必须使用不小于15cm厚片、碎石垫层，场地内的地面不小于20cm厚C20混凝土作为面层。

(3) 场地硬化按照两侧高、中线低的原则进行，面层排水坡度不应小于1.5%，场地外侧四周应设置排水沟。

(4) 材料堆放区、成品堆放区及大型设备安放位置，应根据计划堆料量、设备自重结合荷载情况进行综合考虑，确保地基承载能力。

**2.2.3 堆料场**

堆料场用于加工厂内原材料、半成品及成品的堆放，该项目共包含：螺纹钢原材料堆放区、圆钢原材料堆放区、半成品堆放区、未检成品堆放区、已检成品堆放区。

(1) 区域设置原则。

1) 结合存料种类，每一类螺纹钢筋原材料存放区宽度不小于1m，长度12m，每一类圆钢原材料存放区宽度不小于2m，长度不小于6m。

2) 存料台两端应预留通道，用于摆放标识牌，方便吊装及检查通行。

3) 存料区位置应靠近主要通道，方便材料装运。

4) 半成品、成品堆料区应结合钢筋笼骨架大小及存料数量情况确定。

(2) 螺纹钢原材料堆放区。结合该项目情况，该区域大小设置为7.25m×30m，位置设在钢筋厂进口处，如图1。区域内设置两排存料区，存料区基础沿钢筋厂横向设置30cm×30cm枕梁，间距1.5m，枕梁上设置2m高分隔柱用于区分不同型号钢筋。存料区两端均留出2m通道，布置情况如图2。

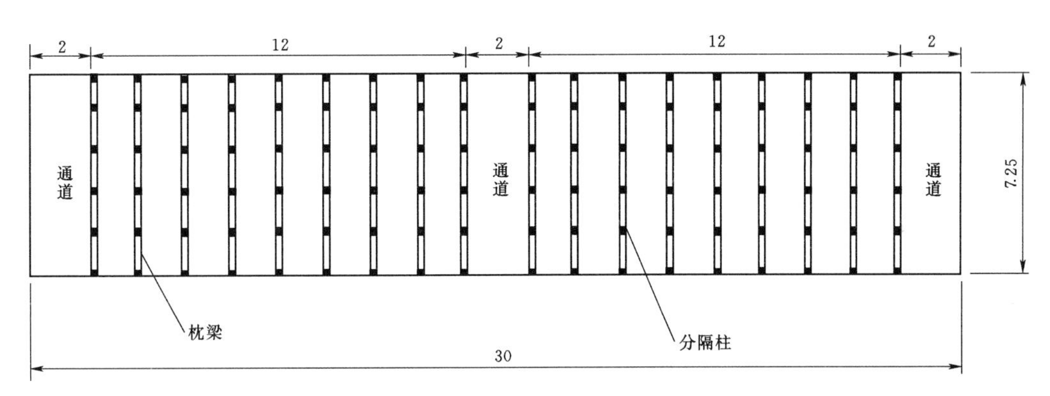


图2 钢筋厂螺纹钢原材料堆放区示例图（单位：m）

(3) 圆钢原材料堆放区。区域大小为7.25m×15m，位置设在钢筋厂进口处，如图1。区域内存料区基础整体凸出30cm，用于存放圆盘钢筋，存料台沿钢筋厂横向设置10cm×10cm横梁防止圆盘钢筋滚动，间距2m，钢筋存放时堆放高度不得超过两层。存料区靠门吊轨道一侧留出2.75m通道配合半成品加工区用于圆钢调直加工。检查布置情况如图3。

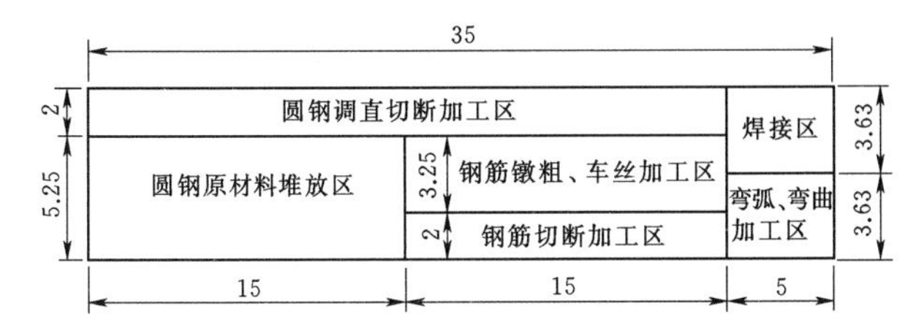


图3 钢筋厂圆钢原材料堆放区及半成品加工区布置示例图（单位：m）

(4) 成品堆放区。成品堆放区包含半成品堆放区（7.25m×12.8m）、未检成品堆放区（7.25m×20m）、已检成品堆放区（7.25m×30m），具体位置参见图1。区域内成品支垫采用10cm×10cm方木，结合钢筋厂加工阶段进行灵活调整。已检成品需悬挂已检信息牌，包含检验情况、使用部位、检测日期、规格尺寸等信息。

(5) 堆料场钢筋堆放注意事项。

1) 钢筋堆放时应垫高堆放，离地20cm以上，下部支点应以保证钢筋不变形为原则，宜采用托架存放。易于滑落的材料堆放必须捆绑牢固，堆放高度不得超过2m。

2) 钢筋及相关材料的存放应保持干燥，防止被雨水淋湿。

3) 应严格按照规定对现场材料进行标识。标识内容应包括材料名称、产地、规格型号、生产日期、出厂批号、进场日期、检验状态、进场数量、使用单位等，并根据不同的检验状态和结果采用统一的材料标识牌进行标识。[1]

4）原材料堆放区、半成品堆放区、成品堆放区均需区分已检与待检，并悬挂标识牌。

5）标准化钢筋加工厂的各个种类堆料区需结合加工区域设置，减少二次搬运，从而提高工作效率，保障操作安全。

**2.2.4 加工区**

加工区域可依据加工厂总体要求及场地情况，设置一个或多个加工区域。该项目共设置半成品加工区（7.25m×20m）、成品加工区（7.25m×30m）两个加工区域。加工区布置时，应结合加工钢筋设备类型、骨架尺寸、加工速度等因素确定。

其中半成品加工区主要用于钢筋的初始加工，包括钢筋调直、弯曲、镦粗、车丝、切断、焊接等工作，具体布置如图3。

成品加工区主要用于自动化加工包括钢筋弯曲中心、滚焊机等大型加工设备的操作区域。钢筋厂建设初期应根据拟安装设备情况，设置设备基础预埋件、用电线路等。

加工区在设置过程中要注意以下事项：

（1）加工作业按照流水线形式设置，减少场内搬运次数及搬运距离。

（2）宜采用智能化数控操作机具代替人工操作，提高工作效率保障施工安全。

（3）加工区内各机具操作范围分区明确，满足各个区域同时作业，且保证操作时互不影响。

**2.2.5 标识标牌**

（1）钢筋加工厂内主干道、安全通道以及各个功能分区之间，需采用彩色标线进行明确区分，材料堆放、加工作业等严禁占用应急安全通道。

（2）加工厂应实行封闭管理并设置视频监控系统，储存区、加工区、成品区布设合理，设置明显的标识牌。

（3）加工厂内醒目位置应设置工程公示牌、施工平面布置图、安全生产牌、消防保卫牌、管理人员名单及监督电话牌、文明施工牌等标示标牌。

（4）焊接、切割场所应设置禁止标志、警告标志。安全通道应设置禁止标志。使用氧气、乙炔等易燃易爆场所应设置禁止标志和明示标志。[2]加工厂出入口和场内应设置禁止标志和警告标志。用电场所应设置警告标志。易发生火灾场所应设置警告标志。消防器材放置场所应设置提示标志。各作业区应设置分区标识牌。

（5）机械设备应悬挂机械操作安全规定公示牌（即安全操作规程）和设备标识牌。

（6）各种原材料、半成品或成品应按其检验状态与结果、使用部位等进行标识。其中原材料标识牌需包含材料参数，进场时间，厂家及检测情况等信息；半成品、成品标识牌上需包含钢筋大样图，标明设计尺寸、钢筋型号、用料部位等信息，并准确填写验收责任人。

（7）在加工制作区应悬挂各号钢筋的设计大样图，加工操作流程等。标明尺寸、部位，确保下料及加工准确。

（8）钢筋加工厂管理人员和作业人员应统一制服，挂牌上岗。

**2.2.6 满足标准化钢筋加工厂的其他规定**

（1）施工现场宜设置视频监控系统。

（2）每处消防柜旁边应设施消防砂池，并按标准配备铁锹、消防砂桶、防毒面具、口罩、灭火器、应急医疗箱等。

（3）标准化钢筋厂应采用封闭式管理，并配备专门的技术人员、管理人员及工人。该项目主要人员配备见表2。

**表2 钢筋厂主要人员配备表**

| 序号 | 工　种 | 人数 | 备注 |
|---|---|---|---|
| 1 | 吊机操作工 | 2 | 持证上岗 |
| 2 | 大型数控设备操作工 | 2 | 持证上岗 |
| 3 | 电焊工 | 3 | 持证上岗 |
| 4 | 钢筋普工 | 4 | |

（4）钢筋加工厂必须配备桁吊或龙门吊。龙门吊必须由专业厂家生产，使用前须获得有关部门的鉴定，严禁使用自行组装的门吊。

（5）大型钢筋加工厂必须配备数控钢筋弯曲机1台、数控弯箍机1台，保证工程所需各种钢筋均由机械自动加工成型，结合该项目钢筋厂，需配备的主要机械设备见表3。

**表3 钢筋厂主要机械设备配置表**

| 序号 | 设备名称 | 单位 | 数量 |
|---|---|---|---|
| 1 | 数控弯弧机 | 台 | 1 |
| 2 | 数控弯曲中心 | 台 | 1 |
| 3 | 数控滚焊机 | 台 | 1 |
| 4 | 调直切断机 | 台 | 1 |
| 5 | 车丝机 | 台 | 2 |
| 6 | 镦粗机 | 台 | 2 |
| 7 | 切断机 | 台 | 2 |
| 8 | 电焊机 | 台 | 3 |
| 9 | 龙门吊（10t） | 台 | 2 |

（6）钢筋加工厂工棚设置应满足采光、照明、通风、防雨雪、防晒等要求，宜采用彩钢瓦搭建，工棚起拱线高度不宜低于8m。

（7）钢筋厂内需设置充足的通风窗口，尤其在焊接作业区域，自然通风条件不足时需加设强制通风设备，确保空气质量。

### 2.3 效果对比分析

结合相关施工项目与该项目的实际施工情况，分别对采用标准化钢筋厂加工作业与采用传统钢筋加工操作方式下生产1000t钢筋成品（包括柱式钢筋笼、承台和梁等部位的弯曲钢筋综合情况）的工作进行统计分析，结果见表4。结果显示，采用标准化钢筋厂进行管理施工的方式有效提高了工作效率、降低材料损耗、提升成品一次检验合格率，在资源同等条件下能有效提升钢筋加工质量和工作效率，满足当下高强度的工程建设要求。

**表4　钢筋加工工作效果对比表**

| 类　目 | 传统施工方法 | 标准化钢筋厂 | 差额 |
|---|---|---|---|
| 钢筋加工速度/(t/台班) | 20 | 36 | 16 |
| 钢筋加工损耗率/% | 4.5 | 3.5 | −1 |
| 成品检验一次合格率/% | 83 | 93 | 10 |

## 3 结束语

随着国家对工程临建施工标准化的大力推行，建设标准化钢筋加工厂是目前建筑行业发展方向，是建筑企业对外展示的一扇窗口，是企业展示文化的地方，也是政府及相关管理部门的硬性指标，更是满足现代化施工需求的必要条件。按照“工厂化、集约化、专业化”的原则，结合工程实际情况参照国家规定、行业规范及地方建设要求进行选址与规划，建立实用性钢筋厂。通过标准化的管理理念和要求，高标准地进行生产工作，从而提高安全、质量、成本、进度等各个方面的管理水平，使钢筋加工厂规范化、现代化，为创造精品工程奠定基础。

## 参考文献


［1］余伟. 浅析钢筋集中加工厂标准化管理［J］. 科技展望，2017，(7).

［2］曹纹龙，王祖勇，周昕. 钢筋加工厂加工在项目施工中的管理实践［J］. 公路交通科技（应用技术版），2013，(3)

# 浅析建筑工程项目施工阶段成本控制方法

雷建国　李忠伟/中国水利水电第十四工程局有限公司华南事业部

【摘　要】当前，随着市场经济的发展，建筑施工企业面临着激烈的市场竞争，为了在市场竞争中占据有利地位，提高企业竞争力，必须加强施工过程中的成本控制。因此，需要认真分析，用一套切实可行的办法，最大限度的控制项目成本，以获取最大的经济效益。论文主要对建筑工程项目施工阶段成本控制进行了阐述，希望可指导生产实践，进一步提升施工企业成本管理水平。

【关键词】建筑项目　施工阶段　成本控制

## 1　概述

施工项目成本控制是在项目成本形成过程中，对生产经营所消耗人力资源、物质资料和费用开支进行指导、监督、调节和限制，及时纠正将要发生和已经发生的偏差，把各项生产费用控制在计划成本的范围内，确保成本目标的实现。施工企业的成本控制是以施工项目成本控制为中心，项目成本控制是企业成本控制的基础和核心，是企业全面成本管理的重要环节，因此，必须在组织和措施控制上给予高度重视，以期达到提高企业经济效益的目的。所以，建筑工程项目施工阶段全过程成本控制的好坏直接反映施工企业管理水平，并直接影响到企业的运作与良性发展。

## 2　施工阶段成本控制内容

### 2.1　严格合同管理，控制工程成本

施工合同是施工企业合同管理人员的圣经，必须熟悉、牢记合同条款，还是合同管理和施工成本控制的基石，贯穿整个项目施工全过程。随着国家依法治国力度不断加强，目前工程施工都实行严格的合同管理。施工企业在与业主进行合同谈判时，首先必须深入研究和分析每项合同条款，认真做好合同风险识别、经济可行性论证，关注不合理、有失公平或苛刻的合同条件，避免盲目签约造成难以实现的合同目标，无法实现预期收益或最终被迫违约，走上诉讼的道路。其次要认真审查签约项目的合法性，避免因签约项目不具备法定施工条件，承包人担保义务超出国家规定，发包人担保缺失，使得后期施工过程中工程结算价款未得到及时支付时缺乏保障。再次是认真分析研究合同对方主体的资信、能力，特别是合同主体是社会私有资本的企业，项目融资能力不足，签约即风险，施工企业施工垫资形成应收账款，给后续项目施工成本损失埋下伏笔。因此，作为施工企业，只有在尊重业主订约的前提下，力保自身企业利益不受伤害，从施工阶段成本控制的源头上就要消除各种不利因素，避免出现工程受制于不利的合同条款而难以运行，确保在后续处理变更和索赔工作中处于有利地位。

### 2.2　沟通施工设计，实现收入最大化

现阶段很多施工项目，投保报价时都没有详细的施工设计图纸、工程量清单。项目中标后，需要对项目重新进行设计，过程中存在边设计、边施工、边修改，是典型的“三边”工程。由于没有全套的施工图纸及相应的工程量清单，造成项目成本难以准确测定，给项目成本管控带来一定难度，同时也需要项目管理人员具有更多的专业知识、较强的预判分析能力及沟通协调能力。项目在进行设计规划时，施工企业应及时与设计单位、业主沟通，技术与经营必须紧密结合。从初步方案到施工图设计，都必须从技术、经营方面入手对各方案进行比选，力争在不突破概算的情况下，尽量说服设计单位、业主选取技术先进、施工单价高、利于自身增加经济效益的项目设施。同时，过程中要认真审核施工设计图纸和施工方案，更多的将后续所涉及的工程项目都绘制在施工图设计中，尽可能地减少工程变更和现场签证，规避因变更审批困难导致无法获取收入而增加工程成本的风险，不利于施工成本控制。同时，施工企业还应做好施工图预算与设计图纸的比对，防止少算、漏算，提高预算准确度，要对工程的收入情况做到心中有

数，这样利于安排工作和制定各种降低成本的措施，以获得更好的经济效益。必要时可借助聘请专业化公司参与实施，提高施工图预算财政审批通过率，实现施工项目收入最大化。

### 2.3 建立全员成本管控体系

成本控制要对成本形成的全过程、发生的各项费用及其全员进行控制。传统的成本管理思想认为，成本管理是为经营和财务部门专设的职责，但事实上成本是在各部门、各环节中发生的，与每个员工都息息相关。因此，成本的管理与控制不仅是经营和财务部门的责任，也是每个部门、每个员工的责任。成本控制要全方位、全过程控制，包括施工期对成本影响的各有关因素进行分析研究，发生的全部费用的控制，以及事后的成本分析。

### 2.4 树立"方案决定成本"理念

项目实施过程中，不同的施工方案，工期不相同，因此发生的费用也会不同。项目管理人员一定要贯彻"方案决定成本"的指导思想，应主动优化施工组织设计和专项施工方案，合理衔接工期，降低施工成本。

### 2.5 做好成本预测，从源头控制工程成本

项目在投标时，施工企业应组织由市场营销部门牵头，技术和经营等部门参与的标前成本测算，科学合理确定目标成本，从源头上控制工程成本。同时，投标时拟任项目主要负责人应参与项目投标和合同谈判等全过程，便于后续项目成本控制。

### 2.6 编制成本计划，确定成本控制目标

项目中标后，施工企业应结合项目特点，重点开展对工程数量、分包成本、临时工程成本、现场管理费、安全质量、税费等成本要素的核算分析，编制项目初步成本控制目标。项目成本控制目标确定后，项目管理人员应结合该工程的特点、重点及难点，研究制定合理可行的降低工程成本的具体措施，并预测采取这些措施后取得的经济效果，以制定降低成本的目标，并不断测算调整，编制出该工程项目的成本计划，并将其细化分解到分部分项工程上去，从而落实经济责任。实施过程中，不断将实际成本与计划成本相比较，分析是否与预期目标有偏差，及时调整修正成本指标。

### 2.7 实施内部承包责任，控制工程成本

内部经营承包责任制是施工企业为控制项目成本推行的一种项目管理模式。内部承包责任制内容通常包括：实施内容、责任期限、经济责任、考核机制、双方权利及义务等方面。实施内部经营承包责任制，可以充分调动项目管理团队的主观能动性和积极性，缩短项目工期，降低施工成本。

### 2.8 现场经费控制

对于不同的工程，其发生的现场管理费用不同。如工程规模不同，施工项目上管理人员人数也不同，其管理人员的工资、奖金以及福利费等都有差别。因此，合理确定管理机构、管理层次、对项目人员实行定岗定编，实行工资总额控制，是现场经费管控的关键所在。施工企业只有严格控制支出范围，定期开展节超分析，确保现场管理费控制在预算范围之内，才能更加有效地控制现场经费支出。

### 2.9 重视变更索赔，增加项目效益

随着经济形势的不断变化，建筑市场的竞争日益加剧，利润逐年下降，低价微利现象屡见不鲜。面对这样局面，工程变更索赔在很大程度上决定着项目的经济效益。因此，项目管理应该更加重视管理的二次经营手段变更索赔。工程索赔主要包括施工条件的变化、业主违约、工期延长、拖欠工程款、工程暂停、赶工等。新开工项目，项目管理人员应加强变更索赔的策划，根据项目合同条件和项目特点，充分利用合同文件中的有理因素，针对性地进行前期策划，明确变更索赔思路和重点，编制变更索赔策划书。项目实施阶段，项目管理人员应始终做好资料的积累工作，建立完善的资料记录制度，认真系统地收集积累施工进度、质量及财务收支资料。一旦发生索赔项目，根据合同条款及时整理出一套强有力的索赔凭证资料，提高索赔成功率，从而提高项目盈利水平。

### 2.10 建立成本分析核算体系，加强项目成本动态控制

施工项目成本是逐期发生的，项目成本控制应强调项目的中间控制，即动态控制，因为施工准备阶段的成本控制只是根据前期施工组织设计的具体内容确定成本目标，编制成本计划、制定成本控制的方案，为今后的成本控制做好准备。而竣工阶段的成本控制，由于成本盈亏已基本定局，即使发生了偏差，也来不及纠正。因此，把成本控制的中心放在中间控制是十分必要的。项目实施过程中，项目管理人员可以每月、每季度对项目实际发生的成本与预算成本进行对比分析，其主要内容包括：经营、技术部门应对业主已验工计价、已完工未计价、超前验工计价、现场实际完成工程量、分包已结工程数量、剩余工程数量等做好核算分析，分析分包成本节超额；材料物资管理部门分析材料费用节超额；财务和综合管理部门做好实际现场管理费与预算现场管理费指标的对比分析；安全部门分析安全生产投入费用及安全生产对成本的影响。

### 2.11 项目收尾费用管控

项目进入收尾阶段后，施工企业可以根据项目特

性，编制收尾工作计划及预算支出计划，严格实行预算管理，确保收尾成本费用可控，降低项目成本。收尾过程中，可以根据不同的收尾项目，制定不同收尾节点目标及激励措施，提高收尾人员积极性，缩短收尾时间，降低收尾成本。

## 3 施工阶段成本控制风险

施工阶段是项目建设的一个重要阶段，是将工程设计图纸变为工程实体的阶段，是风险发生的集中阶段，各种风险都有可能出现，而且对项目的成本控制可能是灾难性的。例如，人工费上涨、国家政策影响、材料供应不足引起工期风险，工期滞后又增加了工程管理成本，同时造成资金短缺。施工阶段的风险一旦发生就会产生质的变化，因为这个阶段都是连带的，一环扣一环，没有足够的缓冲时间，任何补救措施都会影响成本目标的实现。

## 4 结束语

建筑施工企业在工程建设中实行施工项目成本管理是企业生存和发展的基础和核心，在施工阶段搞好成本控制，达到增收节支的目的，是项目经营活动中更为重要的环节。然而，成本控制管理是一个动态的、复杂的系统工程。施工项目的成本控制牵涉到工程施工的方方面面，一套完整的项目控制方案还应包含与监理、业主、地方政府等各个方面的关系。本文从以上 12 个方面谈了施工阶段全过程成本控制，对于这个问题，远不止这些内容，还需要具体问题具体分析，使之不断完善成熟。

## 参考文献

[1] 周光勤. 浅谈建设项目施工阶段的成本控制 [J]. 经营管理者，2013：134-135.
[2] 周岚. 浅谈如何降低施工项目成本 [J]. 新疆稀有金属，2006：48-49.
[3] 曹红武. 浅议建筑工程施工阶段的成本控制 [J]. 科技资讯，2010：155-156.
[4] 马时英，刘连广，郭秀之. 工程项目施工阶段的成本控制 [J]. 河南科技，2011：45.
[5] 连俸平，金华峰，邱元湖，等. 浅谈建设项目施工阶段的成本控制 [J]. 技术经济与管理研究，2006：123.

# 征 稿 启 事

各网员单位、联络员：

广大热心作者、读者：

《水利水电施工》是全国水利水电施工技术信息网的网刊，是全国水利水电施工行业内刊载水利水电工程施工前沿技术、创新科技成果、科技情报资讯和工程建设管理经验的综合性技术刊物。本刊宗旨是：总结水利水电工程前沿施工技术，推广应用创新科技成果，促进科技情报交流，推动中国水电施工技术和品牌走向世界。《水利水电施工》编辑部于2008年1月从宜昌迁入北京后，由全国水利水电施工技术信息网和中国电力建设集团有限公司联合主办，并在北京以双月刊出版、发行。截至2016年年底，已累计发行54期（其中正刊36期，增刊和专辑18期）。

自2009年以来，本刊发行数量已增至2000册，发行和交流范围现已扩大到120个单位，深受行业内广大工程技术人员特别是青年工程技术人员的欢迎和有关部门的认可。为进一步增强刊物的学术性、可读性、价值性，自2017年起，对刊物进行了版式调整，由杂志型调整为丛书型。调整后的刊物继承和保留了原刊物国际流行大16开本，每辑刊载精美彩页6～12页，内文黑白印刷的原貌。本刊真诚欢迎广大读者、作者踊跃投稿；真诚欢迎企业管理人员、行业内知名专家和高级工程技术人员撰写文章，深度解析企业经营与项目管理方略、介绍水利水电前沿施工技术和创新科技成果，同时也热烈欢迎各网员单位、联络员积极为本刊组织和选送优质稿件。

投稿要求和注意事项如下：

（1）文章标题力求简洁、题意确切，言简意赅，字数不超过20字。标题下列作者姓名与所在单位名称。

（2）文章篇幅一般以3000～5000字为宜（特殊情况除外）。论文需论点明确，逻辑严密，文字精练，数据准确；论文内容不得涉及国家秘密或泄露企业商业秘密，文责自负。

（3）文章应附150字以内的摘要，3～5个关键词。

（4）正文采用西式体例，即例“1”“1.1”“1.1.1”，并一律左顶格。如文章层次较多，在“1.1.1”下，条目内容可依次用“（1）”“①”连续编号。

（5）正文采用宋体、五号字、Word文档录入，1.5倍行距，单栏排版。

（6）文章须采用法定计量单位，并符合国家标准《量和单位》的相关规定。

（7）图、表设置应简明、清晰，每篇文章以不超过5幅插图为宜。插图用CAD绘制时，要求线条、文字清楚，图中单位、数字标注规范。

（8）来稿请注明作者姓名、职称、职务、工作单位、邮政编码、联系电话、电子邮箱等信息。

（9）本刊发表的文章均被录入《中国知识资源总库》和《中文科技期刊数据库》。文章一经采用严禁他投或重复投稿。为此，《水利水电施工》编委会办公室慎重敬告作者：为强化对学术不端行为的抑制，中国学术期刊（光盘版）电子杂志社设立了“学术不端文献检测中心”。该中心将采用“学术不端文献检测系统”（简称AMLC）对本刊发表的科技论文和有关文献资料进行全文比对检测。凡未能通过该系统检测的文章，录入《中国知识资源总库》的资格将被自动取消；作者除文责自负、承担与之相关联的民事责任外，还应在本刊载文向社会公众致歉。

（10）发表在企业内部刊物上的优秀文章，欢迎推荐本刊选用。

（11）来稿一经录用，即按2008年国家制定的标准支付稿酬（稿酬只发放到各单位，原则上不直接面对作者，非网员单位作者不支付稿酬）。

来稿请按以下地址和方式联系。

联系地址：北京市海淀区车公庄西路22号A座
投稿单位：《水利水电施工》编委会办公室
邮编：100048
编委会办公室：杜永昌
联系电话：010-58368849
E-mail：kanwu201506@powerchina.cn

全国水利水电施工技术信息网秘书处
《水利水电施工》编委会办公室
2019年10月30日